"켄 포키시의 최신 책은 걸작이다. 『빵의 진화』는 투박한 유럽 시골빵이 아닌, 브리오슈와 우유식빵처럼 부드럽고 친근한 빵에 초점을 맞춘 책으로, 베이킹에 대한 오래되었지만 새로운 접근법을 제시한다. 모든 레시피는 로프팬이나 더치오븐으로 만들 수 있고, 사워도우 스타터를 사용하거나 사용하지 않을 수 있다. 정말 아름다운 레시피라고 말할 수밖에 없다! 이 책에 소개한 멋지게 변신한 토스트를 만들기 위해서라도 이 책은 살만하다. 그 토스트를 한 번 맛보면, 맛있는 토스트를 먹을 생각에 침대에서 기분 좋게 일어나게 된다."

— 다라 골드스타인(Darra Goldstein),
식품 연구 저널《가스트로노미카(Gastronomica)》의
창립 편집자이자 『Beyond the North Wind and Fire + Ice』의 저자

"켄 포키시는 실용적인 책을 쓴다. 『빵의 진화』는 밀농장에서 제분소로, 그리고 빵을 굽는 오븐으로의 여정을 안내한다. 그리고 이 여정에는 일반적인 반죽이나 빵 사진에서는 찾아볼 수 없는 아름다움을 포착한, 앨런 와이너의 사진이 함께한다. 켄 포키시의 전설적인 책, 『밀가루 물 소금 이스트』가 출판된 지 10년이 지났다. 이제 우리 모두는 진정으로 위대한 스승이 설명하는 이 새로운 진화를 따라갈 준비가 되어 있어야 한다."

— 스티븐 존스(Stephen Jones),
워싱턴 주립대학(WSU) 브레드랩(Breadlab)의 설립자

"켄 포키시의 책과 많은 시간을 함께한 홈베이커의 입장에서, 『빵의 진화』는 새로운 베스트셀러다! 이 책에서는 새롭고 더 간단하게 스타터를 만드는 방법, 따라 하기 쉬운 레시피, 그리고 놀랍도록 맛있는 빵을 여러분의 주방에서 직접 만들 수 있는 수많은 비법을 소개하고 있다."

— 애비 웜백(Abby Wambach),
올림픽 금메달리스트, 활동가, 뉴욕 타임즈 베스트셀러 1위
『우리는 늑대였다(Wolfpack)』의 저자

"좋은 선생님과 함께, 내 집의 주방에서 할 수 있는 것이 얼마나 많은지 자세히 살펴보게 된다. 켄 포키시는 에어룸밀가루를 이용하고, 재료를 효율적으로 사용하는 방법에 대한 그의 열정을 나누는 등, 로프팬 브레드의 여러 가지 놀라운 모습을 탐구하는 끝없이 많은 방법을 보여준다. 나는 이 책을 통해 홈베이킹을 다시 시작할 용기를 얻었고, 여러분도 그렇게 될 것이라고 확신한다."

— 션 브록(Sean Brock),
레스토랑 〈오드리 앤 준(Audrey and June)〉의 오너셰프

"『빵의 진화』는 베이킹에 대한 사랑을 한 단계 더 끌어올린다. 이 책에 담긴 많은 정보와 간결하고 자세한 설명을 통해, 훌륭한 빵을 만들고자 하는 열정을 가진 사람이라면 누구나 다양한 스타일의 빵을 마스터할 수 있다. 빵 덕후인 나는 이 책에 완전히 빠져버렸다!"

— 켄 오린저(Ken Oringer),
제임스 비어드 어워드(James Beard Award) 수상 경력의
셰프 겸 레스토랑 운영자

"켄 포키시는 첫 번째 저서인 『밀가루 물 소금 이스트』에서 홈베이커뿐 아니라 전문 베이커도 이용할 수 있는 그의 기술을 소개하였고, 그 책은 즉시 아티장 브레드 관련 책 분야의 고전이 되었다. 『빵의 진화』는 사워도우를 보다 편리하게 사용할 수 있도록 발전시켰고, 모든 레시피를 다소 까다로울 수 있는 일반 가정용 오븐에서 테스트하여 완성시켰다. 집에서도 정말 맛있는 빵을 만들 수 있는 로드맵을 손에 쥐게 된 셈이다."

— 프란시스코 미고야(Francisco Migoya),
〈모더니스트 퀴진(Modernist Cuisine)〉 수석 셰프

EVOLUTIONS
IN 빵의 진화
BREAD

GREENCOOK

더 쉽게, 더 효율적으로! 베이커를 위한 새로운 반죽에 대한 혁신

EVOLUTIONS IN BREAD 빵의 진화

아티장 로프팬 브레드와
더치오븐 브레드의 새로운 레시피

KEN FORKISH

<James Beard Award〉를 수상한 『밀가루 물 이스트 소금』의 저자

사진 Alan Weiner **번역** 이선용

GREENCOOK

CONTENTS

INTRODUCTION

시간은 정말 빨리 흐른다. 나의 첫 번째 책 『밀가루 물 소금 이스트』가 처음 출판된 2012년에서 벌써 10년이 흘렀다. 『밀가루 물 소금 이스트』는 홈베이커가 집에서 더치오븐을 사용하여 매우 훌륭한 아티장 베이커리에서 판매하는 것과 비슷한, 둥근 모양의 껍질(크러스트)이 바삭한 빵 굽는 방법을 알려주는 책이다. 미국 오리건주의 포틀랜드에 위치한 우리 베이커리에서 사용하는 베이킹 방법을 설명하고, 가정의 주방에서 그 방법을 사용할 수 있도록 알맞게 조절하였다. 『밀가루 물 소금 이스트』의 레시피로 처음 집에서 빵을 구워본 사람들은, 자신의 오븐에서 성공적으로 멋지게 구워낸 빵 사진을 공유하는 것이 일상이 되었다. 그 책에서는 기본에 충실한 레시피를 소개하고, 아티장 브레드를 집에서 만드는 데 필요한 세부 사항(예를 들면, 시간과 온도 역시 빵의 재료로 생각해야 한다는 내용)을 설명하였으며, 〈자신만의 브랜드라고 할 수 있는 빵 또는 피자를 만든다〉라는 제목의 에세이를 통해 자신이 원하는 빵을 만들 수 있도록 레시피를 수정하는 방법도 자세히 알려준다. 『밀가루 물 소금 이스트』의 모든 레시피는 다양하게 응용할 수 있으며, 밀가루를 어떻게 블렌드해도 그 레시피를 그대로 사용할 수 있다. 나는 그 정도면 충분하다고 생각했다. 필요한 모든 내용을 그 책에 담았고, 더 이상 추가할 내용도 없었다. 그때는 내가 또 다른 책을 쓰게 될 거라고는 생각하지 못했다.

그러나 시간은 상황을 변화시킨다! 〈켄즈 아티장 베이커리(Ken's Artisan Backery)〉에서 파는 빵 중에 '팽 뤼스티크(Pain Rustique)'라는 빵이 있다. 일반적으로 우리가 아는 소박한 컨트리 브레드와 달리 팽 뤼스티크는 바게트 반죽을 이용해서 만드는, 샌드위치나 토스트에 사용하는 부드러운 빵이다. 이 빵은 매우 인기가 좋아서 퇴근길에 집에 가져가서 먹으려고 하면, 다 팔렸거나 거의 다 팔려서 가져갈 빵이 없는 경우가 많았다. 그렇다고 마지막 빵을 내가 가져갈 수는 없지 않은가. 베이커리 주인이

퇴근 후 집에서 자기가 먹을 빵을 또 굽는다는 것이 좀 이상하긴 하지만 나는 집에서 이 빵을 굽기 시작했고, 이때 집에서도 로프팬 브레드를 제대로 구워보자는 나름의 사명감이 생겼다. 집에서 로프팬에 구운 빵은 우리가 베이커리에서 굽는 바삭한 껍질이 살아 있는 르뱅 브레드, 바게트, 치아바타와는 거리가 멀다. 그렇지만 팽 뤼스티크는 내가 원하는 맛으로 구워졌다. 팽 뤼스티크는 오래 발효시킨 반죽의 풍미가 살아 있는 빵이고, 조금은 복고풍인 빵이며(나는 복고풍이 주는 따뜻함이 좋다), 샌드위치, 토스트, 크루통, 타파스, 오래된 빵으로 만드는 강아지 간식, 피자 토스트 등 다양한 용도로 활용할 수 있다. 우리집에서는 이 올드한 스타일의 로프팬 브레드가 새로운 일상이 되었다. 우선, 투박한 더치오븐 브레드에서 한 걸음 더 나아가게 되었고, 몇 번 만들다 보니 이 빵이 행복한 나의 최종 선택지가 되었다. 같은 반죽으로 더치오븐 브레드를 구울지, 로프팬 브레드를 구울지 고민하면서, 첫 번째 책의 레시피를 넘어선 자유로움이 생겼고, 이는 나에게 새로운 반죽에 대한 영감을 불어넣어 주었다. 이번 책에 실린 레시피는 모두 새로운 레시피이고, 대부분 로프팬과 더치오븐 중 원하는 도구를 선택하여 구울 수 있다.

이렇게 집에서 굽기 시작한 아티장 로프팬 브레드는 요리책 업계에서는 그다지 주목받지 못했다. 내가 동경하는 프랑스의 많은 베이커리에서는 '팽 드 미(Pain de Mie)'처럼 로프팬에 굽는 빵을 흔히 볼 수 있다. 아티장 로프팬 브레드는 내가 발명한 것이 아니다. 나는 그저 로프팬 브레드를 만들며 나만의 기쁨을 찾았고, 여러분도 그 기쁨을 찾길 바랄 뿐이다. 로프팬 브레드는 보통 기포가 많고 수분 함량이 높은 끈적이는 반죽을 구워서 만들기 때문에, 종종 파격적인 모양이 나오기도 한다. 재료를 한꺼번에 모두 넣고 믹싱한 스트레이트 반죽으로 구울 수도 있고, 사워도우 발효종을 이용하여 구울 수도 있다. 6시간 만에 빵을 완성할 수도 있고, 또는 밤새 발효시켜 다음 날 아침에 빵을 구울 수도 있다. 5일

이 지나도 촉촉하고 슈퍼마켓에서 파는 빵과는 비교할 수 없을 정도로 풍미가 좋지만, 사용하는 재료의 가짓수는 훨씬 적다. 빵을 얇게 썰어 토스트하면 그 식감은 그야말로 최고다. 겉은 바삭하면서 가볍고, 속은 부드럽다. 여러분의 아침 토스트 빵의 질이 크게 향상될 것이다. 나의 반려견 주니어(Junior)는 이 빵의 열렬한 팬이다.

당연한 결과다. 긴 발효시간, 좋은 재료, 사워도우 발효종, 고온 베이킹이라는, 좋은 아티장 브레드를 구성하는 요소만 갖춘다면 올드한 스타일의 로프팬 브레드를 집에서도 구울 수 있다. 어렵지 않다. 『밀가루 물 소금 이스트』에 소개된 투박한 둥근 모양의 빵만큼 맛있는 샌드위치 빵을 만들어 보고 싶지 않은가? 나는 로프팬 브레드를 굽는 일에 완전히 빠져들었고, 그 매력에 계속 빠져 있다. 레시피 테스트를 위해 더치오븐 브레드를 굽다가도, 로프팬 브레드가 떨어지면 나는 바로 로프팬 브레드를 굽는다. 왜 그럴까? 여러분도 곧 알게 될 것이다. 나와 함께 테스트 빵을 굽는 베이커들도, 이런 상황에서 나처럼 새로운 로프팬 브레드를 굽는다. 이미 익숙한 로프팬 브레드가 더 맛있고 먹고 싶은 새로운 빵이 되었다. 테스트 빵을 굽는 베이커의 친구들이 비밀재료가 무엇인지 물었다. 재료는 이전과 같다. 밀가루, 물, 소금, 이스트. 그리고, 시간과 기술. 새로운 비밀재료는 없다.

로프팬 브레드 레시피를 위해 여러 시도를 해보던 중, 같은 반죽으로 더치오븐 브레드를 만들어보았다. 매우 훌륭한 더치오븐 브레드가 완성되었다. 이제 1개의 레시피로 2개의 전혀 다른 빵을 만들 수 있게 되었다. 이때, 나는 새로운 레시피 개발에 완전히 빠져들었고, 우선 내 첫 번째 책의 사워도우 레시피를 개선하여, 남아서 버리는 사워도우의 양을 줄였다. 그 결과 『밀가루 물 소금 이스트』의 르뱅 레시피에 들어가는 밀가루보다 훨씬 적은 양의 밀가루를 사용하여, 새로운 천연 르뱅(사워도우) 발효종을 만들 수 있게 되었다. 또한 레시피에 이 발효종을 사용하기 위한, 간단하면서 밀가루를 효율적으로 이용하는 방법도 찾아냈다. 이번 책의 르뱅 레시피는 나의 두 번째 책인 『피자의 구성 요소(The Elements of Pizza)』의 예를 따랐다. 그러나 빵 반죽과 피자 반죽은 다르기 때문에(빵 반죽은 피자 반죽보다 더 발효시켜야 한다), 빵 반죽에 사용할 수 있도록 알맞게 조절하였다. 일단, 자신만의 사워도우를 만든 뒤에는(사워도우 만들기는 하루에 단 몇 분씩, 1주일만 투자하면 되는 간단한 일이다) 냉장보관한다. 새 반죽을 만들 때

조금씩 사용하고, 7~10일에 1번씩 사워도우를 리프레시한다. 이 책에는 사워도우를 반드시 사용할 필요가 없는 레시피가 많지만, 사워도우를 사용하면 훨씬 맛있는 빵을 만들 수 있다.

요리책을 만들 때 나는, 글을 쓰기 전 레시피를 개발하는 과정을 가장 좋아한다. 몇 달 동안 집에서 빵을 굽고, 콘셉트를 시험해보며, 꼼꼼하게 다듬고, 매일 빵을 굽지 않는 상황에 맞춰 르뱅 레시피를 재구성하기도 했다. 이 과정에서 내가 과연 더치오븐으로 굽는 둥글고 멋진 모양의 빵만큼, 매력적인 로프팬 브레드를 만들 수 있을지 의문이 들기도 했다. 캐러웨이 시드를 사용해 루벤샌드위치용 「뉴욕 스타일 호밀빵」을 만드는 것은 너무나 즐거운 일이었다. 인기만큼 맛도 있는 「일본식 우유식빵」은 레시피를 완벽하게 마스터하여, 여러분이 직접 우유식빵을 만들 수 있게 하고 싶었다. 이 책의 「브리오슈」는 우리 베이커리에서 20년 동안 만들어온 브리오슈와 비교해도 손색이 없다. 그리고 켄즈 아티장 베이커리에서 사용하는 애플 사이더 사워도우처럼 과일을 이용한 사워도우 발효종으로 만드는 빵이 있는데, 이 책의 「애플 사이더 르뱅 브레드」가 바로 그런 빵이다. 사워도우 발효종으로 만든 밀도가 높고 단단한 「호밀빵」 레시피 역시 이 책에 실었다. 그리고 몇몇 레시피에서는 흑미가루, 옥수숫가루, 홍차에 불린 건포도와 그 찻물 등, 흥미로운 재료를 사용했다.

한편, 최근에는 오래된 밀 품종이 다시 새롭게 다가오기 시작하였다. 아인콘(Einkorn), 에머(Emmer), 스펠트(Spelt) 밀은 고대 인류 문명의 시작부터 함께해왔다. 10년 전만 해도 이 품종으로 만든 밀가루는 찾기 힘들었다. 그러나 점점 많은 농가에서 이런 품종의 밀과 대량으로 생산되는 밀보다 더 맛있는 밀들을 생산하고 있다. 해를 거듭하면서 이런 품종들을 거래하는 시장도 성장하고 있는데, 헤리티지 곡물(Heritage Grains), 고대밀 품종(Ancient Wheat Varieties), 랜드레이스 밀(Landrace Wheat) 등으로 불린다. 맷돌 제분은 이런 밀 품종의 맛을 가장 잘 끌어내는 방법이다. 최근에는 밀을 재배하는 농부와 농장들이 맷돌 제분법으로 밀을 자체 제분하여 베이커와 소비자에게 직접 판매하고 있다. 참 오랫동안 기다려온 변화이다. 루주 드 보르도(Rouge de Bordeaux) 같은 랜드레이스 밀(토착 밀 품종)이나 에디슨(Edison) 같은 현대 교배종은, 밀을 통해서도 테루아를 말할 수 있다는 가능성을 보여주었고, 밀을 단순한 상품에서 사과, 체리, 포도처럼 품종 특성에 따라 다양한 모습을 보여주는 곡물로 인식하도록 사고를 전환시

켰다. 이 책에서는 이런 좋은 품질의 밀을 이용해 로프팬 브레드와 더치오븐 브레드를 만드는 레시피를 몇 가지 소개했다. 한 번 맛을 보면 멈추기 어려운 맛이다.

집에서 빵을 만들 때는 6ℓ 용량의 통을 사용하여, 빵 1덩어리 분량의 반죽을 손으로 믹싱해서 만드는 것이 가장 쉽다. 대부분 믹서는 필요 없고, 반죽은 6ℓ 통에서 그대로 발효시킨다. 빵 1덩어리 분량의 레시피는 계량할 재료의 양도 적고, 성형하고 관리하고 구울 반죽의 양도 적어서 간단하다. 레시피가 간단할수록 더 자주 빵을 굽고 싶어진다. 여러분도 간단한 레시피로 빵을 자주 굽기 바란다.

이제, 책이 완성되었다. 『빵의 진화』는 아티장 로프팬 브레드라는, 홈베이커들을 위한 새로운 영역을 만들었다. 좀 더 쉽게 사워도우를 만들고, 밀가루를 효율적으로 사용할 수 있다. 1개의 레시피로 덮개 없는 로프팬에 구운 빵, 덮개 있는 로프팬에 구운 빵, 더치오븐에 구운 빵 등, 2종류 또는 3종류의 다른 빵을 구울 수 있다. 자신만의 잡곡빵을 만들어보거나, 블랙 브레드, 버터 브레드, 헤이즐넛 브레드, 애플 사이더 르뱅 브레드 같은 창의적인 빵을 만들어보자. 홈베이커로서 만들 수 있는 빵의 범위가 훨씬 넓어질 것이다. 고대 품종인 에머밀과 아인콘밀을 이용한 레시피는 꼭 만들어보자.

언제나 그렇듯이, 행복한 베이킹을 기원한다!

PART I 시작하며
GETTING STARTED

EINKORN
WHOLE GRAIN FLOUR

GRIST & TOLL
—AN URBAN FLOUR MILL—
LOS ANGELES

STONE MILLED
ANCIENT GRAIN

ORGANIC

CAMAS
COUNTRY

Emmer Wheat
Flour

4lb /1.81Kg   34-501 06 1623

STONE MIL

Rouge
Hard
Wh

4.0lb/1.81 Kg

Four generations of
the lush, fertile south
more than 60 years, t
land and are now at t
movement to produc
It's food as close to na
Camas Country Mill, 90472 W
www.camascountrymill.com

CHAPTER 1
재료와 도구
INGREDIENTS & EQUIPMENT

몇 번만 빵을 구워보면, 집에서도 생각보다 쉽게 맛있는 빵을 구울 수 있다. 자세한 설명과, 여러 용도로 유용하게 쓸 수 있는 주방 도구, 그리고 좋은 재료가 있다면 말이다. 나의 첫 번째 책을 이미 읽은 분들도 이 챕터를 꼭 읽기 바란다. 밀가루와 그 밀가루를 구매할 수 있는 곳, 그리고 이 책의 레시피에 맞는 로프팬에 대한 새로운 정보를 담았다.

재료

집에서 맛있는 빵을 굽기 위해서는 어떤 밀가루를 사야 할까? 온라인 쇼핑몰을 이용하거나 살고 있는 지역의 제분소를 직접 찾아가면(한국은 해당되지 않음), 훨씬 다양한 밀가루를 구매할 수 있다. 가게에서 쉽게 살 수 있고 여러 용도로 쓸 수 있는 흰 밀가루뿐 아니라, 맷돌로 제분한 고급 밀가루도 살 수 있다. 우리 베이커리의 경우에도 20년 전과 비교하면 지금 사용하는 밀가루의 품질이 월등히 우수하다. 유명 베이커들이 예전과 다르게 밀 재배 농부와 소규모 전문 제분소를 홍보하면서, 집에서 빵을 만들 때도 사용할 수 있는 질 좋은 밀가루와 밀 품종에 대한 수요가 생겨났고, 그에 따라 새로운 시장도 형성되었다.

이 챕터에서는 밀 품종에 대한 흥미로운 이야기 몇 가지를 소개하고, 헤리티지 품종 밀가루를 사용하는 레시피 앞부분에 자세한 설명을 실었다. 나는 흰 빵을 좋아하기도 하고, 거의 모든 레시피에 제빵용 흰 밀가루를 중요한 보조 밀가루로 사용한다. 흰 밀가루를 전문 제분소의 밀가루와 함께 섞어서 사용하면 빵이 더 잘 부풀어 오르고, 질감 역시 좋아진다.

이 챕터에서 가장 중요한 것은 밀가루, 고대밀 품종, 그리고 추가적인 다양한 밀 품종에 대한 설명이지만, 먼저 다른 재료부터 살펴보자. 물, 소금, 이스트 모두 중요한 재료들이다.

물

일반적으로는 수돗물을 사용하지만, 사는 지역에 따라 정수한 수돗물이 더 나은 경우도 있다. 마실 수 있는 물이라면, 베이킹에도 충분히 사용할 수 있다.

소금

베이킹에 사용하는 소금은 고운 바닷소금을 추천한다. 아이오딘 첨가 소금(Iodized Salt)은 발효를 방해하고, 특유의 맛이 있기 때문에 사용하지 않는 것이 좋다. 또한 소금 결정의 크기는 소금 종류마다 다르기 때문에, 부피로 계량하면 정확하지 않을 수 있으므로 무게로 계량한

다. 결정이 작은 고운 바닷소금은 빨리 녹기 때문에 반죽을 만들 때 사용하기 좋다.

소금은 반죽의 발효를 늦추는 역할을 하는데, 이 역할은 매우 중요하다. 소금이 없으면 반죽이 지나치게 빨리 발효되고, 반죽에 충분한 풍미가 생기지 않는다. 또한 소금은 밀가루의 물 흡수를 어느 정도 막아주는 역할도 하기 때문에, 반죽할 때는 밀가루와 물을 섞은 다음에 소금을 넣어야 한다. 반죽에 들어가는 소금의 기본 양은 밀가루 무게의 2%. 일반적으로 허용되는 범위는 1.8~2.2%다.

이스트

이 책의 레시피 중 더치오븐 르뱅 브레드를 제외한 모든 레시피에서 인스턴트 드라이 이스트를 사용한다. 보통 가게에서 구매할 수 있는 이스트는 액티브 드라이(Active Dry) 이스트, 래피드 라이즈(Rapid Rise) 이스트, 인스턴트(Instant) 이스트 정도다. 이 이스트들은 모두 사카로미세스 세레비시아(Saccharomyces Cerevisiae) 라는 종의 이스트다. 같은 종이지만, 각각의 이스트는 코팅방법, 제조방법, 성능이 다르다. 반죽의 발효시간은 이스트의 브랜드에 따라 다르기 때문에, 레시피에서 발효 다음 단계로 넘어가기 전, 빵 반죽의 부피가 어느 정도 부풀어 올라야 하는지에 대한 설명을 반드시 확인한다. 내가 운영하는 베이커리에서는 사프 인스턴트 레드 이스트(Saf-Instant Red Yeast)를 사용한다. 온라인에서 구매 가능한 500g 용량의 제품 구입을 추천한다. 밀봉하여 냉장보관하면, 1년까지 보관할 수 있다.

이 책의 레시피에는 드라이 이스트를 물에 따로 풀어주는 과정이 필요 없다. 반죽에 수분이 많이 함유되어 있기 때문에, 이스트가 반죽 안에서 빠르게 녹는다. 이스트를 반죽 위에 뿌리고 젖은 손으로 반죽과 잘 섞으면 된다.

전문 베이커들은 가게에서 구입하는 이스트를 '상업용 이스트(Commercial Yeast)'라고 부른다. 상업용 이스트는 앞에서 말한 사카로미세스 세레비시아 단일종 이스트이다. 반면, 르뱅 발효종은 밀가루와 공기를 포함한 주위 환경에서 자연스럽게 모인 다양한 종의 효모균으로 만들어진다. 이 야생 효모균은 상업용 이스트와 다르다. 야생

밀알 WHEAT BERRY

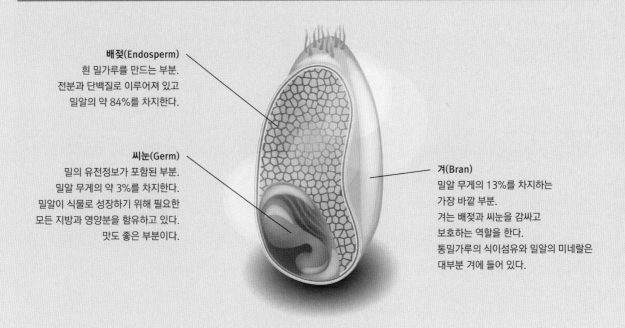

배젖(Endosperm)
흰 밀가루를 만드는 부분.
전분과 단백질로 이루어져 있고
밀알의 약 84%를 차지한다.

씨눈(Germ)
밀의 유전정보가 포함된 부분.
밀알 무게의 약 3%를 차지한다.
밀알이 식물로 성장하기 위해 필요한
모든 지방과 영양분을 함유하고 있다.
맛도 좋은 부분이다.

겨(Bran)
밀알 무게의 13%를 차지하는
가장 바깥 부분.
겨는 배젖과 씨눈을 감싸고
보호하는 역할을 한다.
통밀가루의 식이섬유와 밀알의 미네랄은
대부분 겨에 들어 있다.

효모균은 덜 활발하고, 그 고유의 풍미를 빵에 더해준다. 르뱅 브레드의 복잡한 풍미는 반죽에 사용한 발효종에 들어 있는 여러 종류의 효모균 때문이기도 하다.

상업용 이스트는 반죽을 더 빨리 발효시켜서 르뱅 빵보다 더 가볍고 볼륨감 있는 빵을 만든다. 반면에 르뱅 반죽의 효모균은 상업용 이스트와 달리 천천히 활동하기 때문에, 반죽에서 자연 발생한 젖산균이 자체 발효할 수 있는 충분한 시간이 생긴다. 결과적으로 빵에 시큼한 맛과 좀 더 복잡한 풍미가 더해지고 맛있는 빵껍질이 완성된다. 이렇게 해서 산도가 높아진 덕분에 르뱅 빵은 다른 빵보다 더 오래 보관할 수 있다.

밀가루

이 글을 쓰고 있는 나는 지금, 과발효된 50% 아인콘밀 반죽으로 로프팬 브레드를 굽다가 넘친 반죽으로 만들어진 따뜻한 크러스트 조각을 먹고 있다. 바삭한 식감과 깊고 고소한 밀의 풍미가 살아 있고 톡쏘는 산미도 매우 좋다. 나는 흰 빵을 좋아하지만, 흰 빵에는 소규모 전문 제분소에서 생산한 밀가루로 만든 빵에서 느낄 수 있는 풍부하고 복잡한 풍미가 없다. 그러나 여전히, 내 주방에서 가장 유용하게 사용하는 밀가루는 질 좋은 흰 밀가루이다. 이 책의 에머밀 또는 아인콘밀 브레드 레시피(수천 년 동안 존재해온 고대밀을 사용하는 레시피)의 경우에도, 고대밀과 같은 양의 흰 밀가루를 섞어서 사용한다. 흰 밀가루의 단백질은 글루텐 형성을 도와 빵이 더 잘 부풀고 가벼운 질감으로 완성된다. 이 빵의 풍미와 영양가는 에머밀과 아인콘밀이 담당한다.

밀가루에 대한 이해를 돕기 위해 밀알의 구성을 자세히 살펴보고, 제분이 어떻게 이루어지는지 간단히 알아보자. 이런 내용을 이해하고 있으면, 어떤 밀가루를 살지 결정할 때 도움이 된다.

제분

수확한 밀은 줄기와 왕겨에서 밀알을 분리하는 타작 과정을 거쳐, 제분할 수 있는 깨끗한 상태가 된다. 제분은 밀알을 으깨고 갈아서 밀가루로 만드는 과정이다.

롤러 제분(Roller Milling) : 1800년대에 발명된 현대적 기술로, 20세기 초까지 전 세계적으로 밀가루 생산 산업에 이용된 대표적인 제분 방식이다. 롤러 제분은 많은 양의 밀가루를 빠르게 일정한 품질로 생산할 수 있다는 장점이 있다. 최근의 롤러 제분은 매우 근접하게 배치된 스테인리스 스틸 튜브를 사용하여 밀알을 으깨고, 그 과정을 통해 씨눈과 겨가 떨어져 흰 밀가루와 각각 분리된다. 롤러 제분법으로 통밀가루를 만드는 경우, 분리된 겨와 도정된 밀의 씨눈을 흰 밀가루와 다시 혼합하는 과정을 거친다. 결과적으로 롤러 제분은 전통적인 맷돌 제분보다 저렴하고 맛도 어느 정도 보장된 밀가루를, 훨씬 적은 비용으로 생산한다.

맷돌 제분(Stone Milling) : 맷돌 제분에 쓰이는 맷돌의 무게는 수천 파운드 가까이 나간다. 이 거대한 맷돌은 밀이나 다른 곡물을 특정 크기의 입자 또는 가루로 만들 수 있도록 설계, 제작 및 관리된다. 맷돌로 제분한 통밀가루는 글자 그대로 통밀가루다. 밀알을 통째로 맷돌로 제분한 뒤, 빠짐없이 모두 밀가루 포대에 넣는다. 볼팅 스크린(Bolting Screens)이라고 부르는 체로 겨를 걸러내기도 하는데, 그러면 곱게 갈린 밀알의 배젖과 씨눈만 체를 통과한다. 예전에는 맷돌 제분이 유일한 제분법이었지만, 현재는 소규모 제분소에서만 맷돌 제분을 하며, 보통 헤리티지 품종이나 고대밀 품종을 제분할 때 맷돌을 사용한다. 맷돌 제분법으로 만드는 통밀가루는 롤러 제분을 통해 재구성된 통밀가루와 달리 진짜 통밀가루다. 밀알의 씨눈이 맷돌에서 분쇄되면서, 씨눈의 풍미와 오일이 밀가루에 완전히 혼합된다. 맷돌 제분 밀가루는 생산자에 따라 특징이 다르기 때문에, 여러 생산자의 밀가루를 사용해보고 어떤 밀가루가 나에게 가장 적합한지 판단하는 것이 좋다. 〈켄즈 아티장 베이커리〉에서는 맷돌로 제분한 밀가루와 롤러로 제분한 흰 밀가루를 섞어서, 맷돌 제분과 롤러 제분 밀가루의 장점을 모두 갖춘 밀가루를 사용한다. 즉, 알맞은 풍미와 뛰어난 질감, 일정한 품질의 결과물을 얻을 수 있는 밀가루를 사용하는 것이다. 이 책에 소개한 대부분의 레시피에서도 이와 같은 블렌드 밀가루를 사용하였다.

밀가루 선택

미국 전역에서 쉽게 구매할 수 있는 밀가루를 1가지 꼽는다면, 킹 아더(King Arthur)사의 밀가루를 추천한다. 킹 아더 밀가루는 일반 매장에서 살 수 있는 밀가루 중 아마 최고 품질의 밀가루일 것이다. 킹 아더는 여러 종류의 밀가루를 일관된 품질로 생산한다. 오리건주에 위치한 카마스 컨트리 밀(Camas County Mill)의 밀가루도 수년 동안 우리 베이커리에서 사용해왔다. 아인콘(Einkorn), 에머(Emmer), 스펠트(Spelt), 레드 파이프(Red Fife), 루주 드 보르도(Rouge de Bordeaux)와 그 밖의 여러 가지 우수한 품종으로 만든 제빵용 밀가루를 구매할 수 있는 곳이다. 카마스 컨트리 밀의 맷돌 제분 밀가루는, 테스트용으로 사용해본 다른 제분소의 밀가루에 비해 그 품질이 월등히 뛰어나다.

이 책에서 추천하는 헤리티지 품종의 밀가루는 온라인

으로 구매하는 것이 가장 좋다. 그런데 대부분의 대형 온라인 쇼핑몰에는 소규모 전문 제분소 상품이 없기 때문에, 제분소에 직접 연락하거나 제분소 사이트를 통해 온라인 구매를 할 수 있다. 소비자가 직접 전국 각지에서 소규모 전문 제분소에 주문을 하면, 이 제분소들을 계속 유지하는 데 재정적으로 큰 힘이 될 것이다. 대표적인 소규모 전문 제분소로는 그리스트 & 톨(Grist & Toll), 블루버드 그레인 팜스(Bluebird Grain Farms), 바통 스프링스 밀(Barton Springs Mill), 벤치 뷰 팜스(Bench View Farms), 카페이 밀스(Capay Mills), 앤손 밀스(Anson Mills), 제니스 밀(Janie's Mill) 등이 있다. 이들 제분소에서는 그 주에 제분한 밀가루를 구매할 수 있다. 직접 사용해보고 그 차이를 확인하기 바란다.

● 흰 밀가루

밀알의 배젖으로 만드는 흰 밀가루는 케이크나 페이스트리용 저단백 밀가루부터 제빵용 고단백 밀가루까지, 용도에 맞게 여러 제품이 생산된다. 밀은 재배지역의 기후와 토양에 맞게 품종 개량이 이루어져서 품종이 수천 가지나 되는데, 단백질 함량은 밀의 품종에 따라 달라지는 요소 중 하나이다. 베이커는 이처럼 다양한 종류의 밀로 각각 다른 특성을 가진 빵을 굽는다. 빵을 만들기 위해 흰 밀가루를 구매할 때는 밀가루의 단백질 함량을 잘 확인해야 한다. 가장 안전한 방법은 흰 밀가루 중 '제빵용 밀가루(Bread Flour)'라고 표시된 것을 구매하는 것이다. 사실 '통밀가루' 역시 제빵용 밀가루이기 때문에, '제빵용 밀가루'라는 표시만 보고 밀가루를 구매하라는 것은 지나치게 단순한 설명이다.

'제빵용 밀가루'라고 표시된 밀가루는 단백질 함량이 12.5~13% 정도로 다른 밀가루에 비해 높기 때문에, 빵 반죽이 충분히 부푼다. 여기서 단백질은 글루텐을 말하는데, 글루텐은 그물망 구조를 형성하여 발효가스(이산화탄소와 에탄올)가 반죽 밖으로 빠져나가지 못하게 함으로써 반죽을 부풀린다. 특히, 반죽에 호밀가루, 에머밀가루, 아인콘밀가루, 스펠트밀가루 같은 저단백 밀가루를 사용할 경우에는, 단백질 함량이 높은 제빵용 밀가루를

함께 사용할 것을 추천한다. 풍미가 좋지만 잘 부풀지 않는 밀가루와 제빵용 밀가루를 함께 사용함으로써, 질감이 가볍고 잘 부푼 빵을 구울 수 있다.

중력분(All-Purpose White Flour, 다목적 흰 밀가루)의 단백질 함량은 브랜드에 따라 다르지만 대략 9~12% 정도다. 빵 반죽이 잘 부풀기 위해 필요한 최소한의 단백질 함량은 10.5%이므로, 이 책의 레시피에는 최소 10.5%의 단백질을 함유한 밀가루를 사용하는 것이 좋다. 그러나 밀가루 포장에는 일반적으로 단백질 함량이 표시되어 있지 않다. 중력분을 사용하여 반죽했는데 원하는 만큼 부풀어 오르지 않았다면, 다음에는 '제빵용 밀가루'를 사용해보는 것도 방법이다. 다양한 브랜드의 밀가루를 사용해보고 자신에게 가장 잘 맞는 브랜드를 찾아야 한다.

이 책의 레시피에서 사용하는 흰 밀가루는 빵 반죽이 확실히 잘 부풀도록 모두 '제빵용 흰 밀가루'라고 표시하였으나, 중력분도 사용할 수 있다.

흰 빵

나는 흰 빵을 먹고 자랐고, 지금도 여전히 흰 빵을 좋아한다. 20년 전이나 지금이나, 나는 우리 베이커리에서 만든 바게트와 치아바타를 즐겨 먹는다. 흰 빵은 클래식하며, 부드러운 질감과 구멍이 송송 뚫린 속살이 돋보인다. 또한 통밀을 사용하지 않기 때문에 통밀의 강한 향이 섞이지 않아, 비가나 풀리시 등 사전발효반죽의 풍미가 더욱 두드러진다. '팽 드 미(Pain de Mie)' 같은 흰 샌드위치 빵은 베이커의 레퍼토리에 항상 포함되는데, 이런 종류의 빵은 통밀로 만들 수 없다. 탕종을 사용한 「일본식 우유식빵」 역시 흥미로운 빵이고 흰 빵에 포함된다.

● 통밀가루

통밀가루는 흰 밀가루를 만드는 배젖부터 씨눈, 겨까지 밀알의 모든 부분을 갈아서 만들기 때문에, 흰 밀가루에 비해 비타민, 미네랄, 식이섬유가 훨씬 풍부하게 함유되어 있다. 그래서 맛도 더 풍부하고, 견과류의 고소한 맛이 나며, 흰 밀가루로 만든 빵보다 밀도가 높은 빵을 만들 수 있다(통밀가루에 포함된 겨가 빵 반죽의 글루텐을 자르고 분해하여 글루텐 조직을 약화시키고, 결과적으로 반죽 안에 갇히는 발효가스의 양이 줄어들면서 빵 조직이 조밀해진다). 나는 이 책에 소개한 기본빵 #1(p.87) 레시피처럼 풍미와 영양을 고려하여 통밀가루와 흰 밀가루를 섞어서 사용한다.

일반 식품점에서 판매하는 통밀가루는 대부분 롤러 제분법으로 제분한 밀가루다. 롤러 제분의 경우, 밀알을 씨눈가루와 겨가루, 흰 밀가루로 각각 분리하고, 마지막 단계에서 흰 밀가루에 씨눈가루와 겨가루를 밀알의 원래 구성 비율에 맞게 섞는다. 통밀가루는 약 83%의 흰 밀가루와 14%의 겨가루, 3%의 씨눈가루로 구성된다. 따라서 통밀가루는 대부분 흰 밀가루로 이루어져 있다. 이것이 어떤 의미인지 한 번 더 생각해보자.

맷돌 제분법으로 생산된 통밀가루는 일반적으로 포장에 맷돌 제분 밀가루라고 표시되어 있다. 우리 베이커리에서는 맷돌로 제분한 통밀가루를 사용하지만, 롤러 제분을 하는 대형 생산자의 제품 중에도 좋은 품질의 통밀가루가 있으니 그것을 구입하여 사용해도 좋다.

밀글루텐

밀글루텐은 상업성을 중시하는 대형 베이커리에서 종종 사용하는 첨가물이다. 밀글루텐 또는 활성 밀글루텐(Vital Wheat Gluten)을 넣으면, 강하게 반죽한 뒤 짧고 빠른 발효과정을 거친 빵 반죽에도 글루텐 구조가 충분히 형성된다. 밀글루텐은 빵의 맛을 위해서 넣는 것이 아니다. 빵 반죽에 다른 첨가물(잡곡 믹스 등)을 섞었을 때 빵 반죽이 잘 부풀게 하려고 넣거나, 또는 저렴한 저단백 밀가루를 사용하는 베이커리에서 밀가루의 기능을 '개선'하기 위해 넣는다. 대형 베이커리에서는 밀글루텐을 첨가하여 빵 반죽이 잘 부풀어 오르게 함으로써 생산 속도를 높이는데, 이렇게 추가한 글루텐이 그 빵을 먹는 사람에게 어떤 영향을 미치는지에 대해서는 여러 가지 의문이 남아 있다. 나의 개인적인 의견은, 밀글루텐은 빵 맛을 좋게 만들어 주지도 않고 오히려 소화에 부담을 주기 때문에, 가정에서는(또는 내가 먹는 빵에는) 사용할 이유가 없다. 시중에서 빵을 살 때는 원재료 표시를 반드시 확인한 다음 사는 것이 좋다.

● 호밀가루

이 책에는 호밀가루를 사용하는 레시피가 몇 가지 있다. 호밀가루는 빵의 풍미를 향상시키기 위해 넣는 밀가루 중 내가 가장 좋아하는 밀가루다. 호밀가루로 빵을 만들 때의 유일한 문제는, 호밀에는 글루텐이 충분하지 않다는 점이다. 100% 호밀가루로 빵을 만들면 발효가스가 생성되지만, 그 가스를 반죽 안에 가둬둘 글루텐 조직이 약해서 반죽이 충분히 부풀어 오르지 못하고 결국 밀도가 높은 빵이 된다. 몇 해 전, 네이선 미어볼드(Nathan Myhrvold)와 프란시스코 미고야(Francisco Migoya)가 『모더니스트 브레드(Modernist Bread)』라는 책을 만들 때, 나는 이들로부터 미국에서 재배되는 호밀이 유럽 국가의 베이커들이 사용하는 호밀보다 질이 떨어진다는 이야기를 들었다. 이 호밀들은 종이 다른 호밀이었다. 유럽의 호밀가루로 만든 빵은 미국의 호밀가루로 만든 빵보다 훨씬 잘 부풀어 올랐다. 미국의 호밀은 원래 토양침식을 막아주는 피복 작물이나 동물의 사료로 사용하기 위해 심은 것으로 호밀을 사용하는 주된 목적이 달랐지만, 언제나 그렇듯이 베이커들은 주변에서 구할 수 있는 재료로 빵을 만들었던 것이다. 우리 베이커들은 여전히 그렇다!

미국 호밀의 부족한 글루텐을 보충하기 위해, 나는 호밀가루를 최대 50%까지만 사용한다(p.105, p.227 레시피 참조). 그리고 나머지는 중력분보다 단백질 함량이 높은 제빵용 흰 밀가루를 사용하는 편이다.

호밀로 르뱅 발효종을 만드는 경우, 빵 반죽의 글루텐이 파괴되는 문제가 있을 수 있다. 반죽 덩어리 전체가 발효 중에 주저앉는데, 이런 경우가 흔하지는 않으며 또한 어떤 브랜드의 호밀가루에서 이런 일이 발생하는지 특정해서 언급하고 싶지는 않다. 우리 베이커리에서는 이런 일을 겪은 뒤 사워도우에는 밀가루만 사용하고 호밀가루는 본반죽에 넣는다. 호밀가루로 르뱅을 만드는 것이 멋진 아이디어라고 생각해서 호밀 르뱅으로 빵을 만들어볼 수는 있겠지만, 그 반죽은 실패할 확률이 높다는 것을 알고 시작했으면 한다. 실패하여 반죽이 주저앉을 때는, 마치 반죽 안에서 글루텐을 먹는 효소가 왕성하

게 활동하며 반죽의 조직을 모두 파괴하는 것처럼 반죽이 주저앉는다. 르뱅 자체가 매우 묽어지거나 분해되는 등, 분명히 무언가 잘못되었음을 알 수 있다.

호밀가루에는 보통 '라이트 라이(Light Rye, 옅은 색 호밀가루)', '다크 라이(Dark Rye, 짙은 색 호밀가루)', 또는 '통호밀가루(Whole Rye)'라고 표시되어 있다. 이 책의 레시피에서는 다크 라이 가루와 통호밀가루를 서로 대체해서 사용할 수 있다. 이 2가지는 호밀알 전체를 갈아서 만들기 때문에, 라이트 라이에 비해 호밀의 향과 풍미가 더욱 풍부하다. 라이트 라이는 밀가루에 비유하자면 흰 밀가루에 해당한다. 호밀의 씨눈과 겨를 제거한 배젖의 가루이다. 「캐러웨이 시드를 넣은 뉴욕 스타일 호밀빵」을 만들 때는 라이트 라이 사용을 추천하는데, 다크 라이를 사용해도 좋다. 단, 다크 라이를 사용하면 호밀향이 강해지고 조금 더 밀도 높은 빵이 된다. 다크 라이는 밀가루에 비유하면 통밀가루에 해당한다. 호밀의 배젖, 씨눈, 겨가 모두 포함되어 있다. 다크 라이는 후가공 단계에서 씨눈과 겨의 가루를 배젖 가루에 섞는데, 그 비율은 제분소만 알고 있다. 반면 '통호밀가루'라고 표시된 호밀가루는 원래 호밀알을 구성하는 비율과 동일한 비율로 구성되어 있다. 만약 맷돌로 제분한 호밀가루를 찾을 수 있다면, 반드시 구매해서 빵을 구워보자. 일반 롤러 제분법을 이용하여 후가공 단계를 거쳐서 완성한 다크 라이 가루와의 차이를 느껴보기 바란다.

고대밀 품종, 에어룸밀 품종, 맛있는 현대의 밀 품종

더 맛있는 빵을 만들고 싶다면, 슈퍼마켓에서 쉽게 구할 수 있는 제빵용 흰 밀가루, 중력분, 통밀가루, 호밀가루를 넘어서야 한다. 지난 10년 사이, 일반 소비자들도 고대밀, 에어룸(Heirloom, 대량생산을 위해 종자를 개량하지 않고 자연 그대로 오랫동안 존재해온 품종)밀, 그리고 맛있는 새로운 현대 밀 품종을 비교적 쉽게 구할 수 있게 되었다. 여기서는 이 품종들을 소개하고, 이 책의 레시피에 이 품종들을 어떻게 사용할지에 대해 설명하고자 한다. 이 품종들은 모두 다른 종류의 밀이기 때문에, 하나로 묶어서 부를 수 있는 단어가 없다. '크래프트 밀(Craft Wheat)'이라는 표현 역시 적당하지 않다. 이 품종들의 공통점은 정말 맛이 좋다는 것, 밀가루의 품질을 중요시하는 동일한 제분소에서 생산되는 경우가 많다는 것, 그리고 이 책의 레시피에서 서로 대체하여 사용할 수 있다는 것이다. 이 책의 레시피에서 에머밀가루, 아인콘밀가루, 또는 통밀가루, 스펠트밀가루를 사용한 경우, 이 밀가루를 루주 드 보르도 밀가루나 화이트 소노라(Sonoran White Wheat) 밀가루로 대체해서 사용해보자. 물을 흡수하거나 글루텐이 형성되는 정도가 조금씩 다르지만, 대량생산하는 일반 밀가루로 만든 빵과는 분명히 다른 맛있는 빵을 구울 수 있다. 평생 한 종류의 토마토만 먹다가 어느 날 에어룸 토마토를 먹었다고 생각해보자. 바로 그와 같은 경험일 것이다.

헤리티지 품종이나 맛있는 현대의 밀 품종에 대한 수요가 늘어나 생산량도 늘어나기 바란다. 스펠트, 에머, 아인콘, 레드 파이프 등, 질 좋은 밀은 대부분 맷돌 제분법으로 생산된다(p.16 참조). 미국 전역에 위치한 소규모 전문 제분소에서 다양한 밀가루를 구매하거나(가격은 조금 비싸다) 직접 밀가루를 제분하면, 여러 가지 밀 품종의 특성을 즐길 수 있다. 이런 밀가루로 만든 빵은 그야말로 환상적인 맛이다.

직접 제분하기

밀알(밀)을 밀가루로 제분하는 것은 생각보다 쉽다. 자동 제분기만 있으면 된다. 수동 제분기로 제분하고 싶다면, 한 번쯤 시도해볼 수는 있겠지만 권하고 싶지는 않다. 제분기 가격은 만만치 않다. 나는 코모(KoMo) 제분기를 사용한다. 모크밀(Mockmill) 제분기도 추천한다. 제분기를 사면 제빵용 밀가루뿐 아니라 다른 용도의 밀가루도 갈아서 사용할 수 있다. 막 갈아낸 밀가루로 만든 파스타는 어떨까? 쿠키, 브라우니, 케이크, 타르트 같은 디저트는? 퍼프 페이스트리, 구제르(Gougères, 치즈가 들어간 작은 페이스트리의 일종)는? 생각만 해도 군침이 돈다. 결국, 밀가루를 직접 제분한다는 것은, 얼마나 많은 시간을 주방에서 보낼 의향이 있는지, 그리고 그 시간을 가치 있게 만들어줄 제분기를 구매할 경제적 여력이 있는지에 달려 있다. 갓 제분한 밀가루를 이용한 베이킹에 대해 설명한 좋은 책들이 있다. 『피터 라인하트의 홀 그레인 브레드(Peter Reinhart's Whole Grain Breads)』와 아담 리온티(Adam Leonti)가 쓴 『플라워 랩(Flour Lab)』은 정말 훌륭한 책이다. 킴 보이스(Kim Boyce)의 『굿 투 더 그레인(Good to the Grain)』 역시 제임스 비어드 어워드를 수상한 훌륭한 책이다.

● 고대밀 품종

아인콘, 에머, 스펠트 등 밀의 원조격인 이 품종들은 플라톤과 아리스토텔레스의 시대 이전, 그러니까 수천 년 전 메소포타미아 문명의 비옥한 초승달 지대에서 기원을 찾을 수 있다. 이 품종들은 현대의 진화된 품종에 비해 유전적으로 단순하다는 특징이 있다. 이 고대밀 품종들은 글루텐을 형성하는 단백질을 함유하고 있지만, 현대의 밀 품종에 비해 글루텐이 약하게 형성되는데, 특히 아인콘과 에머가 그렇다. 그러나 그 맛은 정말 훌륭하다. 이 품종들은 견과류의 고소하고 진한 맛을 품고 있다. 이 책의 레시피 중 에머밀가루, 아인콘밀가루, 스펠트밀가루를 사용하는 빵은 일반 흰 밀가루나 통밀가루로 만든 빵보다 곡물의 풍미가 매우 강한 빵이다. 이 품종들은 빵뿐 아니라 맥주나 위스키도 만들 수 있다.

● 에어룸밀 품종

도대체 언제부터 오래된 품종이 다시 새로운 품종이 된 것일까? 조금 엉뚱한 질문일 수 있지만, 맛이 정말 좋은 오래된 품종들은 이미 백 년 전 즈음부터 대량생산이 가능하고 제분과 제빵에서 높은 생산성을 보이는 현대의 품종으로 대체되었다.

레드 파이프(Red Fife), 터키 레드(Turkey Red), 루주 드 보르도(Rouge de Bordeaux), 그 외의 다양한 품종들이 1800년대 후반까지는 많이 재배되었다. 그러나 철도의 발달로 밀의 수송이 쉬워지고 대량 제분이 가능하도록 제분업이 산업화되면서, 품종을 육성하는 육종가들은 수확량이 많은 품종을 개발했고, 이로 인해 모든 것이 바뀌었다. 사실 높은 수확량과 병에 대한 저항성은 밀 농업에서 매우 중요한 요소다. 밀은 식량자원이기 때문이다. 농부가 잘 팔리는, 시장성 있는 품종을 재배하는 것은 당연하다. 밀 저장고는 수확량, 병해저항성, 제분소와 대형

제빵소에서의 높은 생산성에 중점을 둔 품종으로 채워졌다. 결국 가장 많은 고객이 원하는 품종이 재배되었다.

1900년대 초, 제빵이 가정의 주방에서 상업적인 제빵소로 옮겨가던 시기에, 얇게 잘라 봉투에 담아 파는 부드러운 흰 빵의 수요가 급증하였다. 이 수요를 충족시키기 위해 밀 품종의 개량과 새로운 품종 개발이 이루어졌고, 대형 제분소가 생겨났다. 우리가 에어룸밀 품종을 쉽게 접할 수 없게 된 지금의 상황을 이해할 수 있을 것이다. 한때 미국에는 지금의 15%에 불과한 인구를 위해 2만 개가 넘는 제분소가 있었다. 지금은 수천이 아닌, 단지 수백 개의 제분소가 존재한다. 소스랜드 퍼블리싱(Sosland Publishing)에서 만든 2019년『곡물과 제분 연감(Grain & Milling Annual)』에 의하면, 펜실베이니아주에서 가장 많은 14개의 상업용 제분소가 운영되고 있고, 캔자스주와 캘리포니아주에서는 각각 12개로 두 번째로 많은 제분소가 운영되고 있다.

그러나 미래는 아직 희망적이다. 다양한 에어룸밀 품종과 에머, 아인콘, 스펠트 같은 고대밀 품종을 재배하는 작은 농장이 많기 때문이다. 이 중, 몇몇 농장들은 이렇게 맛 좋은 밀로 아티장 베이커, 셰프, 그리고 로컬 마켓의 요구를 충족시킬 틈새시장을 찾아서 공략하였다. 대다수가 가족경영으로 운영되는 작은 농장들이기 때문에, 이 농장들은 협동조합의 형태로 같은 종자를 종종 같은 농법, 예를 들면 무경운 밀농법(No-Till Wheat Farming)으로 재배하고 수확한다. 그리고 수확한 밀을 모아서 고전적 방식인 맷돌 제분법으로 밀을 제분하는 소수의 새로운 제분소에 판매한다. 물론 미국 내에서(그리고 다른 나라에서도) 이렇게 재배되고 제분되는 밀의 비율은 매우 적지만, 이런 농장과 제분소가 있다는 것, 그리고 그 숫자가 점점 늘어나고 있다는 것은 정말 다행스러운 일이다. 10년 전에 비하면, 상당히 많은 종류의 밀과 밀가루를 시중에서 구할 수 있다. 그리고 온라인 시장 덕분에, 지역의 제한 없이 다양한 밀과 밀가루를 구매할 수 있게 되었다.

● 맛있는 현대의 밀 품종

밀 품종은 수천 종류나 된다. 그중에는 빵의 질과 풍미를 증진시키기 위해 육종된 품종들이 있는데, 바로 이것이 내가 관심을 갖고 있는 품종들이다. 농부와 우리의 식탁에 도움이 되는, 주류에서는 벗어났지만 여전히 시장성 있는 품종을 발견하는 것은 기쁜 일이다. 특히, 스카짓 밸리(Skagit Valley)의 워싱턴 주립대학교(Washigton State University)에 위치한 브레드랩(Breadlab)의 창립자이자 디렉터인 스티븐 존스 박사(Dr. Stephen Jones)에게 감사를 표한다. 스티븐 존스 박사와 그가 이끄는 팀은 이러한 많은 곡물의 개발에 영향을 미쳤고, 이 팀이 이종교배를 통해 새로운 품종을 성공적으로 개발하면, 농장의 밀밭에서 이 품종을 재배하기 시작한다. 이종교배 품종은 생산성이 높고 병해저항성이 강할 뿐 아니라, 맛도 좋은 품종들이다. 소규모 전문 제분소에서는 이 밀을 맷돌로 제분하여 우리가 빵을 만들 수 있는 밀가루로 만든다. 에디슨 밀가루(Edison Flour)는 재미있는 예이다. 에디슨은 워싱턴주 벨링햄(Bellingham)의 은퇴한 영문과 교수였던 메릴 루이스(Merrill Lewis)가, 태평양과 근접한 미국 북서부의 해양성 기후에 맞게 육종한 품종이다. 새로운 품종이 농부가 기르기에 적합하다면(브레드랩의 웹사이트에 간결히 표현된 것처럼 '비용이 적당하고 생산성과 판매 가능성이 있다면'), 제분업자, 베이커, 그리고 소비자까지 모두에게 도움이 된다.

좋은 곡물은 좋은 제분소가 필요하다

나는 소규모 전문 제분소, 에어룸밀 품종, 고대밀 품종에 대한 강한 열정을 갖고 있다. 밀가루 한 포대에는 여러 사장님과 직원들의 노고가 담겨 있으며, 그들의 삶은 밀가루와 직결되어 있다. 나는 항상 맛있는 새로운 빵을 만들 수 있거나, 이미 내가 만들고 있는 빵의 맛을 더욱 발전시킬 수 있는 밀가루를 찾고 있다. 그리고 이 밀가루를 생산하는 사람들과의 관계를 중요하게 생각한다. 이러한 농장 제분소(Farm Mills, 직접 곡물을 경작하고 제분하는 새로운 형태의 제분소)는 대부분 생긴 지 10년이 채 되지 않았다. 농산물 직거래 장터가 신선한 농작물과 더 나은 식재료를 일반 가정의 식탁에 직접 공급하는 것처럼, 이 농장 제분소들은 밀 거래에서 바로 그런 시장을 만들어 가고 있다. 이런 로컬 농장 제분소들이 그들의 시각에서 각 가정으로 보내는 메시지의 일부를 여기에 소개한다.

▌오리건주, 유진의 〈카마스 컨트리 밀(Camas Country Mill)〉

우리가 2011년에 카마스 컨트리 밀을 열었을 당시, 카마스 컨트리 밀은 윌라멧 밸리(Willamette Valley) 지역에서 거의 80년 만에 처음으로 문을 연 로컬 농장 제분소였다. 윌라멧 밸리 지역은 한때는 아주 작은 동네까지도, 수로를 따라 방앗간이 즐비한 지역이었다. 그러나 종자 산업이 호황을 맞으면서 생산성 좋은 개량 품종들이 대량 재배되기 시작하였고, 동네에서 소량으로 재배하여 소비되던 밀은 설 자리를 잃게 되었다. 자연스럽게 방앗간도 사라졌다. 그리고 얼마 지나지 않아 태평양 북서부 각 가정의 주방과 식료품점 선반은 공장에서 생산되는 밀가루들로 채워졌다.

경기침체기 동안 폭풍 같은 경제의 소용돌이 속에서 곡물 가격 역시 요동칠 때, 톰 헌톤(Tom Hunton)은 로컬 제분소에 대해 생각하기 시작했다. 수십 년 동안 잔디 종자, 채소와 피복작물의 종자, 수출용 밀을 재배하던 톰은, 이제 그의 가족농장사업을 다각화하고 중간 규모의 농장에서는 거의 하지 않던 일을 할 때라고 결정했다. 바로 로컬 마켓을 위한 작물을 기르는 일이었다(p.26 사진은 1920년대에 덴마크에서 그의 할아버지가 운영하던 베이커리의 수레 사진을 들고 있는 톰 헌톤이다). 톰은 '서던 윌라멧 밸리 빈 앤드 그레인 프로젝트(Southern Willamette Valley Bean & Grain Project)' 팀과의 많은 회의와 대학 육종전문가의 컨설팅을 거쳐, 헌톤 가족의 농장에 밀을 테스트할 구획을 마련하였다. 많은 이들의 예상과 달리 헌톤의 가족 농장에서 처음으로 수확한 '단단한 적색밀(Hard Red Wheat)'과 '백색 봄밀(White Spring Wheat)'은, 상업적으로 빵을 만드는 베이커가 사용할 수 있을 만큼 단백질을 충분히 함유하고 있었다. 헌톤은 곡물을 재배하는 데서 멈추지 않았다. 곡물을 가공하기 위해 제분소로 보내는 것은 재정적으로나 환경적으로나 도움이 되지 않는다고 생각해서, 직접 제분소를 만들기로 결심하였다.

그 이후로 이 지역의 더 많은 농장들이 콩과 곡물 재배에 참여했고, 카마스 컨트리 밀에서 그것들을 가공했다. 지금은 연간 약 90만 kg 이상의 밀가루가 이곳에서 생산된다. 오리건주 10개 학군의 학교 급식에 통밀가루를 공급하고 있고, '완전단백질 렌틸콩 보리 수프 믹스'를 포장해서 로컬 푸드 뱅크와 미 서부의 가정 및 상업시설 주방에 공급하고 있다.

▌ 뉴욕 주, 허드슨 밸리의 〈파머 그라운드 플라워(Farmer Ground Flour)〉

우리 제분소의 시스템은 순차적으로 작동하는 여러 개의 대형 맷돌로 구성되어 있으며, 천천히 그리고 부드럽게 밀알을 제분해서 밀가루를 만든다. 노스캐롤라이나주의 메도우스 밀스(Meadows Mills)에서 제작된 이 맷돌들은 20인치와 30인치의 화강암 맷돌이다. 수직 맷돌 제분기는 상대적으로 낮은 RPM으로 작동하며, 곡물에 전달되는 열과 물리적인 압력을 최소화하기 위해 각각의 맷돌에 나눠서 작업을 진행한다.

우리는 뉴욕주에서 곡물을 재배하고 제분한다. 매우 건조한 서부의 땅도, 예전의 풀이 무성했던 벌판도 아니다. 뉴욕주의 날씨와 작은 규모의 농장 때문에, 제분이 가능한 질 좋은 유기농 밀을 재배하는 것은 쉬운 일이 아니다. 농산물 직거래 장터와 마찬가지로, 로컬 제분소는 그 지역의 식품 시스템을 건강하게 만드는 데 중요한 역할을 할 수 있다. 우리는 뉴욕주의 농부들과 장기적으로 관계를 맺고 안정적인 가격과 시장을 제공함으로써, 농부들이 불안정한 곡물시장에서 벗어날 수 있도록 돕고자 한다.

▌ 일리노이주, 아쉬쿰의 〈제니스 밀(Janie's Mill)〉

맷돌 제분은 사람의 숙련된 기술과 과학의 만남이다. 좋은 품질의 제품을 생산하기 위한 핵심 요소는 제분소에서 일하는 전문가들의 숙련도와, 고대부터 오랜 시간 동안 발전해온 맷돌 제분 기술을 뒷받침하는 현대과학이다.

우리가 사용하는 2대의 맷돌 제분기는, 한 세기 이상 제분 산업을 이어온 덴마크의 엥스코(Engsko)사에서 주문제작했다. 이 현대식 제분기는 수백 년 된 이탈리아의 제분기와는 모양이 다르지만, 고정된 맷돌과 회전하는 맷돌 사이에 통곡물을 넣어 제분한다는 점에서 제분방식이 같다. 제분할 때 발생하는 열을 주의 깊게 모니터하고 맷돌을 차갑게 유지해서, 필수 단백질, 지방, 비타민, 미네랄, 그리고 겨와 씨눈을 포함한 곡물 전체의 모든 영양소를 보존한다. 우리 제분소에서 체로 걸러낸 밀가루도 통밀의 70~90%를 포함하고 있어 풍미와 영양이 매우 풍부하다.

도구

제대로 된 도구가 있으면 무슨 일이든지 훨씬 쉽게 할 수 있다. 반드시 필요한 도구도 있고, 작업을 좀 더 원활하게 진행할 수 있도록 도와주는 도구도 있다. 나는 모든 도구가 제자리에 놓여 있어서, 작업하는 동안 이런저런 도구를 찾느라 시간을 소비하지 않고 빠르게 효과적으로 일하는 것을 좋아한다. 『밀가루 물 소금 이스트』 책에 수록된 빵을 만들어봤다면, 로프팬을 제외한 거의 모든 도구를 갖고 있을 것이다. '덮개 없는 로프팬'과 '덮개 있는 로프팬'이 크기 별로 1~2개 정도 필요하다. 여기서는 베

이킹 과정에서 사용하는 순서대로 추천하는 도구들을 대략적으로 설명하였다.

반죽통

이 책의 거의 모든 레시피에서는 손으로 반죽한 뒤, 반죽한 용기에서 그대로 발효시킨다. 이 방법이 쉽고 효과적이기 때문이다.

6ℓ 반죽통

나는 눈금 표시가 있고 뚜껑이 있는, 투명한 약 6ℓ 용량의 용기를 주로 사용한다(2ℓ, 4ℓ, 6ℓ 등이 있다). 이 용기가

있으면 반죽하기 편하고 작업한 뒤에 설거짓거리도 줄어든다. 또한 사각형보다는 원형 용기가 손반죽을 할 때 사용하기 편리하다. 날가루나 반죽 일부가 모서리에 붙어서 잘 섞이지 않을 수 있기 때문이다. 그러나 이미 사각형 용기가 있다면 그대로 사용해도 좋다. 이 책에 나오는 거의 모든 반죽은 손으로 만든다(브리오슈, 버터 브레드, 탕종을 사용한 일본식 우유식빵 등의 인리치드 반죽은 예외적으로 기계로 반죽한다). 손반죽은 적합한 용기를 사용해야 쉽게 반죽할 수 있다. 반죽하는 용기를 반죽통(Dough Tubs, 빵 발효통이라고도 한다)이라고 부르는데, 온라인에서 검색하면 쉽게 찾을 수 있다.

6ℓ 반죽통은 이 책에 나오는 빵 1덩어리 분량의 반죽을 만들기에 충분하다. 반죽이 더 높이 부풀어 오르고 부풀어 오른 부분이 로프팬 밖으로 쓰러지지 않도록 글루텐 조직을 강화하기 위해서, 반죽을 섞은 뒤 1시간 안에 몇 번의 빠르고 간단한 접기(Folding)를 해야 한다(p.47 참조). 6ℓ 반죽통을 사용하면 반죽을 통에서 꺼낼 필요 없이, 바로 쉽고 빠르게 반죽을 접을 수 있다.

반죽통에 표시된 부피를 측정하는 눈금은 반죽을 꺼내서 성형할 시점을 결정하는 데 도움이 된다. 1차발효 때 반죽이 얼마나 부풀어야 하는지는 레시피에 나와 있는데, 반죽이 처음 부피의 '2.5배', 또는 '2~3배'가 될 때까지 발효시키라고 하면, 빵을 만드는 여러분이 각자 부피를 어림잡아 추측해야 한다. 따라서 반죽이 반죽통 눈금의 어디까지 부풀었을 때 통에서 꺼내 성형하라고 설명하는 것이 더 정확하고 믿을 수 있다. 이 책의 레시피에서는 통의 2쿼트(1.9ℓ) 눈금보다 0.6㎝ 또는 1.3㎝ 정도 아래까지 반죽이 부풀어 오르도록 1차발효를 진행하라고 표현한 경우가 많은데, 반죽통에 이 선을 미리 표시해두면 바로 확인할 수 있다. 표시하는 것은 그리 어렵지 않다.

레시피에 표시된 시간은 설명을 위한 대략적인 시간이고, 오리건주에 위치한 나의 집의 실내온도 21℃를 기준으로 작성되었다. 텍사스주 휴스턴이나 사우스캐롤라이나주의 찰스턴처럼 덥고 습도가 높은 지역에서는, 에어컨을 세게 틀고 작업하지 않는다면 반죽이 레시피의 시간보다 훨씬 빨리 부풀어 오른다. 스코틀랜드의 추운 농가에서는 레시피에서 제시한 것보다 2배의 시간이 지나야 반죽이 충분히 부풀어 오른다. 추운 기온과 따뜻한 기온에서 반죽이 부풀어 오르는 속도의 차이는 상당하다. 모든 레시피에 표시된 1차발효에 필요한 예상 시간은, 빵을 만드는 주방의 온도가 21℃ 정도라면 기준으로 삼아도 좋다. 그러나 레시피에서 제시한 시간보다는 반죽의 부피, 즉 부풀어 오른 정도를 보고 1차발효시간을 결정하기 바란다. 또한, 내가 사용하는 것과 같은 반죽통을 사용하면 레시피를 더욱 쉽게 구현할 수 있다. 빵을 자주 만들 계획이라면, 돈을 조금 쓰더라도 반죽통을 구매하는 것이 좋다. 눈금이 있는 반죽통을 사용하면 빵이 부풀어 오르는 것을 정확하게 확인할 수 있기 때문에, 좀 더 자신 있게 빵을 만들 수 있다.

나의 첫 번째 책인 『밀가루 물 소금 이스트』를 읽고 2덩어리의 빵을 만들기 위해 12ℓ 반죽통을 이미 구매해서 사용해봤다면, 내가 반죽통의 중요성을 이렇게 강조하는 이유를 이미 알고 있을 것이다. 12ℓ 반죽통은 2덩어리의 빵을 만들 때 사용하는 것이 더 좋기는 하지만, 12ℓ 반죽통을 이미 갖고 있다면 이 책의 레시피에 사용해도 좋다.

2ℓ 용기

이 책의 천연 르뱅 레시피로 사워도우 발효종을 만들 때는, 눈금 표시가 있고 뚜껑이 있는 약 2ℓ 용량의 원형 용기를 사용하는 것이 가장 좋다. 르뱅 발효종을 만들 때 처음에는 2ℓ 용기가 조금 크게 느껴지지만, 발효종을 완성하고 나면 이 정도 크기가 적당하다는 것을 알 수 있다. 발효종을 처음 만드는 데 1주일 정도 걸리고, 그 뒤에는 냉장보관하면서 빵을 만들 때 필요에 따라 조금씩 떼어서 사용하는데, 2ℓ 용기는 냉장고에 보관하기에 적당한 크기다. 2ℓ 용기는 스타터, 비가, 그리고 팝콘을 넣기에도 안성맞춤이어서, 우리집에는 2ℓ 용기가 몇 개 더 있다. 다양한 음식 저장용기 중 선택하여 사용한다.

반죽통을 대체할 만한 용기

큰 믹싱볼이 있다면 믹싱볼을 반죽통으로 사용하여도 좋다. 단, 적어도 지름이 30㎝ 이상, 높이가 13~15㎝ 이상 되고, 용량은 8ℓ 정도 되어야 한다. 뚜껑 대신 비닐랩을 덮거나 같은 크기 또는 조금 작은 크기의 믹싱볼을 뒤집어 씌워서 사용할 수 있다.

저울

밀가루, 물, 소금, 이스트의 무게를 디지털 저울로 정확히 측정해서 빵을 만들어야, 기대하는 결과물을 얻을 수 있다. 정확하게 측정하는 것은 어렵지 않으므로 걱정할 필요 없다. 저울은 가격이 그렇게 비싸지도 않고, 저울을 사용하면 재료를 정확히 계량했다는 확신을 갖고 빵을 만들 수 있다. 개인적으로는 무게가 표시되는 디지털 화면을 저울 본체에서 분리하여 앞으로 길게 빼서 볼 수 있

는 풀아웃 디스플레이(Pull-Out Display)가 있는 저울을 좋아하지만, 여러분은 가격을 고려하여 다양한 저울 중 어떤 저울을 사용할지 결정한다. 디지털 저울을 새로 사야 한다면, 저울의 최대 측정치와 그램 및 온스 단위를 모두 측정할 수 있는지를 확인한다. 이 책의 레시피에는 최대 측정치가 2.3kg(5파운드) 정도인 저울이면 충분하다. 또한 무게를 최소 1g 단위로 측정하는 저울을 추천한다. 이 정도의 조건을 충족하는 적당한 가격의 저울은 시중에 많다.

재료를 계량할 때는 컵이나 TB 등의 부피보다는 무게로 계량하는 것이 더 좋다. 물을 무게 360g으로 계량하면 나와 여러분이 계량한 물의 양이 일치한다고 확신할 수 있지만, 각자 부피로 1컵 반의 물을 계량한다면 물을 양이 정확히 일치하지 않을 수 있다. 물을 살짝 더 넣는 정도만으로도 반죽의 상태는 크게 달라질 수 있다. 마찬가지로 밀가루 1TB이 더 들어가고 덜 들어가는 것만으로도, 완성된 반죽의 질감에 영향을 미칠 수 있다. 디지털 저울로 재료를 정확히 계량해서 빵을 구우면, 투자한 시간과 재료가 아깝지 않은 좋은 결과물을 얻을 수 있다.

소금을 정확하게 계량하기 위해서도 저울이 필요하다. 소금은 브랜드에 따라 알갱이 크기가 다르기 때문에, 한 브랜드의 소금 2ts과 다른 브랜드의 소금 2ts은 무게가 다를 수 있다. 특히 굵은 소금일수록 부피와 무게의 차이가 더욱 크다. 이러한 소금 양의 차이는 당신이 만드는 빵에 큰 영향을 미친다.

이스트의 경우는 조금 다르다. 인스턴트 드라이드 이스트 ¼ts은 거의 대부분 1g 정도이다. 정확한 계량을 위해 '반드시 저울을 사용해야 한다'라는 법칙에서 유일하게 이스트는 제외된다. 이 책의 레시피에 필요한 이스트의 양은 2g, 3g 등인데, 이처럼 적은 양을 측정할 때는 1g 단위로 측정하는 저울보다 오히려 계량스푼(¼ts)을 사용하는 것이 더 좋다. 만약 0.01g 단위로 측정하는 저울이 있다면 저울을 사용해도 좋다. 정교한 저울도 그렇게 비싸지는 않다. '0.1g 또는 0.01g' 단위로 측정 가능하다고 표시된 저울을 구매한다.

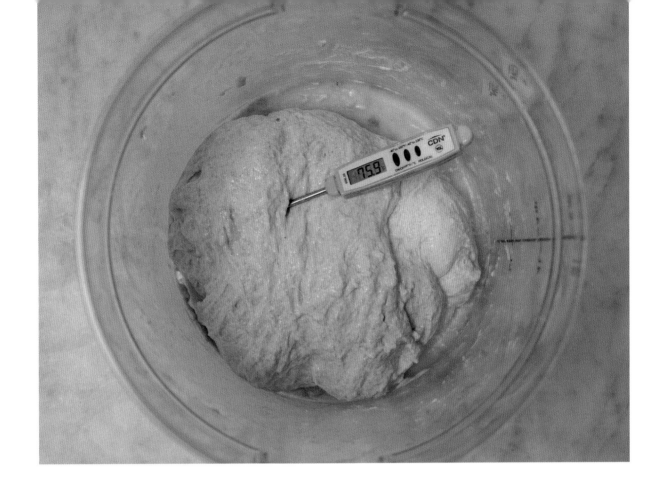

조리용 디지털 탐침온도계

『밀가루 물 소금 이스트』에서 나는 "시간과 온도를 빵의 재료라고 생각해야 한다"라고 말했다. 이것은 내가 베이킹에 있어서 변함없이 가장 중요하게 생각하는 것 중 하나다. '고기 온도계(Meat Thermometer)'라고도 하는 조리용 디지털 탐침온도계를 베이킹할 때 사용하면(물론, 고기 조리에도 사용할 수 있다), 레시피에 나와 있는 온도로 물온도를 맞출 수 있다. 레시피에 나온 온도의 물과

실온의 밀가루를 사용하여 반죽을 만들면, 그 반죽은 예상 시간 안에 발효된다. 레시피에 나온 대로 모든 작업이 진행될 것이다. 나의 반죽온도가 레시피에 나와 있는 반죽온도와 같은지, 온도계를 꽂아서 확인해볼 수도 있다. 보통 반죽온도는 약 24℃(75℉)다. 반죽이 이보다 차가우면 천천히 발효되고, 따뜻하면 빠르게 발효된다. 보통 2~3만원의 조리용 디지털 탐침온도계는 주방에서 고기를 익힐 때 온도를 측정하는 등, 여러 가지 용도로 사용할 수 있다. 테일러(Taylor), 쿠퍼앳킨스(Cooper-Atkins), 시디엔(CDN) 제품을 추천한다.

로프팬과 더치오븐

이 책의 빵은 대부분 로프팬에 굽지만, 더치오븐에도 구울 수 있다는 것이 중요한 특징이다. 모든 반죽은 덮개 없는 로프팬, 덮개 있는 로프팬, 더치오븐 중 어느 것을 사용하여 구워도 문제없다.

덮개 없는 로프팬

덮개 없는 로프팬에 굽는 빵은 레시피를 테스트할 때 2가지 크기의 로프팬을 사용했다. 작은 로프팬은 USA팬에서 나온 코팅된 논스틱팬으로, 크기가 21.6 × 11.4 × 7㎝(8½ × 4½ × 2¾인치)인 로프팬이다. 상품 설명에는 '1파운드(450g) 로프팬'이라고 표시되어 있는데, 이 책의 레시피에서 1덩어리의 빵을 만드는 반죽은 900g이 조금 넘는다. 그래서 이 작은 로프팬을 사용하면 빵이 위로 높이 부풀어 오르는데, 나는 그런 효과를 좋아한다. 다만, 작은 로프팬을 사용할 경우 큰 로프팬으로 구울 때보다 빵의 아랫부분 조직이 눌린다. 큰 로프팬은 23.5 × 12.7 × 8㎝(9¼ × 5 × 3⅛인치) 크기를 사용하였다. 결국, 빵속에 기공이 조금 더 형성되고 빵이 더 크게 구워지는 큰 로프팬을 사용하기로 결정했다(팬에 미리 쿠킹 스프레이를 뿌려두면 빵을 쉽게 빼낼 수 있다). 논스틱팬을 사용하더라도 반죽이 부풀어 오르는 과정에서 반죽이 팬 위로 살짝 넘쳐서 테두리에 달라붙을 수 있기 때문에, 쿠킹 스프레이를 뿌려야 하는 경우도 있다. 덮개 없는 로프팬을 사용하

여 반죽을 발효시키고 구울 때는, 위에서 언급한 2가지 크기나 그 사이의 크기라면 어떤 로프팬을 사용해도 좋다.

덮개 있는 로프팬

덮개 있는 로프팬에 빵을 구울 때 로프팬의 크기와 반죽의 양이 잘 맞으면, 빵을 굽는 과정에서 반죽이 덮개 높이까지 부풀어 오른다. 빵의 윗면, 아랫면, 옆면이 평평하고, 모서리는 정확히 각이 잡힌 로프팬 모양 그대로의 빵이 완성된다. 빵껍질은 매우 얇아서, 이런 빵은 샌드위치, 카나페, 프렌치토스트 등을 만들기 좋다. 쉐프메이드(CHEFMADE)의 덮개가 있는 논스틱 탄소강 로프팬을 추천한다. 이 로프팬의 크기는 21.3 × 12.2 × 11.4㎝(8.4 × 4.8 × 4.5인치)이다.

뚜껑 있는 더치오븐

예열된 더치오븐으로 빵을 구우면 훌륭한 베이커리에서 파는 것 같은, 껍질이 단단하지만 바삭한 아티장 브레드 스타일의 빵을 구울 수 있다. 이런 스타일의 빵이 바로 내

가 『밀가루 물 소금 이스트』에서 소개한 빵이다. 이런 빵을 구울 때는 더치오븐의 크기가 중요하다. 내 책에 소개된 더치오븐 브레드는 약 4ℓ 용량의 더치오븐에 구울 때 가장 근사한 결과물이 나온다. 예전보다 가격도 적당하고 다양한 더치오븐이 판매되고 있다. 나는 롯지 캐스트 아이언(Lodge Cast Iron) 더치오븐의 오랜 팬이다. 에나멜 코팅이 된 무쇠로 만든 더치오븐은 여러 가지 색상이 있어서 예쁘고 관리하기도 쉽다. 더치오븐 뚜껑의 손잡이가 고온(260℃)의 오븐에서 사용이 가능한 것인지 확인하고 구매한다. 내가 사용하는 더치오븐은 지름이 25.4㎝(10인치)이고, 깊이가 10㎝(4인치)이다. 5ℓ 더치오븐이 있다면 그것을 사용해도 좋다. 다만, 4ℓ 더치오븐에서 구울 때보다 반죽이 조금 더 퍼지면서 넓게 구워지기 때문에, 5ℓ 더치오븐에 구운 빵은 이 책에 나와 있는 사진의 빵처럼 높이가 높고 둥글지 않다. 그리고 빵의 윗부분이 4ℓ 더치오븐에 구웠을 때만큼 보기 좋게 갈라지지 않는다. 빵이 오븐에서 부풀어 오를 때(오븐 스프링), 반죽이 퍼져 있어서 위로 밀어 올리는 압력이 약하기 때문이다.

발효바구니

더치오븐에 빵을 굽는 경우, 성형이 끝난 반죽을 2차발효시킬 때 담아 놓을 발효바구니가 필요하다. 빵을 구울 준비가 되면 바구니를 뒤집어서 반죽을 작업대로 옮기고, 다시 예열된 더치오븐으로 옮긴다. 10년 전에 비해 다양한 발효바구니를 더 저렴한 가격에 구매할 수 있다. 이 책의 레시피에 맞는 발효바구니의 크기는 윗부분 지름이 23㎝(9인치), 깊이가 9㎝(3½인치)이다. 발효바구니는 한 번 사면 평생 사용할 수 있다. 전통적으로는 발효바구니에 면으로 만든 발효천을 깔고 사용하지만, 바구니의 등나무 패턴이 빵의 겉면에 아름다운 무늬를 만들어 주기 때문에, 나는 발효천 없이 사용하는 것을 좋아한다. 볼에 보풀이 없는 비슷한 크기의 천을 깔고 밀가루를 뿌리는 방식으로, 즉석에서 발효바구니를 만들 수도 있다.

그 밖의 도구

베이킹을 할 때 도움이 되는 다른 몇 가지 도구를 소개한다.

- 뜨거운 로프팬과 더치오븐을 만질 때 필요한 오븐장갑이나 접을 수 있는 두꺼운 행주가 필요하다. 오븐장갑은 260℃로 달궈진 도구를 잡을 때 안전하게 사용할 수 있는지 확인하고 준비한다. 오븐장갑과 두꺼운 행주는 사용 전에 반드시 높은 온도에서 테스트한 뒤 사용한다.
- 가정용 오븐은 설정온도와 실제 온도가 정확히 일치하지 않는 경우도 있기 때문에, 오븐용 온도계를 사용하는 것이 좋다. 나의 오븐은 실제 온도가 15℃ 정도 낮아서, 260℃로 설정하면 실제 온도는 245℃가 된다.
- 성형한 반죽을 담은 로프팬이나 발효바구니를 덮어둘 도구가 필요하다. 나는 구멍이 뚫리지 않은 비닐봉투를 주로 사용하는데, 비닐봉투를 사용하면 밤새 냉장고에서 반죽을 발효시켜도 마르지 않는다. 보통 마트에서 채소 등을 담아온 비닐봉투 중 깨끗한 것을 재사용한다.

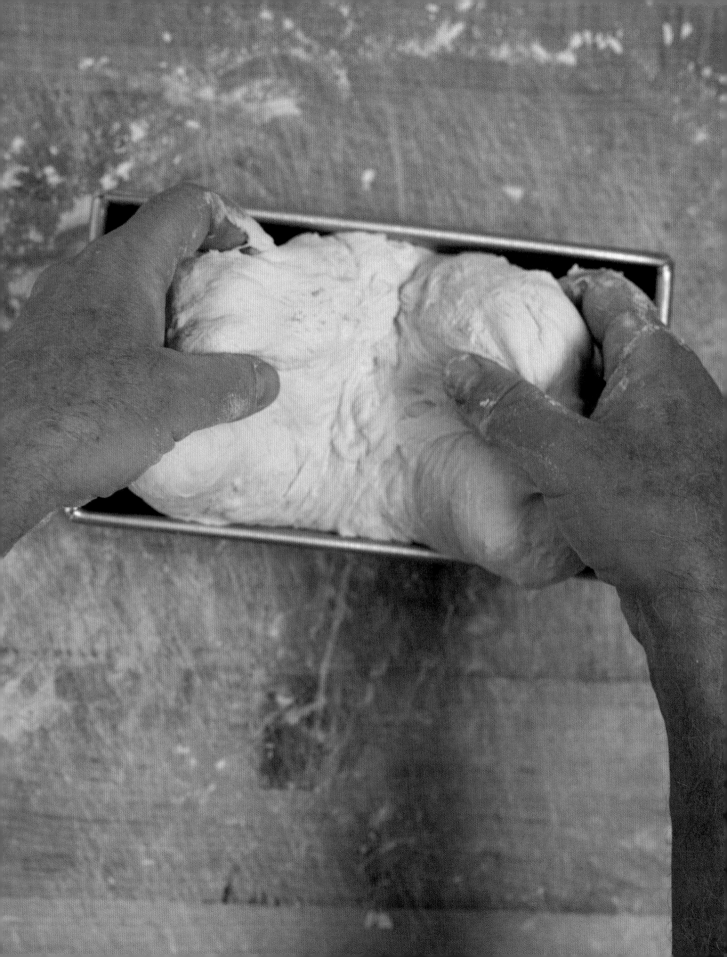

CHAPTER 2
방법과 기술
METHODS & TECHNIQUES

CHAPTER 2에서는 각 레시피에 공통적으로 나오는 빵 만드는 방법을 설명한다. 『밀가루 물 소금 이스트』를 읽은 독자들은 여기서 소개하는 많은 과정이 익숙할 것이다. 1차발효에 사용할 용기에 재료를 넣고 바로 믹싱을 시작한다. 오토리즈 단계의 반죽에 소금과 이스트를 뿌리고 섞기 전에 휴지시킨 다음, 본반죽을 완성한다. 저울로 재료를 계량하고 온도계로 물과 반죽의 온도를 확인한다. 베이킹은 이렇게 심플하다.

준비

이 챕터에서는 베이킹의 각 단계에 대해 자세히 설명하고 필요한 지식들을 알려준다. 이러한 방법과 기술은 각 레시피에 설명되었고, 때로는 요약되어 있다. 또한, 같은 레시피로 아티장 로프팬 브레드와 더치오븐 브레드를 만드는 방법도 알려준다. 모든 레시피의 첫 단계는 필요한 도구와 재료를 준비하는 것이다.

- 주방용 디지털 저울
- ¼ts 계량스푼(적은 양의 이스트를 계량하기 위해 필요)
- 2ℓ 용량 이상의 물통
- 조리용 디지털 탐침온도계
- 소금 계량을 위한 작은 용기
- 6ℓ 반죽통 또는 비슷한 크기의 볼
- 더치오븐 브레드를 구울 때 필요한 발효바구니
- 밀가루(레시피에 따라서 1종류 이상의 밀가루)
- 고운 바닷소금
- 인스턴트 드라이 이스트
- 르뱅 또는 스타터

모든 도구가 제자리에 있으면 필요한 것을 찾기 위해 레시피에 집중하지 못하는 일은 없다. 필요한 것은 모두 제자리에 있어야 한다.

이 책의 거의 모든 레시피에는 옵션으로 르뱅을 사용하도록 표시되어 있다. 르뱅 없이도 빵을 만들 수 있지만, 르뱅을 사용하면 더 맛있는 빵을 만들 수 있다. 그러나 때로는 이 비밀무기를 사용할 수 없거나 아직 만들지 못한 경우도 있다. 르뱅 없이도 빵을 구울 수 있으니 너무 걱정하지 않아도 된다. 하지만 르뱅을 첫 단계부터 만들어보기를 강력히 추천한다. 1주일 동안 하루에 5분 정도만 투자하는, 어렵지 않은 과정이다. 일단 르뱅을 만들면 냉장보관하고, 레시피에 필요할 때마다 꺼내서 사용할 수 있다(르뱅은 7~10일에 1번씩 먹이를 주어 리프레시한다).

용어

각각 다른 의미로 사용하는 르뱅(Levain), 발효종(Culture), 사워도우(Sourdough)를 들어보았을 것이다. 그러나 실제로는 모두 같은 것이다. 반죽을 발효시키는 천연 효모를 배양한 것을 의미한다.

질고 늘어지는 반죽에 대하여

이 책의 레시피에서는 제빵기용 레시피나 전통적인 미국식 베이킹 레시피보다 물을 많이 사용한다. 특유의 맛과 질감을 만들어내는 이런 진 반죽은, 아티장 브레드의(그리고 내 첫 번째 책인 『밀가루 물 소금 이스트』에 수록된 빵의) 전형적인 특징이다. 반죽이 질수록 그 반죽으로 구워낸 빵은 오랫동안 촉촉하고, 맛은 더 훌륭하며, 질감은 가벼워진다. 반죽이 발효될 때는 반죽에 가스가 차면서 살아 있는 듯 부글거린다. 전형적인 빵 반죽과 달리 처음에는 매우 질고 끈적하다. 재료 계량을 잘못했거나 레시피에 문제가 있다고 생각할 정도다. 그러나 반죽 믹싱과 반죽 접기 사진을 보면(p.43~46), 원래 질고 끈적한 반죽임을 알 수 있다.

빵 반죽을 질게 하는 이유는 다음과 같다.

- 보존제를 넣지 않아도 촉촉함이 오래간다. 밀폐용기나 비닐봉투에 넣어두면, 5일 동안 실온에서 보관할 수 있다.
- 수분이 적게 들어간 단단한 반죽으로 만든 빵은, 이 책에 나오는 가벼운 질감의 빵보다 밀도가 높다.
- 반죽에 수분이 많으면 발효가 활발하게 이루어진다. 일반적인 로프팬 브레드 반죽에 비해 적은 양의 이스트를 넣고 설탕을 전혀 사용하지 않지만, 진 반죽은 천천히 그리고 확실하게 발효된다. 이처럼 천천히 확실하게 발효된 빵은 풍미가 좋고, 질감이 가볍다.
- 진 반죽으로 만든 빵을 토스트하면 질감이 더 좋아진다. 겉은 바삭하고 속은 부드러우며 촉촉하다.

이런 종류의 반죽은 발효 초기단계에 도움이 조금 필요하다. 내가 이 책에서 추천하는 반죽을 접는 기술(Folding)은 수작업으로 빵을 만드는 좋은 베이커리에서 흔히 쓰는 기술로, 진 반죽의 글루텐 구조를 강화하여 빵이 꺼지지 않고 잘 구워지도록 도와준다. 반죽을 접는 방법은 다음과 같다. 반죽 한쪽을 팽팽해질 때까지 잡아당긴 다음, 잡아당긴 방향과 반대 방향으로 반죽을 접어 올리는데, '봉투(Packet)'를 접듯이 잡아당긴 반죽을 덩어리 위로 접어 올린다. 반죽을 모든 방향에서 이렇게 접는데, 접기가 끝나면 반죽이 풍선처럼 둥근 모양이 된다. 반죽을 접는 과정을 통해, 글루텐 가닥이 서로 복잡하게 얽히고 반죽 전체의 글루텐 구조가 더 단단해진다. 이런 작업은 반죽이 평평하게 퍼지는 것을 막는다. 1차발효가 진행되는 도중에 반죽을 이렇게 몇 번 접어주면 형태를 유지하기에 충분한 내구력이 생긴다.

레시피 테이블 보는 방법

이 책의 레시피 테이블에는 각 재료를 사용량이 많은 순서로 표시했다. 밀가루가 가장 먼저, 그리고 물, 소금, 이스트 순서이다. 그리고 마지막에 그 밖에 추가되는 재료를 표시했다. 견과류(호두를 넣은 50% 호밀빵), 견과류 가루(헤이즐넛 브레드), 흑미가루(블랙 브레드), 옥수수 알갱이(콘 브레드), 홍차에 불린 건포도와 피칸(건포도 피칸 브레드), 버터(버터 브레드) 등이다. 이제 레시피 테이블에 표시된 정보에 대해 간단히 알아보자.

각 재료와 필요한 분량은 무게로 표시했다. 무게는 주방저울로 쉽게 계량이 가능하고 정확하기 때문에, 나는 무게로 표시하는 것을 좋아한다. 또한 주방저울을 구매하기 전에 참고할 수 있도록, 무게 옆에 부피로도 재료 분량을 표시하였다. 3번째 열의 '베이커 %(Baker's Percentage)'는 레시피를 한눈에 이해하는 데 도움이 된다. 빵을 자주 구울수록 이 비율에 익숙해지고, 또 더욱 유용하게 사용할 수 있게 된다.

이 책의 레시피를 사용하기 위해서 베이커 %를 이해할 필요는 없다. 베이커 %를 이해하고 빵을 만들거나 이해하지 못하고 빵을 만들거나, 모두 좋은 빵을 만들 수 있다. 그러나 베이커 %를 알면 레시피를 깊이 이해할 수 있고, 이 책의 레시피와 기존에 알고 있던 다른 레시피를 비교할 때도 도움이 된다. 베이커 %를 이해하면 반죽에 물이 4~5% 더 들어가고 덜 들어가는 것이, 반죽의 질감에 얼마나 큰 영향을 미치는지 알 수 있다. 또한 레시피에 사용하는 밀가루의 블렌드 비율을 바꾸고 싶을 때도 베이커 % 개념을 이해하고 있으면 도움이 된다.

베이킹 책에서 사용하는 베이커 %는 저자마다 다르기도 하고, 나의 경우에는 책에 따라 조금씩 다르다. 전통적인 베이커 %는 레시피에서 각 재료의 무게를 밀가루의 총 무게로 나눈 것이다. 반죽에 들어가는 밀가루를 모두 더하면 항상 100%가 되어야 한다. 밀가루 1,000g과 물 750g을 반죽에 사용하면, 물의 베이커 %는 75%다. 마찬가지로 소금 20g과 밀가루 1,000g을 반죽에 사용하면, 소금의 베이커 %는 2%다. 보통 빵 반죽에서 소금의 베이커 %는 2%인데, 나는 맛을 위해 2.2%를 넣는다.

이 책의 거의 모든 레시피에는 옵션으로 냉장보관한 르뱅 100g을 사용하도록 표시했다. 르뱅이 없어도 빵을 만들 수 있지만, 르뱅을 사용하면 더 맛있는 빵을 만들 수 있다. 그런데 사워도우 100g을 사용하여 빵에 맛을 더하면, 레시피의 베이커 %가 사워도우를 사용하지 않을 때와 조금 달라진다. 레시피에서는 이해하기 쉽도록 르뱅을 사용하지 않는 경우의 베이커 %를 표시하였다.

예를 들어, 이 책의「50% 에머밀 또는 아인콘밀 브레드」레시피에서는 에머밀가루 또는 아인콘밀가루 250g을 사용하고 전체적인 밀가루의 양은 500g이므로, 에머밀가루 또는 아인콘밀가루의 베이커 %를 50%로 표시했다(p.100 참조). 여기서 만약 100g의 르뱅을 사용한다면 르뱅에는 흰 밀가루와 물이 반씩 섞여 있기 때문에, 밀가루의 전체 양이 550g으로 증가하면서 250g을 사용하는 에머밀 또는 아인콘밀의 베이커 %는 실제로는 45.5%가 된다. 그러나 르뱅을 사용할 때와 사용하지 않을 때의 베이커 %를 따로 표시하면 레시피가 지나치게 복잡해지므로 표시하지 않았다.

마찬가지로 옵션인 르뱅을 사용하면 소금의 베이커 %

는 2%이고, 반죽의 수분율은 아주 조금 올라간다.

또한 밀가루를 어떻게 블렌드하는지에 따라, 반죽에 들어가는 물의 양과 그에 따른 비율(반죽의 수분율)이 달라진다. 「50% 에머밀 또는 아인콘밀 브레드」는 통밀가루를 사용하기 때문에, 물이 85% 들어간다. 통밀가루 특히 바로 제분한 통밀가루는 일반 흰 밀가루보다 물을 많이 흡수하기 때문에 더 많이 들어간다. 그에 비해 이 책의 「화이트 브레드」 레시피에서는 물을 74%만 넣는다(p.94 참조). 이렇게 물의 양은 다르지만 두 반죽은 농도가 비슷하다. 나는 로프팬 브레드의 반죽 농도를 모두 비슷하게 맞추는 것이 목표이다. 이 목표를 이루기 위해서는 각 레시피에서 사용하는 밀가루 종류의 물 흡수력에 따라, 반죽에 넣는 물의 양을 조절해야 한다.

빵 만들기_ STEP 8

지금부터 설명하는 과정을 따라 몇 번 만들어 보면, 자연스럽게 빵을 만들 수 있다. 책에서 알려주는 대로 빵을 만들어보자. 빵을 잘 만드는 것은 쉬운 일이다. 자, 바로 시작해보자!

STEP 1 : 오토리즈

오토리즈(Autolyse)는 자가분해를 의미하는 프랑스어 'Autolysis'에서 파생된 단어이다. 오토리즈는 수작업으로 빵을 만드는 베이커리에서 일반적으로 사용하는 기술로, 소금과 이스트를 섞기 전 진 반죽 상태에서 밀가루가 물을 충분히 흡수하게 돕는 방법이다. 밀가루와 물만 섞고 소금과 이스트를 뿌린 뒤, 섞기 전까지 20분 정도 휴지시킨다. 냉장보관한 르뱅을 사용할 경우에는 오토리즈 반죽을 만들 때 르뱅을 함께 넣는다. 효모가 활동을 시작하는 데 시간이 오래 걸리고, 이 단계에서 르뱅을 넣어야 반죽과 더 잘 섞인다.

반죽의 글루텐이 잘 형성되도록 도와주는 오토리즈는, 손반죽으로 빵을 만드는 홈베이커에게 매우 유용한 기술이다. 글루텐이 잘 형성되면 반죽이 가스를 잘 가두어서, 결과적으로 잘 부푼 빵이 만들어진다. 글루텐은 밀가루

의 글루테닌(Glutenin) 단백질과 글리아딘(Gliadin) 단백질로 만들어진다. 밀가루와 물을 섞으면 밀가루가 물을 흡수함과 동시에 밀가루의 단백질 가닥이 길게 늘어나면서 서로 얽힌다. 손반죽을 해보면 오토리즈 과정을 거친 반죽과 그렇지 않은 반죽의 차이를 확실히 느낄 수 있다. 오토리즈 과정 없이 한 번에 모든 재료를 섞어서 만든 반죽은 시간이 지나야 글루텐 구조가 형성되는데 반해, 오토리즈 과정을 거친 반죽은 이미 글루텐 구조가 일부 형성되어 있다. 이 책의 레시피에서 오토리즈 반죽을 섞는 방법은 다음과 같다.

A 용기에 레시피에 나와 있는 온도의 물을 채운다. 이 책 대부분의 레시피에서는 빵 1덩어리를 만드는 데 370~425g 정도의 물을 사용한다. 2ℓ 용량의 용기에 물을 ½ 정도 채우는데, 먼저 레시피에 표시된 것과 비슷한 온도(보통 32℃)의 물을 채운 뒤, 디지털 탐침온도계로 온도를 측정하여 차갑거나 따뜻한 물을 추가해, 레시피의 물온도 또는 그에 가까운 온도로 맞춘다.

B 레시피에 필요한 물을 계량한다. 저울을 켜고, 6ℓ 반죽통이나 그와 비슷한 크기의 용기를 저울에 올린 뒤 '용기(tare)' 또는 '영점(zero)' 버튼을 눌러 저울의 영점을 맞춘다. **A**에서 온도를 맞춰놓은 물을, 저울 위에 있는 반죽통에 필요한 분량만큼 부어서 계량한다.

C 르뱅을 사용할 경우, 계량한 물이 들어 있는 반죽통이 저울 위에 있는 상태에서 다시 영점을 맞추고, 레시피에 표시된 분량만큼 르뱅을 직접 조심스럽게 물에 넣는다(보통 100g). 르뱅을 넣다가 멈출 때는 물에 젖은 손가락으로 르뱅을 끊어서 멈춘다.

D 르뱅이 물에 거의 완전히 풀리도록 손가락으로 잘 저어서 섞는다.

E 자신이 있다면 계량한 물이 들어 있는 반죽통을 저울 위에 그대로 둔 상태에서 다시 영점을 맞춘 뒤, 밀가루를 모두 물에

넣는다. 만약 밀가루를 물에 바로 넣는 것이 불안하거나, 이런 작업에 익숙하지 않다면, 물이 들어 있는 반죽통을 내려놓고 밀가루를 담을 다른 용기를 저울에 올린 뒤, 다시 영점을 맞추고 밀가루를 계량한다. 그런 다음 계량한 밀가루를 물이 들어 있는 6ℓ 용기에 넣는다.

F 이제 저울에서 반죽통을 내리고, 한 손으로 통을 잡은 상태에서 다른 한 손으로 밀가루와 물을 섞는다. 더 이상 날가루가 보이지 않을 때까지 반죽하여 오토리즈 반죽을 완성한다. 손에 끈적이는 반죽이 묻지만 손을 도구의 일부처럼 사용하는데 익숙해져야 하므로, 신경 쓰지 말고 작업한다. 반죽기의 후크에 반죽이 달라붙듯이 손에 반죽이 묻어도, 밀가루와 물이 잘 섞일 때까지 계속 섞는다. 반죽에 덩어리가 있으면 손으로 꼬집듯이 눌러서 풀어준다. 밀가루와 물을 모두 섞은 뒤, 반죽통을 잡고 있던 깨끗한 손으로 다른 손에 묻어 있는 반죽을 모두 긁어서 반죽통에 넣는다.

G 저울로 레시피에 표시된 분량의 소금을 계량하여 진 반죽 위에 골고루 뿌린다(소금을 담을 빈 용기를 저울에 올리고 영점을 맞춘 뒤, 소금을 조금씩 용기에 넣으면서 계량한다). 드라이 이스트도 같은 방법으로 계량한다. 적은 무게를 정확하게 측정하기 힘든 저울이라면, 드라이 이스트 ¼ts을 1g으로 보고 계량스푼을 사용해 대략적으로 계량해서 넣어도 빵은 잘 구워진다. 계량한 드라이 이스트도 반죽 위에 뿌린다. 이스트와 소금이 닿는 것을 걱정할 필요는 없다. 소금과 이스트가 닿으면 안 된다는 정보는 홈베이커들 사이에서 끊임없이 언급되는 잘못된 정보이다. 전혀 문제없다. 소금과 이스트는 반죽 안에서 결국 함께 섞이기 때문이다. 또한 드라이 이스트의 코팅은 이스트가 소금과 함께 반죽에 녹아들 때까지 이스트를 보호한다. 단, 이스트에 비해 소금 비율이 매우 높다면 소금과 이스트가 닿는 것이 문제가 될 수도 있다. 반죽통 뚜껑을 덮고 15~20분 정도 반죽을 휴지시킨다.

르뱅 100g을 물에 넣고 손가락으로 풀어준다.

밀가루를 계량하여 넣는다.

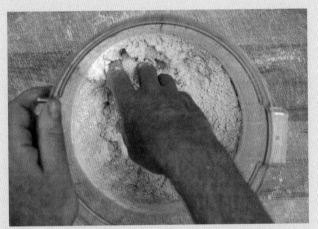

손으로 모든 재료를 잘 섞는다.

반죽이 한 덩어리가 될 때까지 섞는다.

소금과 이스트를 계량한다.

계량한 소금과 이스트를 반죽 위에 뿌리고 15분 동안 휴지시킨다.

STEP 2 : 본반죽 믹싱(손으로 반죽을 섞는다!)

손으로 본반죽을 믹싱하면 5분 안에 반죽을 끝낼 수 있다. 나는 작업대 위에서 반죽을 하거나 스탠드 믹서를 사용하는 것보다, 반죽통을 사용해서 손으로 반죽하는 것을 좋아한다. 간단하고 빠르며 작업한 뒤 설거짓거리나 정리할 것도 적어서, 훨씬 효과적인 방법이다. 반죽은 오토리즈 단계부터 레시피에 따라 3시간 정도 뒤에 성형할 때까지, 계속 같은 용기에 담겨 있다. 군이 반죽을 옮겨서 복잡하게 작업할 필요가 있을까? 본반죽을 믹싱하는 방법은 다음과 같다.

A 레시피에 필요한 물을 계량하기 위해 사용한 용기에, 따뜻한 물을 적당히 채운다. 믹싱하기 전에 손(오른손잡이라면 오른손)을 물에 담가서 적신다. 젖은 손으로 반죽하면 반죽이 손에 덜 묻어서 쉽게 작업할 수 있다.

B 마른손으로 반죽통을 잡고, 젖은 손을 반죽 아래쪽으로 넣어 반죽의 ¼ 정도를 잡는다. 잡은 반죽을 부드럽게 늘린 뒤, 나머지 반죽 위로 접어 올린다. 소금과 이스트가 완전히 덮일 때까지 반죽의 방향을 돌려가며 이 과정을 3번 더 반복한다. 사진의 예를 참조하여 내 손이 어떻게 반죽을 잡아서 늘리는지 확인하기 바란다. 엄지는 반죽 위로, 그리고 나머지 손가락은 모두 반죽 아래로 넣는다. 손가락 끝이 아닌, 손과 손가락의 평평한 부분을 이용하여 반죽을 접어 올린다.

C 엄지와 검지로 큰 반죽 덩어리를 잡고, 두 손가락 사이로 반죽을 자르듯이 눌러준다. 이 과정을 반복하여 큰 반죽을 5~6조각으로 나눈다. 반죽을 쉽게 나눌 수 있도록, 반죽통을 잡은 손으로 통을 돌리면서 작업한다. 이것은 1999년 샌프란시스코 베이킹 인스티튜트(San Francisco Baking Institute)에서 배운 '집게손 자르기(Pincer Method)'로, 1~2덩어리의 빵을 만들기 위해 손반죽을 할 때 가장 사용하기 좋은 방법이다.

D 집게손 자르기로 반죽을 5~6조각으로 나눈 뒤, 다시 반죽을 2~3번 정도 늘리고 접는다. 그리고 다시 집게손 자르기로 반죽을 5~6조각으로 나눈 뒤, 2~3번 접는다. 모든 재료가 완전히 섞일 때까지 집게손 자르기와 접기를 번갈아 반복한다. 작업할 때 손에 반죽이 많이 달라붙지 않도록, 중간중간 3~4번 정도 손을 따뜻한 물에 적시면서 작업한다. 손에 반죽이 많이 묻으면 작업하기 힘들다. 믹싱할 때 소금과 드라이 이스트 알갱이가 느껴지는 것은 정상이다. 젖은 손으로 믹싱하면 소금과 드라이 이스트가 반죽에 잘 녹아든다. 내 속도 기준으로 이 작업은 2~3분 정도 걸린다. 처음 해보는 사람이라면 모든 재료가 잘 섞이고, 글루텐이 형성될 만큼 반죽을 충분히 접는 데 5분 정도 걸릴 것이다. 반죽을 2~3분 정도 휴지시킨 뒤, 다시 30초 정도 접어서 탄력이 생기게 만들어준다. 본반죽 믹싱은 여기까지다.

E 본반죽 마지막 단계에서 디지털 탐침온도계로 반죽온도를 측정한다. 이 책에 실린 대부분의 레시피에서 믹싱을 끝낸 반죽의 최종온도는 24℃(75℉)이다. 반죽의 온도와 시간을 기록한다. 만약 반죽온도가 24℃보다 훨씬 낮다면, 반죽이 부풀어 오르는 데 시간이 더 걸린다. 반대로 반죽온도가 24℃보다 높으면 빨리 부풀어 오른다. 반죽이 부풀어 오르는 속도나 시간에 상관없이, 레시피에 나온 대로 반죽이 부풀어 오를 때까지 기다렸다가 다음 단계로 넘어가야 한다. 뚜껑을 덮고 약 21℃(70℉)에서 반죽을 발효시키면, 레시피에 나와 있는 발효시간 스케줄을 맞출 수 있다.

반죽이 달라붙지 않도록 손을 물에 적신다.

반죽 아래쪽으로 손을 넣어 반죽을 잡고 부드럽게 늘려서 위로 접어 올린다. 1번에 ¼씩 작업한다.

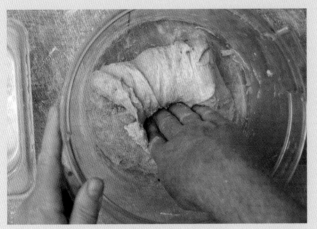

소금과 이스트가 완전히 덮이도록 반죽을 돌려가며 접어 올린다.

이제 다음 단계로 넘어갈 준비가 되었다.

집게손 자르기 : 엄지와 검지를 이용하여 반죽을 자르듯이 눌러준다.

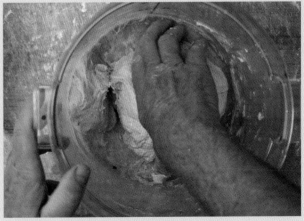

집게손 자르기로 반죽을 5~6조각으로 나누어서 접고, 집게손 자르기와 접기를 3~4 번 반복한다.

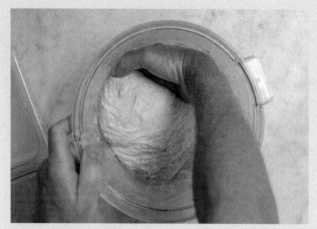

1차발효과정 중에 젖은 손으로 반죽을 접는다.

반죽 아래쪽으로 손을 넣어서 반죽의 ¼을 잡는다.

반죽을 팽팽하게 잡아당겨서 접어 올린다.

반죽을 잡아당겨서 접는다.

반죽을 잡아당겨서 접는다.

이제 반죽을 휴지시킨다. 대부분의 레시피는 반죽을 2~3번 접으면 된다.

STEP 3 : 접기와 1차발효

이 책에 수록된 레시피의 반죽은 질고 늘어지기 때문에, 1차발효 과정 중에 하는 접기(Folding)가 매우 중요하다. 반죽을 접는 과정은 글루텐 조직을 강화하고, 결과적으로 본반죽이 잘 부풀어 오르게 해준다. 처음에는 반죽을 접는 데 1분 정도 걸리지만, 익숙해지면 몇 초 정도면 끝난다. 이 책에는 반죽을 1번 접는 레시피, 2번 접는 레시피, 그리고 3번 접는 레시피까지 수록되어 있다. 반죽이 얼마나 느슨해졌는지 살펴보고, 다음 접기를 언제 할지 결정한다. 공처럼 단단했던 반죽이 통 바닥에 평평하게 퍼지면 다음 접기를 한다. 반죽은 접을 때마다 조금씩 단단해진다. 1차발효를 시작하고 1시간 안에 접기를 모두 끝내는 것이 좋다.

A STEP 2와 같은 방법으로 접는다. 손을 따뜻한 물이 담긴 용기에 넣고 적셔서 반죽이 달라붙지 않게 한다. 젖은 손을 반죽 아래쪽에 넣고 반죽의 ¼을 잡아 최대한 늘린 뒤, 나머지 반죽 위로 접어 올린다. 반죽의 방향을 돌려가며 이 과정을 4~5번 반복하여, 반죽을 탄력 있는 공모양으로 만든다.

B 반죽이 느슨해지면서 반죽통 바닥에 넓게 퍼지면, 2번째 접기를 한다. 접기를 반복할수록 반죽의 글루텐 구조가 강화되기 때문에 반죽이 느슨해지는 데 걸리는 시간이 점점 더 길어진다. 각 레시피마다 접기 과정을 몇 번 해야 하는지 표시해 놓았다.

C 각 레시피에는 반죽이 어느 정도 부풀어 올라야 하는지, 반죽이 6ℓ 반죽통 눈금의 어느 위치까지 부풀어 올라야 하는지가 표시되어 있다. 보통 2쿼트(1.9ℓ) 눈금보다 0.6~1.3㎝ (¼~½인치) 정도 아래까지 부풀어 올라야 한다. 『밀가루 물 소금 이스트』에서 추천한 12ℓ 반죽통이 있으면 그대로 사용해도 좋고, 부피 표시 역시 그대로 적용할 수 있다.

※ 우리나라에서는 쿼트(qt.) 단위를 사용하지 않지만, 이 책에서는 반죽통에서 발효시킨 반죽의 부풀어 오른 정도를 표현할 때 쿼트를 사용한다. 환산하면 1qt.는 약 0.95ℓ이며, 저자의 설명을 정확히 전달하기 위해 그대로 쿼트 단위로 표현하였다.

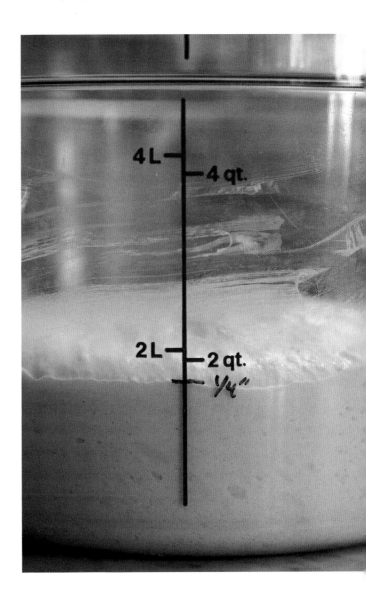

반죽통에서 반죽을 조심스럽게 꺼낸다.

반죽이 찢어지지 않도록 주의하면서, 반죽을 반죽통 바닥에서 떼어낸다.

덧가루를 뿌려놓은 작업대 위로 반죽을 옮긴다.

로프팬 너비에 맞게 모양을 정리하고, 로프팬에는 쿠킹 스프레이를 뿌려 놓는다.

STEP 4 : 반죽통에서 반죽 꺼내기

이 단계의 핵심은 반죽을 반죽통 바닥에서 떼어내, 찢어지지 않게 한 덩어리로 꺼내는 것이다.

A 작업대에 덧가루를 충분히 뿌리는데, 적어도 30㎝ 너비로 덧가루를 뿌려야 한다. 덧가루를 뿌려놓은 곳 바로 옆에서 다음 작업을 한다. 손에 덧가루를 충분히 묻힌 뒤, 반죽의 글루텐 조직이 찢어지지 않도록 반죽통 옆면에서 반죽을 부드럽게 떼어낸다. 바닥에서도 반죽을 부드럽게 떼어낸다. 반죽통 가장자리를 따라 바닥까지 덧가루를 뿌리면서 작업하면,

좀 더 쉽게 반죽을 떼어낼 수 있다. 이제 반죽통을 옆으로 기울여 손으로 반죽을 조심스럽게 꺼내고 작업대로 옮긴다.

B 2덩어리의 빵을 만들기 위해 반죽을 2배 분량으로 만들었다면, 반죽을 분할하기 전에 자를 위치(윗부분 가운데)에 덧가루를 뿌린다. 그리고 반죽칼이나, 플라스틱 반죽용 스크레이퍼, 또는 주방칼을 이용해 반죽을 2등분한다.

STEP 5 : 반죽 성형

결정의 순간이 왔다! 반죽을 로프팬에 구울지, 더치오븐에 구울지 결정해야 한다. 그런 다음 아래 설명과 함께 오른쪽 사진을 참조하여, 반죽을 어떻게 성형하는지 알아보자.

덮개 없는, 또는 덮개 있는 로프팬에 굽는 경우

반복할수록 점점 능숙해지지만, 로프팬에 빵을 굽는 것은 상당히 쉽다. 반죽을 제대로 성형하지 않아도 로프팬에 넣고 구우면, 괜찮은 모양의 빵이 완성된다. 빵이 로프팬에 달라붙지 않고 잘 분리되도록, 로프팬에 쿠킹 스프레이를 뿌려둔다. 코팅된 논스틱팬을 사용하더라도 스프레이를 뿌리는 것이 좋다. 예전에는 유리로 만든 로프팬을 사용했는데, 빵이 로프팬에 자꾸 달라붙어서 빵을 보기 좋게 완성할 수 없었다.

A 느슨해진 반죽을 로프팬 너비에 맞게 늘려서 접는다. 반죽을 늘릴 때는 손가락 끝이 아니라 손바닥 전체로 반죽 아래쪽의 마른 부분을 잡는 것이 좋다. 반죽 위쪽은 질고 끈적거린다. 나는 항상 양손 엄지로 반죽 위쪽을 잡고, 손바닥과 손가락으로 반죽 아래쪽을 잡는다. 내가 어떻게 반죽을 잡는지 사진으로 확인하기 바란다.

B 덧가루를 묻힌 손으로 작업대에 놓인 반죽을 들었다 놓았다 하면서, 직사각형으로 만든다. 이제 반죽의 좌우를 동시에 늘린다. 반죽의 양끝을 잡고 동시에 팔을 벌려서, 원래의 2~3배 길이가 되도록 팽팽하게 늘려준다. 그런 다음 늘린 반죽을 '봉투(Packet)'를 접듯이 서로 포개지도록 가운데로 접어서, 로프팬 너비에 맞게 네모난 모양을 만든다. 이런 작업이 처음에는 낯설 수 있지만, 곧 익숙해진다.

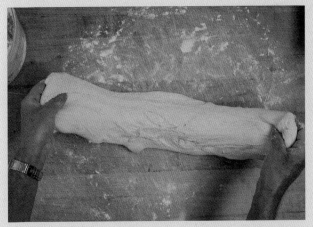

덧가루를 묻힌 손으로 반죽이 팽팽해질 때까지 좌우로 충분히 당겨서 늘린다.

반죽의 한쪽을 가운데로 접는다.

반대쪽 반죽을 그 위로 접어서 로프팬 너비에 맞춘다.

반죽을 돌돌 만다.

끝까지 만다.

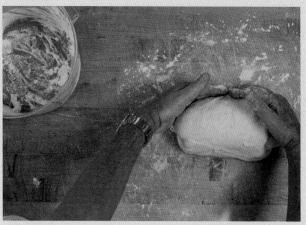

반죽을 몸쪽으로 당겨서 탱탱하게 만든다. 지나치게 세게 당기지 않는다.

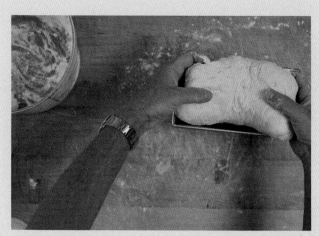

반죽을 로프팬에 넣는다.

C 붓으로 반죽 위의 덧가루를 털어낸 뒤, 앞에서 뒤로 또는 뒤에서 앞으로 반죽을 돌돌 말아, 로프팬과 비슷한 너비로 둥글게 만 긴 반죽을 만든다. 반죽이 로프팬 너비보다 클 때는 다시 반죽을 늘려서 접는데, 이번에는 로프팬 너비보다 좁게 접어서 반죽을 돌돌 만다. 반죽의 이음매가 위로 오게 로프팬에 넣는다. 이 작업을 처음 해봐서 이음매를 못 찾겠는 경우(이런 경우를 본 적이 있다), 그냥 반죽을 로프팬에 넣으면 된다. 덮개 있는 로프팬을 사용할 때는 이음매 방향에 관계없이 반죽을 로프팬에 넣는다.

D 성형과정 때문에 스트레스를 받을 필요는 없다. 끈적이고 늘어진 반죽을 다루는 기술은 반복해서 경험해야 능숙해진다. 결국은 로프팬이 빵 모양을 거의 잡아주기 때문에, 어떻게든 반죽을 로프팬에 넣었다면 실패하지 않는다. 빵은 잘 구워질 것이다. 반죽이 손가락에 달라붙는 것도 시간이 지나면 익숙해진다. 다시 한 번 강조하지만, 반죽을 잡을 때는 항상 반죽이 가장 말라 있는 바깥쪽과, 덧가루가 묻어서 끈적거리지 않는 아래쪽을 잡는 것이 비결이다. 로프팬 크기에 맞게 반죽을 말아서 모양을 잡기 전, 반죽에 붙어 있는 덧가루를 털어내서 덧가루가 남아 있지 않게 한다.

더치오븐에 굽는 경우

반죽을 공모양으로 둥글게 만드는 법을 알고 있다면, 여기서 설명하는 방법도 이미 알고 있는 내용일 것이다. 반죽은 탄력이 조금 느껴지는, 적당히 단단한 공모양으로 성형하는 것이 좋다. 아래 설명을 읽어보면, 덧가루를 뿌린 작업대 위에 반죽을 놓고 반죽 아래쪽(덧가루가 묻어 있는 바닥면)을 늘리면서 성형하는데, 그 부분이 빵의 겉면이 된다. 이것을 알고 있으면 성형과정을 이해하는 데 도움이 된다. 또한 덧가루를 뿌린 곳에 반죽을 놓기 때문에 반죽 아래쪽은 끈적거리지 않는다. 반죽을 잡을 때는 덧가루가 묻어 있는 아래쪽을 잡아야 반죽이 손에 달라붙지 않는다는 것을 기억하자. 이것이 내가 줄 수 있는 중요한 조언 중 하나다.

A 반죽 겉에 묻어 있는 덧가루는 붓으로 털어내서, 성형과정에서 덧가루가 반죽 안에 들어가지 않게 한다. STEP 3의 반죽 접기와 같은 방법으로, 반죽의 ¼을 잡고 늘려서 나머지 반죽 위로 접어 올려, 반죽을 둥글게 만든다. 반죽의 각 부분을 부드럽게 최대한 늘려서 반대쪽으로 접는다. 반죽의 방향을 돌리면서 바깥쪽을 충분히 당겨 안쪽을 완전히 덮고, 탄력 있는 공모양이 될 때까지 이 과정을 반복한다. 공모양 반죽의 이음매가 있는 쪽이 덧가루를 뿌리지 않은 작업대에 닿게 뒤집어 놓는다(다음 과정에는 작업대 표면과의 마찰이 필요하기 때문에, 덧가루를 뿌리지 않은 깨끗한 작업대에 반죽을 뒤집어서 놓는다). 이제 반죽의 매끈한 부분이 위로 올라온 상태이다. 이 부분이 발효바구니에 반죽을 넣을 때도 위로 오고, 빵을 구울 때는 아래로 간다.

B 반죽을 앞에 놓고 반죽 뒷부분을 두 손으로 살짝 감싼다. 덧가루를 뿌리지 않은 작업대 위에서, 반죽을 작업자의 몸쪽으로 15~20㎝ 정도 잡아당긴다. 이때, 새끼손가락부터 손바닥 전체로 반죽을 아래쪽으로 누르면서 잡아당기면, 작업대와의 마찰로 반죽이 작업대에 밀착된 상태로 끌려온다. 반죽을 미끄러뜨리듯이 당기면 안 된다. 반죽을 이렇게 밀착시켜서 잡아당기다 보면, 반죽 바닥의 표면이 조이듯 당겨지면서 반죽 덩어리에 탄력이 더해진다.

탄력 있고 둥근 반죽을 만든다.

반죽을 사방에서 잡아당겨 늘린 뒤 접는다.

반죽이 팽팽해질 때까지 늘린 뒤, 사진처럼 접는다.

반죽을 늘려서 접는다.

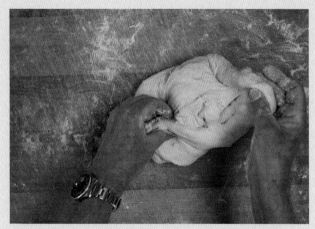

둥근 모양으로 만들기 위해 1번 더 접는다.

반죽의 이음매를 정리해서 둥근 모양으로 만든다.

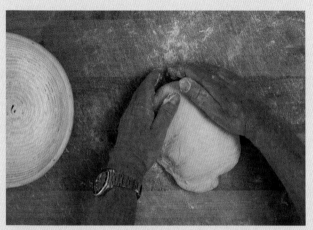

반죽을 탱탱하게 만들기 위해 덧가루를 뿌리지 않은 깨끗한 작업대 위에 올려놓고, 손으로 반죽 뒤쪽을 감싼다.

반죽을 아래쪽으로 누르면서 끌어당긴다. 반죽을 옆으로 돌리면서 탱탱해질 때까지 몇 번 반복한다.

덧가루를 바른 발효바구니 또는 큰 볼에 반죽을 이음매(바닥부분)가 아래로 가게 넣는다. 비닐을 덮어둔다.

C 반죽을 ¼바퀴씩 옆으로 돌리면서 위에서 설명한 과정을 반복한다. 이렇게 반죽을 돌리면서 당기는 과정을 2~3바퀴 정도 반복한다. 반죽이 지나치게 탱탱해질 필요는 없지만, 느슨해져도 안 된다. 반죽의 모양을 유지하고 반죽 안에 가스를 가둘 수 있을 정도로 탄력이 있어야 한다. 반죽이 지나치게 부드럽고 탄력이 없으면 구조적으로 가스를 충분히 가둘 수 없다. 가스가 빠져나가면 잘 구워진 빵에 비해 크기가 작고 무거운 빵이 된다. 즉, 밀도가 높은 빵이 된다.

D 덧가루를 바른 발효바구니에 반죽을 이음매가 아래로 가게 넣는다. 덧가루는 반죽이 달라붙지 않을 정도로 충분히 발라야 하지만, 반죽에 덧가루가 많이 묻지 않도록 적당히 바른다. 새 바구니를 사용할 경우 여러 번 사용한 바구니보다 덧가루를 더 많이 발라야 한다(p.54 사진 참조).

새로운 기술 연마하기

연습과 반복이 필요할 때가 있다. 시간이 지나면서 당신의 기술은 향상될 것이고, 그 기술은 앞으로의 삶에서 큰 가치로 남게 될 것이다. 내가 글로 쓴 설명을 꼼꼼히 읽은 독자라면, 유튜브 동영상을 통해 내가 반죽을 다루는 모습을 직접 보는 것도 큰 도움이 될 것이다('Ken Forkish'로 검색). 각 단계를 모두 동영상으로 올려놓았으니, 내 손이 반죽의 어느 부분을 어떻게 다루는지 살펴보기 바란다.

STEP 6 : 2차발효

'프루프(Proof)'라고도 부르는 2차발효는 성형을 마친 반죽을 로프팬이나 발효바구니에 넣으면서 시작된다. 시간과 온도는 성형한 반죽을 오븐에 굽기 전, 얼마나 오래 발효시켜야 하는지를 결정하는 2가지 요소이다. 실온에서 반죽을 발효시키는 데 1시간이 걸린다면, 냉장고에 넣어두면 12시간 이상 걸릴 수도 있다. 반죽이 충분히 부풀기 전 오븐에 구우면, 밀도가 높은 빵이 완성된다. 반대로, 반죽을 지나치게 오래 발효바구니에 넣어두면, 반죽이 발효바구니에 달라붙기도 하고 오븐에 구울 때 반죽이 로

프팬에서 넘치기도 한다. 레시피에 적혀 있는 시간과 온도를 그대로 따르면, 2차발효시간을 성공적으로 한 번에 맞출 수 있다. 그러나 반죽이 부풀어 오르는 정도를 잘 살피고 레시피의 설명을 꼼꼼히 확인해야 한다. 빵을 굽기 약 45분 전에 오븐을 예열하면, 빵을 구울 준비가 되었을 때 충분히 달궈져 있을 것이다.

덮개 없는 로프팬에 굽는 경우

「오버나이트 저온발효 레시피」의 2차발효시간은 매우 길어서, 과연 이 시간이 맞는지 걱정할 수 있다. 냉장고에서 밤새 저온발효시킨 반죽은 실온에서 1시간 발효시키는 경우보다 더 많이 부풀어 오르는 것이 보통이다. 반죽의 글루텐은 저온에서 더 단단해져, 반죽이 부풀어 오를 때 실온에 둔 반죽보다 모양이 잘 유지된다. 다음 날 아침 빵을 오븐에 구울 준비가 되었을 때, 반죽이 너무 많이 부풀었다는 생각이 들 것이다. 반죽이 로프팬 맨 위까지 부풀어 올라서 넘칠 듯하지만 넘치지는 않은, 바로 그때가 빵을 굽기에 완벽한 때이다(p.56 사진 참조).

오븐에 넣은 반죽을 최대한 높이 부풀리고, 넓게 퍼지게 하는 것이 우리의 목표이다. 잘 구워진 빵의 윗부분, 그러니까 빵의 아랫부분보다 넓게 퍼진 윗부분에는 멋진 '귀(Ears, 빵을 구울 때 반죽 윗부분의 틈이 벌어지며 부풀어 올라 열리는 부분)'가 드러난다. 오븐에 굽기 전 반죽이 어느 정도까지 발효되어야 하는지 그 한계를 알아내는 유일한 방법은, 반죽이 최적으로 발효되었다고 생각될 때 구워보고, 그보다 조금 더 발효되었을 때도 구워보는 경험뿐이다. 홈베이킹에서 가장 지루한 과정이라 할 수 있다. 그러나 이런 작은 경험 하나하나가 우리를 목표에 도달하게 한다. 최적의 상태보다 조금 더 발효된 반죽을 구워도 여전히 너무 맛있는 빵이 구워진다. 조금 더 많이 발효된 경우에는, 반죽이 로프팬에서 넘쳐 오븐에 달라붙어 힘들게 떼어내야 할 때도 있다. 그러나 이런 시행착오를 반복하다 보면, 가끔씩 반죽이 최적으로 부풀어 오른 시점을 정확히 맞추게 된다. 바로 이것이다. 즉, 로프팬 테두리보다 반죽이 살짝 더 높이 부풀어서, '귀(Ears)'가 드러나는 빵을 구울 수 있는 시점을 찾아야 한다. 이 시점을

반죽 윗부분에 물을 살짝 발라놓으면 반죽을 덮어놓은 비닐이 쉽게 벗겨진다.

2개의 다른 로프팬에 담긴 반죽. 완벽하게 발효되어 오븐에 굽기 바로 전 상태이다.

제대로 맞추면 반죽의 윗부분이 부풀어 올라 조금 더 퍼지면서 구워진다. 그리고 반죽이 많이 부풀수록 가벼운 질감의 빵이 완성된다.

나는 반죽이 마르는 것을 막기 위해 비닐봉투로 반죽을 덮어두는데, 처음 레시피를 테스트할 때는 부풀어 오른 반죽이 덮어 놓은 비닐봉투에 달라붙었다. 이 문제 역시 해결 방법은 간단하다. 반죽 윗부분에 손으로 물을 살짝 바른 뒤, 반죽을 담은 로프팬을 구멍이 뚫리지 않은 비닐봉투에 넣고, 반죽이 위로 부풀어 오를 수 있도록 봉투 안의 공간을 충분히 남겨둔다. 또 다른 방법은 비닐랩으로 반죽을 느슨하게 덮는 것이다. 물을 발라놓으면 비닐랩이 쉽게 벗겨진다.

USA팬의 작은 로프팬[21.6 × 11.4 × 7㎝(8½ × 4½ × 2¾인치)]을 사용하는 경우, 반죽이 로프팬 테두리 위로 부풀어 오른다. 반죽이 지나치게 부푼 것처럼 보이지만 걱정할 필요 없다. 오히려 반죽이 로프팬 테두리 넘어로 살짝 늘어지는 것이 좋다. 반죽 가운데는 봉긋하게 올라와 있어야 한다. 덮어 놓은 비닐봉투는 쉽게 벗겨진다.

덮개 있는 로프팬에 굽는 경우

이 경우는 간단하다. 로프팬의 덮개를 덮고 반죽을 발효시킨다. 반죽의 이음매가 위나 아래, 어느 방향을 향해도 관계없다. 부풀어 오른 반죽이 덮개에 거의 닿았을 때 빵을 굽는다. 부풀어 오른 반죽이 이미 덮개에 닿아서, 덮개를 열어 확인할 수 없어도 괜찮다. 그 상태로 바로 구우면 된다. 덮개가 있기 때문에 빵은 보기 좋게 각이 잡힌 사각형으로 구워진다.

더치오븐에 굽는 경우

반죽을 실온에서 발효시키든 냉장고에서 밤새 발효시키든, 반죽 표면이 마르지 않게 하는 것이 중요하다. 그러기 위해서는 구멍이 뚫리지 않은 비닐봉투에 발효바구니를 넣는 것이 가장 좋다(보통 식료품점에서 채소를 담아주는 비닐봉투를 사용한다). 비닐봉투가 없다면 발효바구니 윗부분을 비닐랩으로 단단히 감싸도 좋다. 반죽이 부풀어 올라 비닐랩에 붙을 것 같으면, 손으로 반죽 윗부분에 물을 살짝 발라준다. 물을 바른 반죽은 비닐랩에 닿아도 달라붙지 않아 쉽게 벗길 수 있다.

『밀가루 물 소금 이스트』와 이 책의 더치오븐 레시피에서는 2차발효 정도를 확인하는 방법으로 손가락 테스트(Finger-Dent Test)를 소개한다. 손가락 테스트는 내가 알고 있는 것 중 가장 정확한 방법이다. 손가락 1개에 밀가루를 묻혀서 발효 중인 반죽을 1.3㎝ 정도의 깊이로 찔러본다. 손가락으로 찌른 반죽이 바로 원래대로 돌아와 자국이 없어지면, 그 반죽은 조금 더 발효시켜야 한다. 만약 찌른 부분이 천천히 원래대로 돌아오지만 완전히 돌아오지 않고 자국이 조금 남는다면, 그 반죽은 충분히 발효된 상태이므로 바로 오븐에 구우면 된다. 또한 손가락으로 찌른 부분이 전혀 원래대로 돌아오지 않고 그대로라면, 반죽이 과발효된 것은 아닐 수도 있지만 어쨌든 우리가 원하는 상태보다는 더 발효된 상태다. 이때는 당황하지 말고 그 반죽을 그대로 굽는다. 발효가 조금 더 진행된 반죽은 발효바구니에서 반죽을 꺼낼 때, 그리고 더치오븐에 넣을 때, 반죽이 살짝 꺼질 수 있지만 그대로 굽는다. 반죽이 얼마나 과발효되었는지에 따라 달라질 수 있지만, 가끔 과발효되었다고 생각한 반죽을 구웠을 때 아무 문제없이 괜찮은 빵이 완성되는 경우도 있다. 단백질 함량이 높은 제빵용 밀가루로 만든 반죽은 발효가 좀 더 진행되더라도, 일반 밀가루로 만든 반죽처럼 쉽게 꺼지지 않는다는 것을 기억하자.

「하루에 완성하는 레시피」의 경우, 같은 반죽이라도 더치오븐에 구우면 로프팬에 굽는 것보다 2차발효 시간이 조금 더 걸린다. 총 발효시간은 1시간 15분~1시간 30분 정도이며, 이 시간이 지나면 바로 오븐에 넣고 굽는다. 「오버나이트 저온발효 레시피」의 경우에는, 성형한 반죽을 발효바구니에 담아 냉장고에 하룻밤 넣어둔다. 이렇게 만든 빵은 맛도 훌륭하지만, 내가 가장 좋아하는 것은 빵을 굽는 타이밍이다. 나는 아침에 일어나 가장 먼저 빵을 굽는 것을 좋아한다. 차가운 반죽은 천천히 발효되기 때문에, 최적의 발효상태가 2시간 정도 더 유지된다.

STEP 7 : 오븐 예열

여러분은 자신이 가정에서 사용하는 오븐에 대해 잘 알고 있어야 한다. 가정용 오븐은 설정온도보다 높게 또는 낮게 작동하는 경우가 많다. 우리집 오븐은 4℃ 정도 낮게 작동하기 때문에, 오븐온도를 260℃로 맞추면 실제 오븐온도는 256℃밖에 되지 않는다. 레시피에 나와 있는 오븐온도는 당연히 실제로 반죽을 굽는 온도이기 때문에, 오븐온도를 정확히 알기 위해 오븐용 온도계의 사용을 추천한다. 5천 원 정도면 구매할 수 있다. 오븐용 온도계를 사용하면, 정확한 온도에서 빵을 굽고 있다는 확신도 서고, 레시피에서 제시하는 베이킹 시간도 잘 맞출 수 있다.

덮개 없는, 또는 덮개 있는 로프팬에 굽는 경우

빵을 굽기 약 45분 전에 오븐의 중간 단에 선반을 얹고, 오븐을 230℃(450℉)로 예열한다.

더치오븐에 굽는 경우

오븐의 중간 단에 선반을 얹는다. 더치오븐을 오븐 바닥과 지나치게 가깝게 놓고 빵을 구우면, 빵 바닥이 탈 수 있다. 4ℓ 더치오븐의 뚜껑을 덮어 선반 위에 올린다. 더치오븐을 피자스톤 위에 올려 놓을 필요는 없다. 그렇게 하면 오히려 빵 바닥이 탈 수 있다. 245℃(475℉)로 45분 동안 예열한다. 더치오븐에 반죽을 넣기 전에 충분히 예열하는 것이 목적이다.

● 더치오븐에 빵을 구울 때
빵 바닥이 타는 것을 막아주는 열 차단법

가정용 오븐은 보통 열이 바닥에서 위로 전달되기 때문에, 바닥이 오븐에서 가장 뜨거운 부분이다. 오븐에 따라 빵의 윗부분은 매우 보기 좋게 구워지지만 바닥은 타는 경우도 있다(p.235 「애플 사이더 르뱅 브레드」의 경우, 사이더의 당분 때문에 바닥이 더 쉽게 탄다). 이렇게 빵 바닥이 타는 경우, 다음 방법을 사용해 보자.

A 더치오븐을 오븐 중간 단의 선반 위에 놓았는지 확인한다. 더 높은 위치에 더치오븐을 놓을 수 있다면, 오븐 바닥에서 최대한 멀리 놓는다.

B 빵을 굽기 시작하고 30분이 지나면, '열차단판'이 되어 줄 주물 프라이팬이나 넓은 오븐팬을 더치오븐 바로 아래 선반에 놓는다. 이렇게 하면 빵 바닥이 거의 타지 않는다. 여전히 빵 바닥이 탄다면, 좀 더 일찍 열차단판을 설치하거나, 열차단판을 냉장고에 넣어 두었다가 사용한다.

STEP 8 : 빵 굽기

나에게 있어서 빵을 굽는 것은 승리의 세레모니와 같다. 빵 굽는 향으로 가득찬 집은 마치 흐린 날 만나는 햇살과도 같다.

덮개 없는 로프팬에 굽는 경우

오븐 선반 가운데에 로프팬을 올리고 오븐온도를 220℃(425℉)로 낮춘다. 빵이 고르게 구워지는지 확인하기 위해 타이머를 30분으로 맞춘다. 빵이 고르게 구워지지 않으면, 로프팬의 방향을 180° 돌린다. 이 책의 로프팬 브레드 레시피에서는 대부분 반죽을 50분 동안 굽는데, 사용하는 오븐에 익숙해질 때까지는 마지막에 온도나 시간을 조절할 수 있도록, 45분 정도 지났을 때 빵이 잘 구워지고 있는지 확인하는 것이 좋다. 빵의 윗면은 옆면이나 바닥보다 매우 짙은 색으로 구워진다. 빵의 윗면이 옅은 갈색일 때 다 익었다고 생각하고 빵을 로프팬에서 꺼내면, 옆면은 아직 충분히 익지 않아 색이 옅고, 식히는 과정에서 빵이 꺼질 수 있다. 빵의 윗면은 어두운 갈색이고, 나머지 부분은 금빛 갈색을 띨 때까지 굽는다.

코팅된 로프팬(Nonstick Bread Pan)을 사용하면 완성된 빵을 쉽게 꺼낼 수 있다. 그러나 종종 빵이 로프팬에 달라붙기도 하므로, 코팅된 로프팬에도 쿠킹 스프레이를 뿌린 다음 사용하는 것이 좋다. USA팬의 로프팬처럼 작은 로프팬을 사용할 경우에는 빵 반죽이 옆으로 넘쳐 로프팬 바깥쪽에 달라붙기도 한다. 손을 보호하기 위해 오븐장갑을 끼거나 두꺼운 마른행주를 사용하여 로프팬을

예열한 오븐에 로프팬에 담긴 반죽을 넣는다.

오븐에서 보기 좋게 부풀어 올랐다.

잡고, 나무로 된 작업대나 단단한 표면을 세게 두드린다. 이렇게 해도 달라붙은 빵이 떨어지지 않으면, 한 손으로 로프팬 가장자리를 잡고(손을 데지 않도록 마른행주로 감싸서 잡는다) 다른 손으로 빵을 떼어낸다. 전문적인 방법은 아니지만, 코팅된 로프팬이라면 쉽게 빵을 꺼낼 수 있다. 완성된 빵은 공기가 잘 통하도록 식힘망 위에 올려서 식힌다.

덮개 있는 로프팬에서 굽는 경우

성형한 빵 반죽을 로프팬에 넣고 덮개를 덮어 오븐의 중간 단에 올린 뒤, 오븐온도를 220℃(425℉)로 맞춘다. 타이머를 40분으로 설정하고 40분 후 빵이 고르게 구워지고 있는지 확인한다. 덮개를 열고 색을 확인하는데, 덮개 없이 굽는 경우에 비하면 거의 블라인드 베이킹(Blind Baking, 반죽을 완전히 굽기 전에 미리 짧게 구워내는 과정으로, 파이나 타르트의 속을 넣어 굽기 전 파이셸을 미리 살

짝 구워놓는 것) 수준으로 가볍게 구워진 상태이다. 덮개를 덮고 굽는 로프팬 브레드의 모든 레시피를 테스트해본 결과, 빵을 굽는 시간은 50분이 가장 적당하다. 덮개를 덮은 로프팬의 모양 그대로, 각진 사각형 빵이 구워진다. 완성된 빵을 바로 로프팬에서 꺼내 공기가 잘 통하도록 식힘망 위에 올려서 식힌다.

빵은 언제 자를까?

갓 구운 빵을 자르려면 얼마나 기다려야 할까? 우스꽝스런 질문일 수도 있지만, 빵을 어떻게 자르는지에 따라 답이 달라진다. 덮개 없는 로프팬에 구운 빵은 오븐에서 바로 꺼내 따뜻할 때뿐 아니라, 서너 시간이 지나도 부드럽다. 빵을 두껍게 자르는 경우에는 큰 문제가 없지만, 부드러운 빵을 얇게 자르는 것은 거의 불가능하다. 시간이 지나 빵의 수분이 자연 증발하면서 빵이 조금 단단해져야 얇게 자를 수 있다. 빵이 조금 마르면(맛이 없을 정도로 지나치게 많이 마르는 경우는 제외), 빵의 옆면이 충분히 단단해져서 빵을 쉽게 자를 수 있다. 이런 부드러운 빵은 수분 함량이 높기 때문에 시간이 지나도 퍽퍽해지지 않고 촉촉함이 오래 유지된다. 샌드위치용으로 빵을 자를 때는 보통 굽고 나서 하루 이상 지난 뒤에 자른다. 3~4일 정도까지 계속 조금씩 잘라서 맛있게 먹을 수 있다. 빵이 그때까지 남아 있다면 말이다. 그리고 물론 좋은 칼을 사용할수록 일정한 모양으로 깔끔하게 빵을 자를 수 있다.

더치오븐에 굽는 경우

더치오븐을 다룰 때는 오븐장갑을 사용하는 것이 좋다. 팔뚝을 반쯤 덮는 오븐장갑을 이용해서, 뜨겁게 달궈진 더치오븐과 더치오븐의 뚜껑에 살이 데지 않도록 보호한다. 오븐에서 꺼낸 더치오븐 뚜껑을 무심코 맨손으로 잡는 일이 없도록, 더치오븐을 오븐에서 꺼내자마자 바로 오븐장갑을 뚜껑 위에 올려놓으면 도움이 된다. 뜨거운 더치오븐을 다룰 때는 항상 조심해야 한다.

발효바구니에서 반죽을 꺼내 더치오븐으로 옮길 때는 덧가루를 뿌려 놓은 작업대 위에서 조심스럽게 발효바구니를 뒤집고, 바구니의 한쪽 끝을 작업대에 내리치듯이 부딪혀 반죽을 한 번에 꺼낸다. 반죽이 발효바구니에 붙어서 쉽게 나오지 않을 때는, 한 손으로 반죽을 발효바구니에서 살살 떼어낸다. 그리고 다음에 빵을 만들 때는 발효바구니에 덧가루를 더 넉넉히 발라야한다는 것을 기억하자. 발효바구니를 뒤집었을 때, 반죽 무게로 반죽이 저절로 바구니에서 떨어지는 것이 가장 좋다. 발효바구니가 새것이라면 몇 번 사용한 발효바구니보다 덧가루를 더 많이 발라서 사용한다. 발효바구니는 오래 사용할수록 기능이 좋아지므로, 사용한 뒤 세척하지 않아도 된다.

만약 반죽이 발효바구니에 붙어서 안 떨어지는 일이 계속된다면, 반죽이 너무 끈적거리기 때문일 수도 있다. 내가 사용하는 밀가루보다 물을 덜 흡수하는 밀가루를 사용하면 그럴 수 있는데, 그럴 때는 물의 양을 레시피에 나온 분량보다 20~30g 정도 줄인다. 또는 반죽은 잘 만들었지만, 반죽을 성형하는 과정에서 잘못된 부분이 있을 수도 있다. 반죽을 둥글게 성형할 때는 덧가루가 묻어 있는 반죽의 마른 면을 반죽 안쪽의 끈적이는 면 위로 접어야 하고, 좀 더 탄력이 생기게 성형해야 한다. 이제 반죽을 뜨거운 더치오븐에 조심스럽게 넣는다. 반죽이 작업대에 놓여 있는 방향 그대로 구우면 되므로, 반죽을 뒤집을 필요 없이 그대로 들어올려 더치오븐에 넣는다. 손끝이 아닌 손바닥과 손가락 전체를 넓게 이용해 반죽을 들어올려 더치오븐에 넣는다. 반죽이 상당히 부드럽기 때문에, 반죽을 들어올릴 때 반죽에 가해지는 압력을 최대한 분산시키는 것이 좋다.

발효바구니를 거꾸로 들고 덧가루를 뿌려 놓은 작업대에 세게 쳐서 반죽을 꺼낸다.

덧가루를 묻힌 손으로 반죽의 아래쪽을 잡는다.

반죽을 뜨거운 더치오븐에 조심스럽게 넣는다. 화상을 입지 않도록 주의한다.

오븐장갑을 끼고 더치오븐 뚜껑을 닫은 뒤, 더치오븐을 다시 오븐 선반 가운데에 올린다. 타이머를 30분으로 맞추고, 30분 후에 빵이 고르게 구워지고 있는지 확인한다. 뚜껑을 열고 확인하는데, 이때 반죽이 충분히 부풀어 오르고, 부풀면서 반죽 윗면에 1~2줄 정도 멋스럽게 갈라진 줄이 보이며, 겉면은 밝은 갈색이어야 한다. 타이머를 다시 20분으로 맞추는데, 이 시간은 뚜껑을 덮지 않고 빵을 더 구울 때 기준이 되는 시간이다. 타이머가 울리기 5분 전에 빵을 확인한다. 빵이 전체적으로 어두운 갈색을 띨 때까지 굽는다. 단, 「건포도 피칸 브레드」(로프팬뿐 아니라 더치오븐에서도 아주 멋지게 구워진다)와 「애플 사이더 르뱅 브레드」는 건포도를 불린 찻물과 과일 주스를 넣어, 액체에 포함된 당분이 반죽에 더해지기 때문에 다른 빵에 비해 색이 빨리 진해진다. 이 2가지 빵의 경우에는 굽는 시간을 줄여야 한다.

빵이 완전히 구워지면 더치오븐을 꺼내서 옆으로 살짝 기울여 빵을 꺼낸다. 빵을 옆으로 세워서 식히거나(빵을 옆으로 세워서 식히는 것은 더치오븐에 구운 빵을 식히는 특별한 방법이다), 공기가 잘 통하도록 식힘망 위에 올려서 20~30분(호밀 빵이라면 1시간) 정도 식힌 뒤 자른다. 오븐에서 꺼낸 뒤에도 빵 내부는 계속 익기 때문에, 속이 다 익을 때까지 기다려야 한다. 충분히 식힌 빵의 껍질이 갈라지는 소리를 듣는 일은 언제나 즐겁다.

또 다른 변수 : 온도와 계절

이 책에 실린 대부분의 레시피는 반죽이 반죽통의 2쿼트(1.9ℓ) 눈금보다 0.6~1.3cm 정도 아래까지, 또는 반죽의 부피가 2.5배 늘어날 때까지 1차발효시킨다. 발효는 따뜻한 곳보다 추운 곳에서 더 오래 걸린다.

반죽온도는 발효 정도에 직접적으로 영향을 미친다. 온도가 따뜻할 경우, 효모와 다른 유기성분이 활성화되어 반죽이 더 빨리 발효되어 부풀어 오른다. 반면, 온도가 낮을 경우에는 효모와 유기성분의 활동이 느려진다. 레시피를 작성하는 것은 반죽을 얼마나 발효시킨 뒤 다음 단계로 넘어가야 하는지 계획하기 위해서다. 반죽이 발효되는 데 걸리는 시간은 달라질 수 있지만, 발효가 끝났을 때 반죽이 부풀어 오르는 정도는 변하면 안 된다.

로프팬 브레드 레시피에는 20~21℃(68~70℉)에서 3시간 30분 동안 반죽을 1차발효시키라고 되어 있지만, 여름에는 2시간 30분~3시간 만에 발효가 완성될 수 있다. 여러분의 집이 우리집보다 시원하다면, 발효는 4시간까지 걸릴 수도 있다. 「더치오븐 르뱅 레시피」(예를 들어 이 책의 「컨트리 브레드, 이볼루션 in 브레드 스타일」)의 경우에는, 여름에는 4시간이면 발효가 완성되지만 겨울에는 5시간이 걸린다. 반죽을 반죽통에서 언제 꺼내야 할지를 결정할 때는, 반죽이 부풀어 오른 부피를 최종적인 기준으로 삼아야 한다.

반죽을 오븐에 굽기 전, 2차발효를 시킬 때도 이와 같은 원칙이 적용된다.

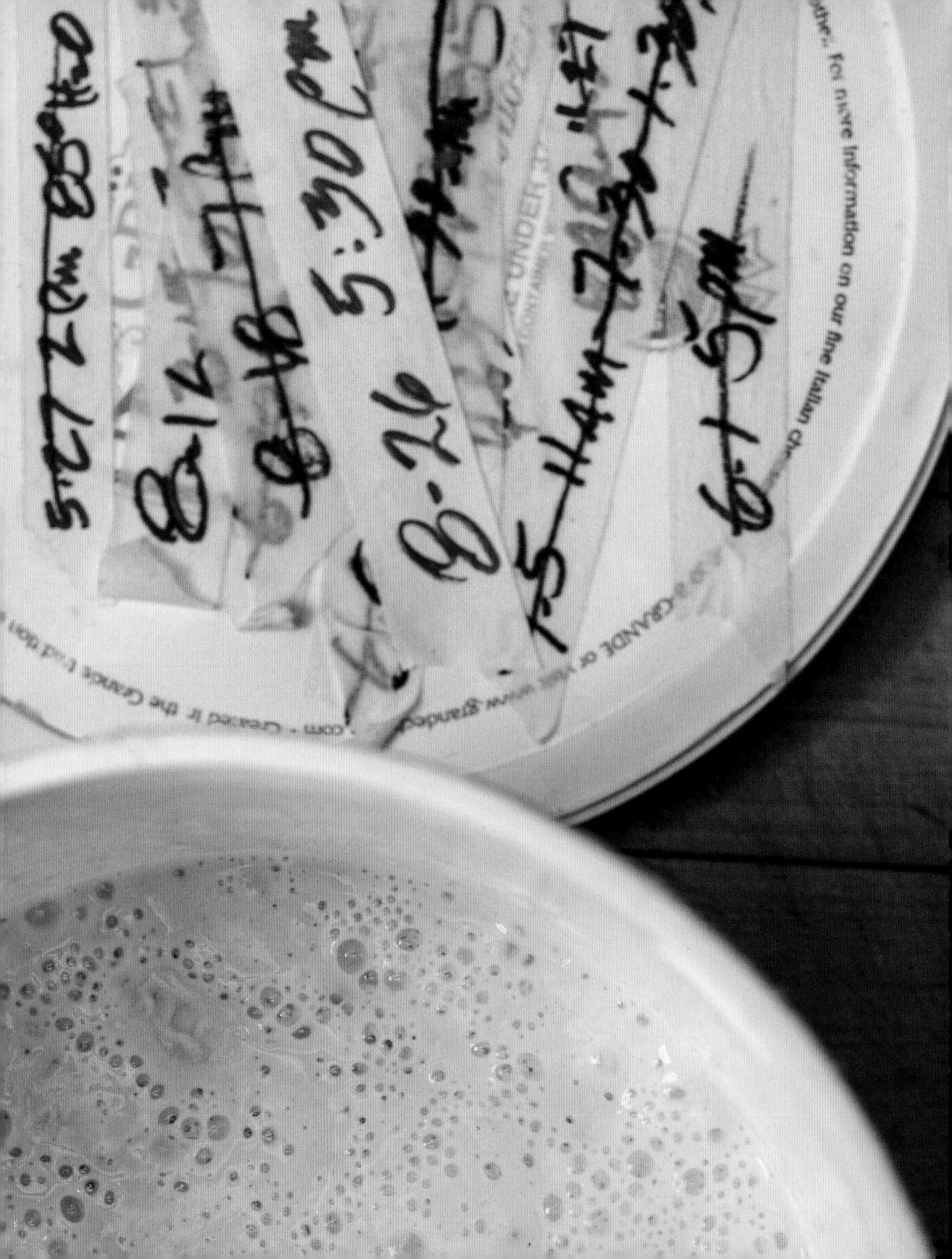

CHAPTER 3
르뱅 = 사워도우
(새로운 접근법)
LEVAIN = SOURDOUGH(A NEW APPROACH)

우리집 냉장고에는 르뱅이 있다. 이름을 지어주지는 않았다. '르뱅'이라고 적힌 라벨을 붙여놓았고, 마지막으로 먹이를 준 날짜도 적어놓았다. 르뱅은 밀가루와 물을 섞어서 만든 끈적한 사워도우 발효종이다. 공기와 밀가루에 있던 효모균이 모여서 증식하고 곧 수십억 개의 효모균이 된다. 르뱅을 만드는 데는 1주일 정도 걸리는데, 설거지와 정리하는 시간을 포함해 날마다 5분 정도만 시간을 내면 된다. 완성된 르뱅은 냉장보관하고 7~10일에 1번 정도 밀가루와 물을 먹이로 준다. 먹이를 준 르뱅은 20~24시간 정도 실온에 둔다. 이 시간 동안 가스가 발생하면서 르뱅이 작은 거품으로 덮이면, 원래대로 냉장고에 넣는다. 이 상태에서 다시 르뱅을 사용할 수 있다. 이렇게 1주일에 1번 리프레시하는 주기는 계속 유지할 수 있다. 실제로 몇십 년 된 르뱅도 존재한다.

천연 발효종

밀가루와 물을 섞으면 바로 생물학적 과정이 시작된다. 밀가루와 공기 중에 존재하는, 효모가 증식할 수 있는 환경이 주어지는 것이다. 밀가루와 물로 만든 반죽의 효소는, 밀가루의 전분을 효모의 먹이인 단당류로 분해한다. 효모는 증식하며 발효가스를 내뿜고, 젖산균은 스스로 발효한다. 발효종에서는 유익한 일이 많이 일어난다. 시중에서 구매할 수 있는 상업용 이스트는 특정 종류의 효모를 단일 배양하여 만든 것이다. 이에 반해, 르뱅 발효종은 여러 종류의 자연 발생 효모에 의해 만들어진다. 먹이로 주는 밀가루가 어떤 것인지, 물을 얼마나 넣는지, 여러분이 사는 곳이 어디인지, 르뱅을 보관하는 온도는 어떠한지 등에 따라 고유한 효모의 군집이 형성된다. 이처럼 상업용 이스트에 비해 복잡한 생물학적 특성을 가진 르뱅을 사용하여 만든 빵은, 그 풍미 또한 복합적이며 빵의 신선도도 오래 유지된다.

이런 천연 발효종으로 빵을 구울 때는 2가지 방법 중 1가지를 선택할 수 있다. 먼저, 이 발효종으로 사워도우 스타터를 만들 수 있다. 이 스타터를 사용하면 상업용 이스트의 도움 없이, 스타터만으로 본반죽을 부풀어 오르게 할 수 있다. 뒤에 나오는 르뱅 브레드 레시피에서 이 내용에 대해 더 자세히 설명하였다. 또는, 스타터를 만들지 않고 상업용 이스트와 르뱅을 함께 사용하여 반죽을 발효시키는, 보다 간단한 방법도 있다. 발효를 통해 빵을 만드는 긴 과정에서 하나의 과정이 생략되는 것이다. 이 방법으로 만든 빵에도 그만의 풍미와 질감 그리고 개성이 있다. 나는 그런 풍미와 질감, 개성이 너무 좋아서 집에서 로프팬 브레드를 만들 때는 보통 이 방법을 사용한다. 「하루에 완성하는 레시피」와 「오버나이트 저온발효 레시피」를 참조한다. 이 방법으로 더치오븐 브레드를 만들어도 좋다.

나의 두 번째 책인 『피자의 구성 요소(The Elements of Pizza)』에서는 『밀가루 물 소금 이스트』의 레시피보다 훨씬 적은 양의 밀가루를 사용하여, 르뱅을 처음부터 만드는 방법을 소개하였다. 나는 이 르뱅을 '르뱅 2.0'이라고 부른다. 이 책의 르뱅처럼 냉장고에 보관된 상태에서 바로 사용할 수 있다. 이 책에서 소개하는 르뱅 발효종을 만드는 방법은, 피자 레시피에 사용하는 르뱅을 만드는 방법과 비슷하지만, 빵을 만들 때 사용하기에 적합하도록 몇 가지 단계를 더 추가했다. 그리고 『밀가루 물 소금 이스트』의 르뱅보다 훨씬 적은 양의 밀가루를 사용한다.

르뱅을 처음 만들 때는 650g(1.5파운드)의 밀가루만 있으면 된다.

용어

천연 발효종을 부르는 용어는 몇 가지 있지만, 기본적으로 모두 같은 의미다. 여기서는 내가 각각의 용어를 구분하는 방법을 정리하였다.

르뱅(Levin)_ 사워도우(Sourdough)에 해당하는 프랑스어 단어. 밀가루와 물을 여러 번 더해 만드는 야생 효모 발효 반죽이다. 예전의 베이커들은 마더(Mother)라고 부르기도 했고, 프랑스에서는 셰프(Chef)라고 부르기도 한다. 레시피별로 필요한 스타터를 만드는 베이스가 되는 발효종이다. 이 책에서는 상업용 이스트를 넣어 발효시킨 반죽에 바로 넣어서 맛을 더하는 용도로도 사용한다.

사워도우(Sourdough)_ 이 책에서는 이해하기 쉽도록 르뱅과 사워도우를 같은 의미로 사용했다. 나는 빵에서 시큼한(Sour) 맛이 나는 것을 좋아하지 않기 때문에, 프랑스어인 르뱅이라는 용어를 주로 사용하지만, 결국 두 용어는 같은 의미다. 르뱅보다 사워도우라는 용어에 익숙한 독자가 많아서, 이 책에서는 다른 때보다 사워도우라는 용어를 많이 사용했다.

스타터(Starter)_ 반죽을 부풀어 오르게 하는, 하나의 레시피에 특정된 발효종을 말한다. 스타터라는 용어는 이 책에 소개된 천연 르뱅 스타터뿐 아니라, 풀리시(Poolish), 비가(Biga)와 같이 이스트를 넣어 만든 모든 스타터에 일반적으로 사용된다. 이 책의 르뱅 브레드 레시피에서는 냉장보관 중인 소량의 르뱅 발효종에 밀가루와 물을 섞어서 스타터를 만든다. 그리고 이 스타터에 먹이를 3번 주어 반죽을 잘 부풀릴 수 있는 힘을 키워주고, 균형 잡힌 풍미와 산미를 갖게 한다.

이 책의 사워도우 레시피에서 소개하는 르뱅은 만든 뒤 냉장보관하다가, 필요에 따라 바로 덜어서 사용할 수 있는 르뱅이다. 1주일에 1번 정도 리프레시하고, 르뱅이 모자란 경우에는 좀 더 자주 먹이를 준다. 되도록 1주일에 1번 먹이를 주어 르뱅의 발효 정도를 일정하게 유지하는 것이 좋다. 르뱅의 발효 정도가 일정하게 유지되어야 르뱅이 반죽을 부풀리는 정도도 일정하게 유지되고, 맛의 균형도 유지할 수 있다. 그리고 결국 이 발효종을 통해 반죽의 발효가 진행되기 때문에, 르뱅의 발효 정도가 일정하게 유지되어야, 반죽의 발효시간 역시 예측하기 쉽다. 르뱅을 리프레시할 때 먹이를 줘야 하는 르뱅의 양보다 아주 조금 더 많은 양의 르뱅이 통에 남아 있는 경우가 있다. 이럴 때는 필요 없는 여분의 르뱅을 버리거나(양이 얼마 되지 않는다), 여분의 르뱅으로 새 스타터 또는 반죽을 만들 수 있다. 베이킹을 계속할 수 있는 좋은 핑곗거리다.

『밀가루 물 소금 이스트』 책의 르뱅을 만들어서 빵을 구워본 독자라면, 10년이 지난 지금 홈베이킹에 대한 나의 생각이 어떻게 바뀌었는지 알게 될 것이다. 10년 동안 우리 베이커리에도 많은 발전이 있었다. 『밀가루 물 소금 이스트』의 방법은 일관성 있게 훌륭한 빵을 만들게 해준다. 나는 여전히 그 방법이 좋은 방법이라고 생각한다. 그러나 사워도우 브레드 1덩어리를 만들기 위해 필요 이상으로 많은 밀가루를 사용하는 방법이기도 하다.

이 책의 르뱅 만들기가 『밀가루 물 소금 이스트』 책과 다른 점이라면, 우리 베이커리에서 만드는 방법과 같다는 것이다. 우리 베이커리에서는 단일한 르뱅을 관리하는데, 그 무게가 최대 36kg에 이르기도 한다. 우리는 하루에 3번 르뱅에 먹이를 준다. 그날 만드는 반죽에 사용할 르뱅을 키우기 위해 아침 일찍 2번 먹이를 주고, 르뱅을 거의 다 사용했을 때 다음날 사용할 르뱅을 만들기 위해 다시 1번 먹이를 준다.

르뱅은 계속 변화하기 때문에, 베이커리에서 르뱅을 관리하는 작업은 끝이 없다. 르뱅이 변화하는 과정 중에 매우 특정한 시점에 그 르뱅을 사용한다. 르뱅이 빵 반죽을 발효시킬 수 있는 힘이 생기는 바로 그 시점이다. 이때가 시큼한 맛이 많이 나지 않으면서, 균형이 잘 맞고 복잡하며 풍부한 발효 풍미가 생기는 때이다. 지나치게 발효된 르뱅을 사용한 빵에서는 시큼한 맛이 나는데, 이것은 마치 반죽을 오래 발효시킨 것과 같은 결과다. 우리 베이커리에서는 날마다 그날 만드는 빵 반죽에 사용할 충분한 양의 르뱅을 만들고, 반죽이 끝나고 나면 르뱅은 아주 조금 남는다. 르뱅에 다시 먹이를 줄 때는 매우 적은 양의 발효종으로 시작하지만, 이 발효종이 20시간 안에 최대 36kg의 르뱅으로 늘어난다. 발효종은 항상 배가 고프고, 빠르게 성장한다. 그리고 다음 날 아침, 똑같은 방법으로 다시 르뱅을 관리한다.

이 책에서는 밀가루를 조금 절약하여 르뱅을 만들었고, 이제부터 이 새로운 방법을 설명할 것이다. 이 르뱅은 안정적으로 냉장보관할 수 있고, 각 레시피에 필요한 스타터를 만들 때 씨앗으로 사용된다. 스타터가 활성화되고 힘이 생기기까지는 시간이 필요하다. 레시피에 따라 르뱅에 먹이를 주면, 발효종의 발효력을 향상시키고 산성이 지나치게 강해지는 것을 막을 수 있다.

이제 르뱅 발효종 만드는 방법을 소개한다. 그리고 르뱅이 어떻게 작용하는지, 레시피에서 르뱅을 어떻게 사용하는지, 그리고 마지막으로 어떻게 르뱅을 유지하고 관리하는지 자세히 설명한다.

7일 안에 르뱅을 만드는 방법

앞으로 몇 년 동안 만들 빵(그리고 피자)에 사용할 나만의 르뱅 발효종을 만드는 데는 시간이 많이 걸리지 않는다. 7일 동안 하루에 5분만 시간을 내면 만들 수 있다. 그런 다음 매주, 또는 르뱅이 모자랄 때마다 먹이를 주면 르뱅을 계속 사용할 수 있다. 르뱅은 냉장보관이 가능하다.

르뱅을 만들기 위해서는 먼저 완성된 르뱅을 담을 수 있는 크기와, 밀가루와 물을 손으로 쉽게 섞을 수 있는 모양의 통이 필요하다. 길쭉하고 가는 통보다는 넓은 통이 편리하다. 뚜껑이 있고 투명한 2ℓ 용량의 원형통이 적당하다. 뚜껑을 덮지 않고 통의 무게를 측정한 뒤, 마스킹 테이프에 유성 네임펜으로 무게를 적어서 통에 붙여 놓는 것이 좋다. 나중에 통에 남은 발효종의 무게를 측정할 때, 통의 무게를 알고 있어야 하기 때문이다. 예를 들어, 레시피에서 50g(¼컵)의 발효종만 통에 남기고 모두 제거하라고 하면, 통의 무게를 알고 있어야 발효종의 정확한

무게를 측정할 수 있다.

미래의 사워도우 브레드에 필요한, 발효의 원천이자 심장인 르뱅을 만들기 위해서는 통밀가루와 흰 밀가루가 필요하다. 밀가루의 활성 유기 성분은 빵 반죽을 부풀게 하고 풍미를 더하는, 수십억 개의 효모균이 살아가는 비옥한 르뱅을 만든다.

르뱅을 만드는 단계는 크게 2단계로 나뉜다. 발효종을 만드는 단계와 발효종을 유지하고 증식시키는 단계이다. 첫 단계는 매일 적은 양의 밀가루와 물을 먹이로 주며 새로운 르뱅 발효종을 만드는 7일이다. 설거지와 정리하는 시간을 포함하여 하루에 5분, 또는 더 짧은 시간을 투자하면 된다. 이 첫 단계에서 특별히 관리하지 않아도 오랫동안 사용할 수 있고, 냉장보관이 가능한 성숙한 르뱅 발효종을 만든다. 언제든지 50~100g(¼~½컵)의 르뱅을 떼어내 스타터를 만들거나, 빵 반죽에 넣을 수 있다. 르뱅을

관리하고 먹이를 주는 2번째 단계는 정말 평생토록 계속할 수 있다. 주기적으로 먹이를 주어 르뱅이 살아 있도록 유지하고, 르뱅을 사용한 뒤에는 사용한 분량만큼 보충한다.

르뱅 만들기를 시작하는 첫 단계에서는 날마다 비슷한 시간에 밀가루와 물을 먹이로 줌으로써, 다음 먹이를 주기 전까지 하루라는 충분한 시간 동안 르뱅이 자랄 수 있게 한다(나의 경우에는 매일 저녁시간에 먹이를 주는 것이 가장 편했다). 이 단계에서는 매우 적은 양의 밀가루를 사용하지만, 그 밀가루만으로도 르뱅은 충분히 자란다. 르뱅 만들기를 시작하기 위해서는 다음과 같은 재료가 필요하다.

- 뚜껑이 있는 2ℓ 용량의 통. 통이 없어서 새로 사야 한다면, 일단 작은 믹싱볼로 시작한다. 뚜껑 대신 비닐랩을 덮고 르뱅을 만들기 시작한다. 2ℓ 통이 배달되면 만들던 르뱅을 통으로 옮기면 된다.
- 조리용 디지털 탐침온도계
- 통밀가루 250g(1¾컵 + 1¾ts)
- 흰 밀가루 400g(2¾컵 + 2ts), 중력분, 강력분 모두 사용 가능
- 물

르뱅을 만드는 재료의 분량은 무게(g 단위)와 부피 계량을 모두 표시했다. 디지털 저울이 재고가 없어서 배달되는 데 시간이 걸릴 경우, 우선 컵을 이용해 재료를 대략적으로 계량해도 르뱅 만들기를 시작할 수 있다. 르뱅 만들기 5일째에는 지금까지 만든 르뱅을 100g(½컵)만 통에 남기고 모두 버려야 하는데, 부피로 계량할 때는 르뱅을 정확히 ½컵만 남기기 어렵다. 이때는 어림짐작으로 적당히 발효종을 남기면 된다. 발효종을 모두 꺼내 ½컵을 계량한 뒤 다시 통에 넣을 필요는 없다. 불필요한 과정이고, 설거짓거리만 더 생긴다. 또 발효종이 통이나 컵에 달라붙어서 정확한 양을 계량하기도 힘들다. 저울이 있으면 일은 간단해진다. 르뱅이 담겨 있는 통의 무게를 측정한 뒤, 빈 통의 무게를 빼면 르뱅 무게를 측정할 수 있다. 앞에서 미리 빈 통의 무게를 측정해서 통에 적어 놓으라고 한 이유가 바로 여기에 있다. 6일째가 되면, 또다시 50g(¼컵)의 르뱅만 남기고 모두 버려야 한다. p.68의 사진은 통에 50g의 발효종만 남아 있는 모습이다.

1일째

냉장고에 들어가는 알맞은 크기와 모양의 통을 사용한
다. 또한 통을 8일 이상 냉장고에 넣어두어야 하므로,
미리 필요한 공간을 확보해둔다. 통밀가루 50g(⅓컵 +
1¼ts), 35~38℃(95~100℉)의 물 50g(3TB + 1ts)을 통에
넣고 손으로 섞는다. 뚜껑을 덮지 않고 1~2시간 정도 실
온에 둔 다음, 뚜껑을 덮는다. 20~21℃(68~70℉) 정도의
실온에 하룻밤 그대로 둔다.

2일째(약 24시간 후)

통밀가루 50g(⅓컵 + 1¼ts), 35~38℃(95~100℉)의 물
50g(3TB + 1ts)을 어제 만든 반죽에 넣고 손으로 섞는다.
뚜껑을 덮지 않고 1~2시간 정도 실온에 둔 다음, 뚜껑을
덮는다. 냉장고에 넣지 않는다.

3일째(약 24시간 후)

만들기 시작해서 2일이 지나면, 발효종에서 가스가 발생
하기 시작하고 발효종이 살아 있는 것처럼 보인다. 통밀
가루 50g(⅓컵 + 1¼ts), 35~38℃(95~100℉)의 물 50g(3TB
+ 1ts)을 넣고 손으로 섞는다. 뚜껑을 덮고 냉장고에는 넣
지 않는다.

4일째(약 24시간 후)

거품이 가득하고 끈적한 덩어리를 버리면 안 된다. 통밀
가루 100g(½컵 + 3TB + 1¼ts), 35~38℃(95~100℉)의 물
100g(¼컵 + 2TB + 2ts)을 넣고 손으로 섞는다. 뚜껑을 덮
고 냉장고에는 넣지 않는다. 르뱅에 먹이를 주기 전 살아
있다는 느낌이 전혀 없다면, 무언가 잘못된 것이다. 이런
경우에는 르뱅 만들기를 멈추고, 다른 브랜드의 통밀가루
로 르뱅 만들기를 다시 시작한다.

5일째(약 24시간 후)

지금까지 만든, 가스가 차고 알코올향이 나며 살아 있는 듯한 그물망 구조의 발효종을 확인할 수 있다. 이제부터는 흰 밀가루를 사용한다. 미리 측정하여 적어놓은 통 무게를 참조한다. 5일째 과정은 주위가 조금 지저분해질 수 있기 때문에 키친타월을 준비해둔다. 또한 저울도 준비해야 하며, 젖은 손으로 작업을 진행한다. 쓰레기통 바로 옆에 서서 통 안에 100g(½컵)의 발효종만 남기고, 모두 쓰레기통에 버린다. 29℃(85℉)의 물 100g(¼컵 + 2TB + 2ts), 흰 밀가루 100g(½컵 + 3TB + 1¼ts)을 100g의 발효종이 남아 있는 통에 넣는다. 손으로 잘 섞는다. 뚜껑을 덮고 실온에서 하룻밤 그대로 둔다.

지금까지는 통밀가루를 먹이로 주어 발효종과 그를 지원하는 생물군집 안의 효모와 젖산균의 개체수를 증가시켰다. 통밀가루에는 씨눈과 겨가 포함되어 있기 때문에, 흰 밀가루에 비해 영양분이 더 풍부하다. 그래서 르뱅 발효종을 만드는 첫 단계에서는 통밀가루를 사용한다. 지금부터는 흰 밀가루 르뱅으로 바꾸기 시작하는데, 온도가 낮은 물을 사용한다. 이 과정을 통해 계속 사용할 르뱅의 밀가루 함유율을 안정화시키고, 발효의 부산물인 산성을 줄일 수 있다. 따라서 이번 단계에서는 기존의 발효종을 100g(½컵)만 남기고 모두 버린다. 이 단계부터 새롭게 만드는 발효종은 가스가 많이 함유되어 있고, 좋은 냄새가 나야 한다. 가죽향이 나고 시큼한 향도 맡을 수 있다.

6일째, 아침

통 안에 50g(¼컵)의 발효종만 남기고 모두 버린다. 흰 밀가루 100g(½컵 + 3TB + 1¼ts), 27℃(80℉)의 물 100g(¼컵 + 2TB + 2ts)을 넣고 손으로 섞는다. 뚜껑을 덮고 실온에서 24시간 그대로 둔다.

7일째, 아침

1주일 동안 만든 발효종을 오랫동안 사용할 르뱅으로 완성할 시간이 되었다. 장기간 냉장보관할 수 있는 이 르뱅은 7~10일에 1번 또는 빵을 많이 구울 때는 필요에 따라 더 자주 먹이를 주며, 건강한 상태를 유지시켜야 한다. 먹이를 주기 전, 발효종은 가스가 매우 많이 차 있어서 정말 살아 있는 것처럼 보이며, 윗부분은 탄산음료처럼 작은 거품으로 덮여 있어야 한다. 발효종을 버리기 위해 손으로 만졌을 때의 느낌은, 가볍고 공기 같은 섬세한 그물망을 만지는 느낌이어야 한다. 또한 부드럽고 복잡한 젖산 알코올의 발효향이 나고 시큼한 향도 살짝 느껴진다.

통 안에 50g(¼컵)의 발효종만 남기고 모두 버린다. 흰 밀가루 200g(1¼컵 + 2TB + 2½ts), 27℃(80℉)의 물 200g(¾컵 + 1TB + 1ts)을 넣는다. 손으로 섞은 뒤 뚜껑을 덮는다. 24시간 정도 실온에 그대로 둔 다음 냉장보관한다. 이제 당신만의 르뱅이 완성되었다. 이 책의 모든 레시피에 이 르뱅을 사용할 수 있다.

왜 흰 밀가루 르뱅일까?

우리 베이커리에서는 흰 밀가루와 통밀가루를 섞어서 만든 르뱅 발효종을 사용한다. 『밀가루 물 소금 이스트』 책의 르뱅은 흰 밀가루 80%와 통밀가루 20%로 만드는데, 이렇게 만든 르뱅은 구수하고 좋은 맛이 난다. 나는 흰 밀가루만으로 만든 르뱅의 맛도 좋아하는데, 흰 밀가루 르뱅은 통밀가루를 섞어서 만드는 르뱅과 다르며, 또한 독자 여러분께 르뱅을 만드는 다른 방법을 소개하고 싶었다. 흰 밀가루로 만든 르뱅은 젖산과 과일의 풍미가 조금 더 진하고, 신맛은 천천히 형성된다. 통밀가루로 만든 발효종은 흰 밀가루로 만든 발효종에 비해 발효가 빨리 진행되고, 과발효된 반죽의 부산물인 아세트산이 생성되기도 한다.

통 안에 50g의 르뱅이 남아 있다.

같은 양의 밀가루와 물을 먹이로 준다.

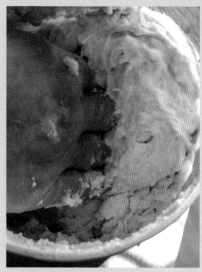
손으로 섞은 뒤 20~24시간 동안 실온에 둔다.

르뱅 유지를 위한 먹이주기

완성된 르뱅의 무게는 450g이다. 이 책의 레시피에서 빵
1덩어리에 필요한 발효종의 양은 50g(¼컵) 또는 100g(½
컵)이다. 발효종에 먹이를 줘서 리프레시할 때는 발효
종이 담겨 있던 통을 그대로 사용한다. 통을 닦지 말고
50g(¼컵)의 발효종만 남기고 모두 버린 뒤, 밀가루와 물
을 더 넣고 손으로 잘 섞는다.

7~10일 동안, 4개의 로프팬 브레드에 사용하기에 충
분한 양의 발효종을 만드는, 먹이주기에 필요한 재료와
분량은 다음과 같다.

- 통에 남겨 놓은 발효종 50g(¼컵)
- 흰 밀가루 200g(1¼컵 + 2TB + 2½ts),
  강력분이나 중력분 모두 사용 가능
- 물 200g(¾컵 + 1TB + 1ts),
  여름에는 24℃(75℉) / 겨울에는 29℃(85℉)

손으로 모든 재료를 잘 섞는다. 뚜껑을 덮고 실온에서
20~24시간 그대로 둔 뒤 냉장보관한다.

450g 이상의 르뱅을 만들고 싶다면, 리프레시할 때 더
크게 만들면 된다. 필요한 재료와 분량은 다음과 같다.

- 통에 남겨둔 발효종 50g(¼컵)
- 흰 밀가루 400g(2¾컵 + 2ts),
  강력분이나 중력분 모두 사용 가능
- 물 400g(1½컵 + 2TB + 2ts)
  여름에는 24℃(75℉) / 겨울에는 29℃(85℉)

손으로 모든 재료를 잘 섞는다. 뚜껑을 덮고 실온에서
20~24시간 그대로 둔 뒤 냉장보관한다. 따뜻한 온도에
서는 발효과정 초기의 효모 증식이 빠르게 일어나고 발
효 역시 빠르게 시작되기 때문에, 밀가루와 물을 많이 넣
는다고 해서 통에 남겨두는 발효종의 양까지 늘릴 필요
는 없다.

르뱅을 만드는 시간을 단축하면 그 르뱅은 제대로 반죽을 발효시키지 못하는 르뱅이 된다. 한 번은 르뱅의 리프레시를 위해 먹이를 줄 때, 18~21℃(65~70℉)의 실온에 20~24시간이 아니라, 12~14시간 정도만 밤새 놓아두었다. 르뱅에는 가스가 차 있었고 보기에는 잘 숙성된 듯 보였다. '플롯 테스트(Float Test, 르뱅을 조금 떼어서 물에 떨어뜨렸을 때, 물에 뜨면 사용할 수 있다)'에서도 문제가 없었다. 그래서 르뱅을 냉장고에 넣었는데 이 르뱅으로 빵을 만들어보니, 반죽이 발효되는 데 시간이 너무 오래 걸리고 결국 빵도 충분히 부풀어 오르지 않았다.

다시 말하지만 실내온도가 중요하다. 실온이 18℃(65℉)라면, 르뱅은 24시간을 꽉 채워서 실온에 두었다가 냉장고에 넣어야 한다. 실온이 27℃(80℉)라면, 발효종이 훨씬 빠르게 숙성되기 때문에 12시간 만에 발효종을 냉장고에 넣을 수도 있다. 결국에는 여러분이 알맞은 시간을 찾아낼 것이다. 숙성시간이 충분하지 못했던 르뱅을 넣어 빵을 만들면, 반죽이 발효되는 데 시간이 오래 걸리고, 원하는 만큼 부풀어 오르지도 않는다. 반면에 지나치게 오래 숙성시킨 발효종은 과발효되어 시큼한 맛이 난다.

먹이를 주는 타이밍도 중요하다. 3℃(37℉) 냉장고에 넣어둔 르뱅은 시간이 지나면서 새로운 영양분이 공급되지 않으면 효모균이 죽기 시작하고 그 힘을 상실한다. 아무리 차가운 곳에 있어도 르뱅은 아주 천천히 자라고 숙성된다. 먹이를 주는 시기를 7일에 1번, 또는 10일에 1번이라고 딱 잘라 말하기는 어렵지만, 대략 그 사이의 어느 시점이라고 말할 수 있다. 2~3주 동안 먹이 주는 것을 잊어버린 경우에도, 르뱅을 회생시킬 수 있다. 그러나 여기서 핵심은 반죽에 넣었을 때 확실히 제 역할을 다할 수 있는 건강한 르뱅을, 언제라도 필요할 때 사용할 수 있도록 갖고 있어야 한다는 것이다. 르뱅을 자주 사용하면 더 많이 필요하므로, 리프레시해야 한다.

빵을 자주 구우면 르뱅에 먹이를 주는 주기는 더 짧아진다. 매일 또는 3일에 1번씩 먹이를 줄 수도 있다. 주기가 중요하진 않다. 그러나 2주 이상 먹이를 주지 않으면, 르뱅의 상태가 나빠지기 시작한다. 오래되어 상태가 안 좋아진 르뱅을 다시 살려낸 적이 있지만, 빵을 구울 때 사용할 수 있을 정도로 르뱅을 다시 건강하게 만들기 위해 며칠 동안 먹이를 주며 관리해야 했다. 또한 르뱅이 빵을 잘 발효시키는지 뿐 아니라, 맛에 어떤 영향을 미치는지도 함께 고려해야 한다. 많은 사워도우 발효종이 반죽을 발효시키기는 하지만, 내가 원하는 균형 잡힌 풍미의 조합을 주지는 못한다. 이 책에서 소개한 밀가루 낭비가 적은 르뱅을 만들면서 가장 어려웠던 점이 바로 이것이었다. 초기에는 르뱅이 반죽을 잘 발효시키지 못했고, 나중에는 반죽은 잘 발효되었지만 빵이 지나치게 시큼해졌다. 내가 만족할 만한 빵을 만드는 르뱅, 그 르뱅을 여러분도 따라서 만들 수 있도록 완성하는 데는 약간의 개선이 필요했다.

방금 만든 르뱅을 친구나 가족에게 선물하고 싶다면, 르뱅을 리프레시할 때와 같은 방법으로 쉽게 르뱅을 새로 만들 수 있다.

깨끗한 통에 29℃(85℉)의 물 200g(¾컵 + 1TB + 1ts), 르뱅 발효종 50g(¼컵)을 넣고 손가락으로 저어서 섞는다. 여기에 흰 밀가루 200g(1¼컵 + 2TB + 2½ts)을 넣고 손으로 섞는다. 발효종을 리프레시할 때처럼, 뚜껑을 덮고 실온에서 24시간 그대로 둔 다음 냉장고에 넣는다. 이제 르뱅을 나눠줄 수 있다.

르뱅의 발효

우선, 르뱅에 먹이를 줄 때 매우 적은 양의 발효종만 남아 있어도 된다는 것은 꽤 근사한 일이다. 다시 한번 설명하면, 이 책의 기본 르뱅을 리프레시할 때는 기존의 발효종 50g에 밀가루 200g과 물 200g을 넣어서 섞은 다음, 실온에서 20~24시간(하룻밤 놓아두는 것으로는 부족하다) 정도 그대로 둔다. 기포가 보글보글 올라오고 빵 반죽에 넣을 수 있는 상태가 되면, 냉장고 속 르뱅의 삶으로 돌아간다. 더 많은 양의 르뱅을 만들 경우 밀가루와 물은 각각 400g을 사용하지만, 기존의 발효종은 똑같이 50g만 있으면 된다. 밀가루와 물을 200g씩 사용할 때와 거의 같은 시간에 숙성된다.

여러분의 이해를 돕기 위해, 세포 단위에서 어떤 일이 일어나는지 상상해보기로 하자. 효모는 빠른 속도로 증식한다. 한 번에 1개씩 새로운 효모균을 만드는 대신, 각각 12개 정도의 효모균이 새싹처럼 자라난다. 곧, 새싹 하나하나가 독립된 효모균으로 성장하며, 그 효모균이 또 새싹을 틔우는 식으로 증식이 반복된다. 따라서 적절한 환경에서 적은 수의 효모균이 얼마나 빨리, 그리고 많이 늘어나는지 알 수 있다. 효모균이 증식하는 데 필요한 것은 먹이, 물, 산소, 그리고 적절한 온도뿐이다. 효모균은 온도가 따뜻할수록 빠르게 증식하지만, 46℃(114℉) 이상에서는 죽는다. 효모균의 먹이는 밀가루의 전분이 분해되며 생성되는 단당류이다. 밀가루의 복잡한 탄수화물은 아밀레이스(Amylase)라는 효소에 의해 단당류[대부분 글루코스(Glucose)]로 분해되며, 아밀레이스 효소는 다행히도 밀가루와 호밀가루에서 자연적으로 형성된다.

특정 시점이 지나면, 효모 개체군은 증식보다 발효를 하게 된다. 효모는 산소가 있는 환경에서는 증식하지만,

산소가 없는 혐기성 환경에서는 주된 활동이 발효로 전환된다. 효모가 설탕을 먹고 이산화탄소와 에탄올을 배출하는 것이다. 그러나, 빵 반죽에서 효모의 이런 활동의 전환이 한순간에 완벽하게 이루어지는 것은 아니다. 보통 2가지 활동(증식과 발효)이 함께 이루어진다.

나의 목표는 르뱅 발효종이 큰 효모 개체군을 형성하되, 초기단계에 지나치게 발효되지 않는 것이다. 발효가 지나치면 아세트산(Acetic Acids)이 생성되는데, 이것이 사워도우의 '신맛(Sour)'을 만들어낸다. 내가 원하는 부드러운 맛을 가진 르뱅을 만드는 가장 좋은 방법은, 매우 적은 양의 발효종에 질 좋은 밀가루와 따뜻한 물을 먹이로 주어 르뱅을 만드는 것이다.

완성된 스타터. 2ℓ 통 뚜껑 위에 밥을 주는 시간이 적혀 있다.
3번째 먹이를 줄 때, 35℃(95℉)의 따뜻한 물을 사용한다.

「더치오븐 르뱅 레시피」의
스타터를 믹싱하는 방법

「더치오븐 르뱅 레시피」에서는 빵을 만드는 데 총 2일이 걸리기 때문에, 스타터에 반죽을 부풀릴 수 있는 충분한 힘이 있어야 한다. 스타터는 냉장고에 있던 르뱅 50g, 적은 양의 밀가루와 물을 손으로 간단히 믹싱해서 만든다. 2~3분이면 믹싱할 수 있다. 1일째에 2번 먹이를 주고, 2일째 아침에 3번째 먹이를 준다. 그리고 7~8시간이 지난 뒤 본반죽을 믹싱한다.

먹이를 주는 시간과 먹이의 구성은 모두 맛있는 빵을 만들기 위해 계획된 것이다. 나는 빵에 시큼한 맛은 없고 발효의 풍미만 있는 것을 원했다. 르뱅을 이용해 완벽하게 발효된 빵은 전체에 다양한 크기의 기포가 생성되어 있고, 눌린 속살도 없다. 질 좋은 밀가루를 사용하고 내가 제시하는 방법으로 반죽을 완성하면, 맛과 질감이 매우 뛰어난 빵을 구울 수 있다.

차가운 발효종의 효모가 깨어나서 활성화되려면 긴 시간이 필요하다. 『피자의 구성 요소』 책에 나온 것처럼, 스타터에 먹이를 1번만 주는 방법을 여러 가지로 변형해서 시도해봤지만, 빵 반죽은 피자 반죽보다 훨씬 많이 부풀어 올라야 하기 때문에 성공하지 못했다. 조금 더 쉽고 간편한 방법으로 먹이와 먹이주기 시간을 바꾸어보았지만, 빵이 시큼해졌고 반죽이 부풀어 오르는 데 시간이 지나치게 오래 걸렸다. 여러 차례 시도해본 결과, 이 책에서 설명하는 방법이 가장 적절한 방법이라는 결론을 내렸다.

3번째 먹이를 줄 때, 여분의 스타터가 생긴다. 이 스타터는 어떻게 할까? 빵 반죽을 2개 만들면 된다. 아니면 p.243에 나와 있는 정말 맛있는 사워도우 피자 반죽 레시피에 이용해보자. 또는 팬케이크 반죽에 조금 섞어도 되고, 머핀, 브라우니 등을 만들어도 좋다.

반죽에 사용할 스타터는 언제 완성될까?

여러 가지 방법으로 테스트를 해보니, 2일째 아침에 먹이를 주고 7시간이 지났을 때부터 스타터 윗면에 기포가 형성되기 시작했다. 그러나 이때는 스타터 윗면이 기포로 완전히 덮이지는 않는다. 10개 정도의 기포만 표면에 형성되는, 시작 단계이다. 그런데 이때부터 1시간 정도 뒤에 스타터를 처음 사용할 수 있게 되므로, 이 시점을 알고 있는 것이 좋다.

이제 막 사용할 수 있게 된 스타터에는 가스가 가득차 있고, 살아 있는 것처럼 기포가 터지기도 한다. 이 단계의 스타터를 사용하면 가장 부드러운 맛의 빵을 만들 수 있다. 이 시점이 모든 르뱅 브레드 레시피의 본반죽을 믹싱하는 때이다. 앞으로 7~8시간 동안 이 스타터를 사용할 수 있는데, 시간이 지날수록 더 시큼한 맛이 나는 빵이 만들어진다.

전체 레시피의 시간 계획

나는 아침에 만들어 놓은 스타터를 이용해 늦은 오후에 르뱅 브레드 반죽을 완성하는 방식으로, 모든 베이킹 시간을 계획하는 것을 좋아한다. 「애플 사이더 르뱅 브레드」 레시피를 제외한 이 책의 모든 르뱅 브레드 레시피는, 2일째 아침 8시에 스타터에 먹이를 주고 섞으면, 7~8시간 뒤에 반죽을 믹싱한다. 반죽을 믹싱하고 5시간 뒤인 저녁 8~9시면 반죽이 충분히 부풀어 올랐을 것이고(반죽통의 2쿼트 눈금에서 약 1.3㎝ 아래에 표시해둔 부분까지), 이제 반죽을 꺼내 성형한다. 성형한 반죽을 냉장고에 하룻밤 넣어두었다가 다음 날 아침이나 이른 오후에 구우면 된다.

「애플 사이더 르뱅 브레드」는 밤새 1차발효를 시키기 때문에, 그에 맞는 적절한 스케줄로 시간 계획을 세워야 한다. 아침에 일어나자마자 성형하고, 3시간 30분~4시간 뒤에 빵을 굽는다.

냉장보관

몇 주 동안 베이킹을 하지 않을 경우, 다시 사용할 때까지 르뱅을 일종의 휴면상태로 유지하기 위한 처리가 필요하다. 2~3개월 동안 르뱅을 냉장고에 보관해 두었다가 다시 복원하는 데 성공한 경험이 있다. 여러 가지 방법이 있지만, 내가 사용한 방법은 다음과 같다.

르뱅 200g(1컵)을 큰 볼에 덜고(나머지 르뱅은 모두 버리고 보관했던 통은 깨끗이 씻어둔다), 여기에 흰 밀가루 100g(½컵 + 3TB + 1¼ts), 차가운 물 35g(2TB + 1ts)을 넣고 손으로 섞어서 조금 된 반죽을 만든다. 밀폐 가능한 통에 반죽을 넣고(예를 들면, 뚜껑이 있는 1ℓ 통 또는 지퍼백), 그 위에 흰 밀가루 100g(½컵 + 3TB + 1¼ts)을 뿌려서 반죽을 덮는다. 뚜껑을 닫아 냉장보관한다.

다음은 냉장보관한 르뱅을 복원하는 방법이다.

1일째, 아침 발효종을 덮고 있는 밀가루를 걷어낸다. 깨끗한 2ℓ 통이나 비슷한 크기의 볼에 발효종의 ½을 덜어놓고, 흰 밀가루 200g(1¼컵 + 2TB + 2½ts), 35℃(95℉)의 물 235g(1컵 + 2ts)을 넣는다. 손으로 잘 섞은 다음, 뚜껑을 덮고 24시간 동안 실온에 그대로 둔다.

2일째, 아침 발효종이 살아나는 기색이 보여야 한다. 발효종을 100g(½컵)만 남기고 모두 버리고, 흰 밀가루 100g(½컵 + 3TB + 1¼ts), 35℃(95℉)의 물 100g(¼컵 + 2TB + 2ts)을 넣는다. 손으로 잘 섞은 다음, 뚜껑을 덮고 12시간 동안 실온에 그대로 둔다.

2일째, 저녁 발효종에 기포가 가득차고 활성화되어야 한다. 발효종을 50g(¼컵)만 남기고 모두 버리고, 흰 밀가루 200g(1¼컵 + 2TB + 2½ts), 29℃(85℉)의 물 200g(¾컵 + 1TB + 1ts)을 넣는다. 손으로 잘 섞은 다음, 뚜껑을 덮고 20~24시간 동안 실온에 그대로 둔다.

3일째, 저녁 이제 르뱅을 다시 사용할 수 있다. 냉장고에 넣고, 다시 매주 먹이를 주어 리프레시하는 스케줄로 르뱅을 관리한다.

PART 2　레시피
RECIPES

레시피를 위한 안내

이 책의 레시피에서는 아인콘밀, 호밀, 헤리티지밀 등 특정 밀가루를 블렌드하여 사용하기도 하고, 견과류, 맥주, 버터, 옥수수, 흑미가루, 애플 사이더 르뱅 등 다양한 재료를 더해 창의적인 빵을 만들기도 한다. 이 책에서는 베이킹 스케줄에 따라 레시피를 크게 4가지로 나누었다. 먼저 「하루에 완성하는 레시피(Same-Day Recipes)」는 빵을 만드는 모든 과정을 처음부터 끝까지 완성하는 데 6시간 정도 걸리는 레시피들이다. 「일본식 우유식빵」과 「브리오슈」도 하루에 완성할 수 있지만, 우유, 버터, 달걀(브리오슈에만 사용), 설탕으로 반죽을 진하게 만들고 손이 아닌 스탠드 믹서로 반죽하는 레시피는, 스케줄과 관계없이 「인리치드 반죽 레시피(Enriched-Dough Recipes)」 챕터에 따로 모아놓았다. 또한 아침에 일어나자마자 빵을 굽고 싶다면, 「오버나이트 저온발효 레시피(Overnight Cold-Proof Recipes)」의 저녁 5~6시에 베이킹을 시작하는 레시피를 찾아보자. 성형을 마친 반죽을 밤새 냉장고에 넣어두었다가 아침에 굽는다. 「더치오븐 르뱅 레시피(Dutch-Oven Levain Recipes)」는 『밀가루 물 소금 이스트』의 「하이브리드 르뱅 브레드(Hybrid Levain Breads)」와 같은 스케줄로 굽는 레시피들이다. 한 가지만 제외하고 모두 오후에 본반죽을 믹싱하고, 성형을 마친 반죽을 밤새 저온발효시켜, 다음 날 아침 또는 이른 오후에 굽는다. 예외적으로 「애플 사이더 르뱅 브레드(Apple-Cider Levain Bread)」는 반죽을 밤새 1차발효시킨 뒤, 다음 날 점심 즈음에 굽는다.

많은 레시피가 덮개 없는 로프팬에 굽게 되어 있지만, 같은 반죽을 이용해서 두껍지만 바삭한 껍질이 있는 둥근 모양의 더치오븐 브레드도 구울 수 있다. 그리고 덮개 있는 직사각 로프팬에 굽는 2~3개의 레시피가 따로 있기는 하지만, 덮개 없는 로프팬에 굽는 레시피를 덮개 있는 로프팬에 구워도 다른 스타일의 빵으로 재탄생한다.

p.82~83에는 스케줄에 따라 분류한 이 책의 레시피들을 한눈에 살펴볼 수 있게 정리했다. 각 레시피를 어떤 팬(로프팬 또는 더치오븐)에 구워야 하는지도 정리했다. 물론 대부분의 레시피가 표에 나온 팬이 아닌 다른 팬에 구워도 맛있는 빵이 된다.

초보자를 위한 레시피

하루에 완성하는 레시피 중, 「기본빵(p.87)」 또는 「화이트 브레드 레시피(p.93)」부터 시작해보자. 이 2개의 레시피가 가장 간단하고 만들기 쉽다. 이 빵을 제대로 만들고 나면, 「하루에 완성하는 레시피」 챕터에 있는 다른 모든 빵을 만들 수 있다는 자신감이 생긴다. 베이킹 과정을 이해하기 위해, 반드시 「CHAPTER 2 방법과 기술」을 먼저 읽어보기 바란다. 빵을 처음 만들 때는 복잡하지 않고 단순하게 만드는 것이 좋다. 겉모습이 완벽하지 않더라도 맛은 좋을 것이다. 일단 만들기 시작하면 6시간이면 완성되어 오븐에서 꺼낼 수 있다. 나머지 레시피도 모두 홈베이커들이 만들 수 있는 레시피들이다. 성공을 위해 필요한 세부 사항은 모두 레시피에 적어놓았다. 마음에 드는 레시피부터 한 번 시도해보자.

하루에 완성하는 빵	주로 사용하는 팬	사용 가능한 다른 팬
기본빵 #1 (p.87)	덮개 없는 로프팬	덮개 있는 로프팬, 더치오븐
화이트 브레드 (p.93)	덮개 없는 로프팬	덮개 있는 로프팬, 더치오븐
50% 에머밀 또는 아인콘밀 브레드 (p.99)	덮개 없는 로프팬	덮개 있는 로프팬, 더치오븐
50% 호밀빵 (p.105)	덮개 없는 로프팬	덮개 있는 로프팬, 더치오븐
버터 브레드 (p.111)	덮개 없는 로프팬	덮개 있는 로프팬, 더치오븐
블랙 브레드 (p.117)	덮개 있는 로프팬	덮개 없는 로프팬, 더치오븐
콘 브레드 (p.123)	덮개 없는 로프팬	더치오븐
건포도 피칸 브레드 (p.131)	덮개 없는 로프팬	덮개 있는 로프팬, 더치오븐
헤이즐넛 브레드 (p.137)	덮개 없는 로프팬	덮개 있는 로프팬, 더치오븐
잡곡빵 (p.143)	덮개 없는 로프팬	더치오븐

CHAPTER 4
하루에 완성하는 레시피
SAME-DAY RECIPES

「하루에 완성하는 레시피」는 빵을 만드는 데 처음부터 끝까지 6시간 정도 걸린다. 르뱅을 넣으면 좋지만, 르뱅 없이도 빵을 만들 수 있는 레시피이다. 그러나 당신만의 르뱅을 만들기 위해 1주일 동안 날마다 2~3분 정도만 시간을 낸다면, 르뱅이라는 특별한 재료를 빵에 넣을 수 있다. 르뱅을 넣으면 단순한 빵이 훌륭하게 변한다. 많은 레시피에 르뱅을 옵션 재료로 적어놓았고, 옵션이 맞다. 그러나 르뱅을 넣으면 빵 맛이 확연히 좋아진다. 르뱅을 넣은 빵과 넣지 않은 빵의 맛을 비교해보면, 100g이라는 적은 양의 르뱅을 넣은 빵은 르뱅을 넣지 않은 빵에 비해, '더 따뜻하다'라고 밖에 표현할 방법이 없는 복합적인 풍미가 생긴다.

처음 4개의 레시피는 흰 밀가루, 통밀가루, 호밀가루, 에머밀가루 또는 아인콘밀가루를 사용하여 각각 다르게 블렌드한 레시피이다. 그리고 그 다음 레시피들은 버터를 넣은 「버터 브레드」나 헤이즐넛 가루를 넣은 「헤이즐넛 브레드」처럼 추가 재료를 넣는 레시피이다. 「블랙 브레드」에는 흑미가루와 스타우트 맥주를 넣는다. 「건포도 피칸 브레드」는 홍차에 불린 건포도와 건포도를 불린 찻물을 반죽에 추가한다. 「콘 브레드(고운 옥수숫가루 빵)」는 진짜 옥수수 맛이 난다. 「잡곡빵」은 잡곡뿐 아니라 잡곡을 불린 물도 반죽에 넣는데, 슈퍼마켓에서 파는 잡곡빵의 대안으로 심플하게 만들었지만 그 맛은 훨씬 업그레이드 되었다. 슈퍼마켓 잡곡빵의 포장에 적힌 복잡한 재료들을 한 번 살펴보기 바란다.

이 모든 반죽은 반죽을 발효시키는 통에서 손으로 섞어서 만들 수 있기 때문에, 설거짓거리와 작업 후 정리해야 할 것들이 크게 줄어든다. 유일한 예외는 버터 브레드이다. 버터 브레드는 처음에는 손으로 반죽하지만, 차가운 버터 조각을 섞을 때는 스탠드 믹서를 사용한다.

THE STANDARD #1
기본빵 #1

덮개 없는 로프팬
덮개 있는 로프팬
더치오븐

나의 친구 존 맥크리어리(John McCreary)가 이 빵을 몇 개 만들어 친구에게 선물했는데, 그 친구가 너무 좋아하며 빵을 만드는 비법이 무엇이냐고 물었다고 한다. 옵션 재료이지만 넣기를 추천하는 소량의 르뱅이 비법이라면 비법이겠다. 르뱅 없이도 기본빵을 만들 수 있지만, 르뱅을 넣으면 그만큼 더 맛있는 빵을 만들 수 있다.

「기본빵」은 화려한 빵은 아니지만, 나는 이 책의 레시피들을 테스트하는 내내 기본빵을 계속 만들었다. 만들기 쉽고, 정말 맛있고, 구운 지 5일 이상 지나도 촉촉한 빵이다. 빵을 2덩어리 구울 경우에는 레시피의 재료 분량을 2배로 늘리고, 12ℓ 반죽통(또는 비슷한 크기의 볼)을 사용하여 손으로 반죽한다. 이 빵을 「기본빵」이라고 부르는 또 다른 이유는, 이 반죽으로 가장 기본이 되는 더치오븐 브레드를 쉽게 만들 수 있기 때문이다.

이 레시피는 『밀가루 물 소금 이스트』 책의 레시피에 비해 이스트를 많이 사용하고, 발효시키는 시간이 조금 짧다. 로프팬에 빵을 구울 때는 반죽을 로프팬 테두리 위까지 더 빠르게 많이 부풀려야, 속살(크럼)이 가볍고 부드러운 빵을 만들 수 있기 때문이다. 추가한 이스트 때문에 반죽은 더 공격적으로 부풀어 오르고, 이스트가 배출한 가스가 반죽에 탄력을 더해주지만, 빵에서 이스트향이 많이 느껴지지는 않는다.

이 레시피에 르뱅 발효종을 사용해도 발효종에 의해 반죽이 부풀어 오르는 속도가 빨라지지 않는다. 르뱅을 넣은 반죽과 넣지 않은 반죽을 만들어서 테스트한 결과, 거의 같은 시간에 같은 높이로 부풀어 올랐다. 「기본빵」은 아침용 토스트, 샌드위치, 크루통이나 치즈가 듬뿍 들어간 프렌치 토스트, 그리고 그 밖의 많은 것들을 만들 수 있는 유용한 빵이다.

레시피 ≫ 약 907g(2파운드) 로프팬 브레드 1덩어리

1차 발효   **스케줄 예시**

21℃(70℉) 실온에서 3시간~3시간 30분   오전 9:30 시작

따뜻하면 더 빠르게, 추우면 더 천천히 발효

↓

오전 10:00 믹싱 완료

2차 발효

↓

21℃(70℉) 실온에서 약 1시간   오후 1:30 성형

↓

오븐에 굽기   오후 2:30 오븐에 굽기

230℃(450℉)에서 45분 예열

220℃(425℉)에서 약 50분 굽기

Pro Tip_ 레시피의 통밀가루를 '루주 드 보르도(Rouge de Bordeaux)' 또는
'레드 파이프(Red Fife)' 같은 헤리티지 품종의 밀가루로 대체해도 좋다.

재료	분량	베이커 %
제빵용 흰 밀가루	400g (2¾컵 + 2ts)	80%
통밀가루	100g (⅔컵 +1TB + 1¼ts)	20%
물, 32~35℃ (90~95℉)	390g (1½컵 + 2TB)	78%
고운 바닷소금	11g (2¼ts)	2.2%
인스턴트 드라이 이스트	3g (1ts)	0.6%
르뱅 (옵션)	100g (½컵)	밀가루 총량의 9% (사용할 경우)

1 오토리즈

32~35℃(90~95℉)의 물 390g을 6ℓ 용량의 원형 반죽통, 또는 그와 비슷한 크기의 통에 넣는다. 르뱅을 사용하는 경우, 냉장보관한 르뱅 100g을 추가한다. 르뱅의 무게는 물이 들어 있는 반죽통과 함께 측정할 수 있다. 손가락으로 저어서 발효종을 조금 풀어준다. 제빵용 흰 밀가루 400g, 통밀가루 100g을 넣는다. 손으로 모든 재료를 잘 섞는다.

오토리즈 반죽 위에 고운 바닷소금 11g을 골고루 뿌린다. 그 위에 인스턴트 드라이 이스트 3g을 뿌린다. 소금과 이스트가 조금 녹을 때까지 그대로 둔다. 이스트와 소금이 닿는 것을 걱정할 필요는 없다. 아무런 문제도 일어나지 않는다.

뚜껑을 덮고 15~20분 휴지시킨다.

2 믹싱

반죽이 달라붙지 않도록 손에 물을 적신 다음, 반죽을 섞는다. 반죽 아래로 손을 집어넣어 반죽의 ¼을 잡는다. 잡은 부분을 부드럽게 잡아당겨 늘린 다음, 반죽 위로 접어 올린다. 소금과 이스트가 완전히 덮일 때까지, 반죽의 방향을 돌리면서 이 과정을 3번 더 반복한다.

집게손 자르기(Pincer Method)로 모든 재료를 완전히 섞는다. 반죽 전체를 집게손 자르기로 5~6번 자르듯이 눌러준 다음, 2~3번 정도 접는다. 모든 재료가 다 섞일 때까지 집게손 자르기와 접기를 번갈아 반복한다. 2~3분 동안 반죽을 휴지시킨 다음, 다시 30초 정도 접어서 반죽에 탄력이 생기게 만든다. 믹싱시간은 총 5분이다. 믹싱을 끝낸 반죽의 최종온도는 약 24℃(75℉)이다. 뚜껑을 덮고 다음 접기를 할 때까지 반죽을 발효시킨다.

3 접기와 1차발효

이 레시피의 반죽은 2번 접어야 한다(p.47 참조). 반죽을 믹싱한 다음, 1시간 안에 반죽을 접는 것이 가장 좋다. 믹싱을 마치고 10분 후에 1번 접고, 반죽이 느슨해지면서 반죽통 바닥에 넓게 퍼지면 1번 더 접는다. 2번째 접기는 시간이 좀 더 지난 뒤에 접어도 괜찮다. 단, 1차발효가 끝나기 1시간 전부터는 접기를 하지 않는다.

반죽을 믹싱하고 3시간~3시간 30분 정도가 지나 반죽이 처음보다 2.5~3배 정도 부풀면, 반죽을 성형하여 로프팬에 넣어야 한다. 6ℓ 반죽통을 사용하는 경우, 반죽 가장자리가 2쿼트(1.9ℓ) 눈금보다 0.6㎝ 정도 아래까지 부풀어 오르는 것이 가장 좋다. 반죽 가운데 부분이 봉긋하게 올라와 있어야 한다. 평평하거나 꺼져 있으면 안 된다. 반죽이 2쿼트(1.9ℓ) 눈금까지 부풀어 올라도 괜찮다. 다만, 다음 단계에서 반죽이 로프팬에서 조금 더 부풀어 오르도록, 반죽통에서는 2쿼트(1.9ℓ) 눈금 위까지 부풀어 오르지 않는 것이 가장 좋다. 반죽을 서늘한 곳에 두어서 반죽이 부푸는 데 시간이 오래 걸려도, 반죽이 레시피에서 제시하는 부피까지 부풀어 오르도록 그대로 둔다. 눈금이 없는 반죽통을 사용하면 불어난 부피를 어림짐작해야 한다. 최선의 판단을 내려보자.

4 반죽통에서 반죽 꺼내기

작업대에 약 30㎝ 너비로 덧가루를 적당히 뿌린다. 손에 덧가루를 묻히고 반죽통 가장자리에도 덧가루를 조금 뿌린다. 반죽통을 살짝 기울여서 반죽 아래로 덧가루가 묻은 손을 넣어, 반죽통 바닥으로부터 반죽을 부드럽게 떼어낸다. 반죽을 잡아당기거나 찢지 않고, 반죽통을 돌리면서 분리하여 작업대로 옮긴다.

코팅된 논스틱 로프팬을 사용하더라도, 쿠킹 스프레이를 살짝 뿌리는 것이 좋다. 여러 번 사용한 코팅팬은 반죽이 달라붙기도 한다.

5 성형

덧가루를 묻힌 손으로 작업대에 놓인 반죽을 들었다 놓았다 하면서, 전체적으로 반죽을 두께가 일정한 직사각형으로 만든다. 이 늘어지는 반죽을 늘리고 접어서, 로프팬 너비에 맞춘다.

p.49~50의 반죽 성형 방법에 따라, 양손에 덧가루를 묻히고 반죽을 동시에 좌우로 충분히 잡아당겨서 처음의 2~3배 길이로 팽팽하게 늘린다(손을 양방향으로 동시에 벌려서 반죽을 늘린다). 그런 다음 늘린 반죽을 '봉투(Packet)'를 접듯이 가운데로 서로 겹치게 포개서, 로프팬 너비에 맞게 네모난 모양을 만든다.

반죽 위에 묻어 있는 덧가루를 털어내고, 반죽을 앞에서 뒤로, 또는 뒤에서 앞으로 말아서(Rolled-Up Motion) 로프팬 너비로 둥글게 만 긴 반죽을 만든다. 반죽의 이음매가 위로 오게 로프팬에 넣는다. 보통은 이음매가 눈에 보이는데, 반죽을 말아서 성형하는 롤업 방식(반죽 끝부분을 둥글게 만 반죽에 붙여서 안쪽을 감싸는 성형기법)의 특징이다.

성형과정 때문에 스트레스를 받을 필요는 없다. 끈적거리고 늘어지는 빵 반죽을 성형하는 손기술은 반복을 통해 배울 수 있다. 사실 로프팬이 빵 모양을 거의 잡아주기 때문에, 어떻게 해서라도 반죽을 로프팬에 넣었다면, 실패하지 않는다. 빵은 생각보다 잘 구워진다. 손에 끈적한 반죽이 묻는 것은 시간이 지나면 익숙해진다. 손에 반죽을 덜 묻히기 위해 내가 사용하는 방법은, 반죽이 가장 말라 있는 바깥쪽과 덧가루가 묻어서 끈적거리지 않는 아래쪽을 잡는 것이다. 반죽을 말기 전, 반죽에 묻은 덧가루가 반죽 안에 들어가지 않도록 털어내는 것을 잊지 말자.

6 2차발효

로프팬에 넣은 반죽의 윗면 전체에 손으로 얇게 물을 바른다. 구멍이 뚫리지 않은 비닐봉투에 로프팬을 넣는데, 이때 비닐을 반죽 윗부분에 딱 맞게 당기면 안 된다. 부풀어 오르는 반죽을 위해 위쪽에 5~7㎝ 정도의 공간을 남겨두고, 비닐봉투 입구를 로프팬 밑으로 밀어넣는다. 밀봉할 필요는 없다. 로프팬을 비닐봉투에 넣는 이유는, 2차발효 시간 동안 반죽이 마르지 않게 하기 위해서다.

21.6 × 11.4 × 7㎝(8½ × 4½ × 2¾인치) 크기의 로프팬은 반죽이 팬 높이보다 지나치게 높이 부풀어 오르면 로프팬 밖으로 쓰러지기 때문에, 팬 테두리보다 조금만 더 올라오도록 반죽을 발효시킨다. 큰 로프팬을 사용하면 테두리 높이까지 부풀어 오르지 않는다. p.56의 사진으로 완벽하게 2차발효를 마친 반죽 상태를 확인할 수 있다.

약 21℃(70℉)에서 발효시킨다는 가정 아래, 성형이 끝난 반죽은 1시간 정도 후에 굽는다. 주방이 따뜻하면 2차발효는 더 빨리 끝난다.

7 오븐 예열

로프팬 브레드를 굽기 약 45분 전에 오븐의 중간 단에 선반을 얹고, 오븐을 230℃(450℉)로 예열한다.

8 굽기

비닐봉투에서 로프팬을 꺼내 오븐 선반 가운데에 올린다. 오븐온도를 220℃(425℉)로 낮춘다. 30분 후, 빵이 고르게 구워지는지 확인하고(고르게 구워지지 않는다면 로프팬의 방향을 돌려준다), 20분 더 굽는다. 이 레시피의 반죽은 전통적인 로프팬 반죽보다 수분율이 높기 때문에 생각보다 오래 구워야 한다. 충분히 구워야 빵이 속까지 완전히 익고, 옆면도 충분히 익어서 짙은 색이 나며, 식힐 때 빵이 꺼지지 않는다.

50분 후, 빵의 윗면은 어두운 갈색을 띤다. 옆면과 바닥은 윗면처럼 어두운 갈색을 띠지 않는다.

오븐장갑을 끼거나 두꺼운 마른행주를 사용하여 오븐에서 로프팬을 조심스럽게 꺼내고, 로프팬을 기울여 완성된 빵을 꺼낸다. 로프팬을 작업대에 세게 두드려도 빵이 떨어지지 않으면, 두툼하게 접은 마른행주를 사용하여 한 손으로 로프팬을 꽉 잡고, 다른 손으로 빵을 떼어낸다(다음에는 로프팬에 쿠킹 스프레이를 더 많이 뿌린다). 완성된 빵은 공기가 잘 통하도록 식힘망 위에 올려서, 적어도 30분 이상 식힌 뒤 슬라이스한다. 1시간 정도 식히면 더욱 좋다.

WHITE BREAD
화이트 브레드

덮개 없는 로프팬
덮개 있는 로프팬
더치오븐

집에서 맛있는 빵을 만드는 일이 복잡할 이유는 없다. 이번에 소개하는 「화이트 브레드」와 「기본빵(p.87)」은 샌드위치나 토스트를 만들기에 완벽한 아티장 로프팬 브레드다. 또한, 이 레시피 그대로 더치오븐을 이용하여 빵을 구우면, 멋스럽고 투박한 더치오븐 브레드가 된다. 빵을 만들기 시작해서 6시간이 지나면 오븐에서 빵이 나온다. 이 빵을 몇 번 반복해서 만들어보면, 사실상 몸을 움직이는 시간은 15~20분 정도뿐이다. 아침에 갓 구운 빵을 먹고 싶다면, 밤새 저온발효시켜서(p.156 참조) 빵을 구우면 된다. 어떤 방법으로 만들어도 맛있다. 유통기한이 길고 미리 잘라 놓은, 슈퍼마켓에서 파는 빵과는 정말 비교조차 할 수 없을 만큼 맛있다(슈퍼마켓 빵의 포장에 적힌 복잡한 재료들을 한 번 자세히 살펴보기 바란다).

내가 어릴 때, 어머니는 가끔 슬로피 조(Sloppy Joe, 햄버거 번 사이에 토마토 소스 베이스의 양념으로 요리한 간 소고기를 넣은 샌드위치)를 만들어 주셨는데, 집에 햄버거 번이 없을 때는 대신 화이트 브레드로 만드시기도 했다. 성인이 된 나는 화이트 브레드로 듀크 마요네즈(Duke's Mayonnaise, 미국 남부에서 생산되는 마요네즈 브랜드. 다른 미국 마요네즈들에 비해 달걀노른자 함량이 높고, 설탕을 넣지 않는 것으로 유명하다)를 넣은 미국 남부 스타일의 토마토 샌드위치를 만든다. 화이트 브레드는 그릴드 치즈 샌드위치, 피넛버터 & 젤리 샌드위치(PB & J), 치킨 클럽샌드위치, 피멘토(작고 빨간, 맛이 순한 고추)를 넣은 치즈 샌드위치, 다이너 스타일 버거, 피자 토스트, 버터햄 샌드위치 등을 만들기에 완벽한 빵이다.

레시피 » 약 794g(1¾ 파운드) 로프팬 브레드 1덩어리

1차발효

21℃(70℉) 실온에서 3시간 ~ 3시간 30분

따뜻하면 더 빠르게, 추우면 더 천천히 발효

2차발효

21℃(70℉) 실온에서 약 1시간

오븐에 굽기

230℃(450℉)에서 45분 예열

220℃(425℉)에서 약 50분 굽기

스케줄 예시

오전 9:30 시작

↓

오전 10:00 믹싱 완료

↓

오후 1:30 성형

↓

오후 2:30 오븐에 굽기

재료	분량	베이커 %
제빵용 흰 밀가루	500g (3½컵 + 1TB + 1ts)	100%
물, 32~35℃ (90~95℉)	370g (1½컵 + 2ts)	74%
고운 바닷소금	11g (2¼ts)	2.2%
인스턴트 드라이 이스트	3g (1ts)	0.6%
르뱅 (옵션)	100g (½컵)	밀가루 총량의 9% (사용할 경우)

1 오토리즈

32~35℃(90~95℉)의 물 370g을 6ℓ 용량의 원형 반죽통 또는 그와 비슷한 크기의 통에 넣는다. 르뱅을 사용하는 경우, 냉장보관한 르뱅 100g을 추가한다. 르뱅의 무게는 물이 들어 있는 반죽통과 함께 측정할 수 있다. 손가락으로 저어서 발효종을 조금 풀어준다. 제빵용 흰 밀가루 500g을 넣는다. 손으로 모든 재료를 잘 섞는다.

오토리즈 반죽 위에 고운 바닷소금 11g을 골고루 뿌린다. 그 위에 인스턴트 드라이 이스트 3g을 뿌린다. 소금과 이스트가 조금 녹을 때까지 그대로 둔다.

뚜껑을 덮고 15~20분 휴지시킨다.

2 믹싱

반죽이 달라붙지 않도록 손에 물을 적신 다음, 반죽을 섞는다. 반죽 아래로 손을 넣어 반죽의 ¼을 잡는다. 잡은 부분을 부드럽게 잡아당겨 늘린 다음, 반죽 위로 접어 올린다. 소금과 이스트가 완전히 덮일 때까지, 반죽의 방향을 돌리면서 이 과정을 3번 더 반복한다.

집게손 자르기로 모든 재료를 완전히 섞는다. 반죽 전체를 집게손 자르기로 5~6번 자르듯이 눌러준 다음, 2~3번 정도 접는다. 모든 재료가 다 섞일 때까지 집게손 자르기와 접기를 번갈아 반복한다. 2~3분 정도 반죽을 휴지시킨 다음, 다시 30초 정도 접어서 반죽에 탄력이 생기게 만든다. 믹싱시간은 총 5분이다. 믹싱을 끝낸 반죽의 최종온도는 약 24℃(75℉)이다. 뚜껑을 덮고, 다음 접기를 할 때까지 반죽을 발효시킨다.

3 접기와 1차발효

이 레시피의 반죽은 2번 접어야 한다(p.47 참조). 반죽을 믹싱한 다음, 1시간 안에 반죽을 접는 것이 가장 좋다. 믹싱을 마치고 10분 후에 1번 접고, 반죽이 느슨해지면서 반죽통 바닥에 넓게 퍼지면 1번 더 접는다. 2번째 접기는 시간이 좀 더 지난 뒤에 접어도 괜찮다. 단, 1차발효가 끝나기 1시간 전부터는 접기를 하지 않는다.

반죽을 믹싱하고 3시간~3시간 30분 정도 지나, 반죽이 처음보다 2.5~3배 정도 부풀면, 반죽을 성형하여 로프팬에 넣어야 한다. 6ℓ 반죽통을 사용하는 경우, 반죽 가장자리가 2쿼트(1.9ℓ) 눈금보다 0.6㎝ 정도 아래까지 부풀어 오르는 것이 가장 좋다. 반죽 가운데 부분이 봉긋하게 올라와 있어야 한다. 평평하거나 꺼져 있으면 안 된다. 반죽이 2쿼트(1.9ℓ) 눈금까지 부풀어 올라도 괜찮다. 다만, 다음 단계에서 반죽이 로프팬에서 조금 더 부풀어 오르도록, 반죽통에서는 2쿼트(1.9ℓ) 눈금 위까지 부풀어 오르지 않는 것이 가장 좋다. 반죽을 서늘한 곳에 두어서 반죽이 부푸는 데 시간이 오래 걸려도, 반죽이 레시피에서 제시하는 부피까지 부풀어 오르도록 그대로 둔다. 눈금이 없는 반죽통을 사용하면, 불어난 부피를 어림짐작해야 한다. 최선의 판단을 내려보자.

4 반죽통에서 반죽 꺼내기

작업대에 약 30㎝ 너비로 덧가루를 적당히 뿌린다. 손에 덧가루를 묻히고 반죽통 가장자리에도 덧가루를 조금 뿌린다. 반죽통을 살짝 기울여서 반죽 아래로 덧가루가 묻은 손을 넣고, 반죽통 바닥으로부터 반죽을 부드럽게 떼어낸다. 반죽을 잡아당기거나 찢지 않고, 반죽통을 돌리면서 분리하여 작업대로 옮긴다.

코팅된 논스틱 로프팬을 사용하더라도, 쿠킹 스프레이를 살짝 뿌리는 것이 좋다. 여러 번 사용한 코팅팬은 반죽이 달라붙기도 한다.

5 성형

덧가루를 묻힌 손으로 작업대에 놓인 반죽을 들었다 놓았다 하면서, 전체적으로 반죽 두께가 일정한 직사각형으로 만든다. 이 늘어지는 반죽을 늘리고 접어서, 로프팬 너비에 맞춘다.

p.49~50의 반죽 성형 방법에 따라, 양손에 덧가루를 묻히고 반죽을 동시에 좌우로 충분히 잡아당겨서 처음의 2~3배 길이로 팽팽하게 늘린다(손을 양방향으로 동시에 벌려서 반죽을 늘린다). 그런 다음 늘린 반죽을 '봉투(Packet)'를 접듯이 가운데로 겹치게 포개서, 로프팬 너비에 맞게 네모난 모양을 만든다.

반죽 위에 묻어 있는 덧가루를 털어내고, 반죽을 앞에서 뒤로, 또는 뒤에서 앞으로 말아서 로프팬 너비로 둥글게 만 긴 반죽을 만든다. 반죽의 이음매가 위로 오게 로프팬에 넣는다. 보통은 이음매가 눈에 보이는데, 반죽을 말아서 성형하는 롤업 방식(반죽 끝부분을 둥글게 만 반죽에 붙여서 안쪽을 감싸는 성형기법)의 특징이다.

성형과정 때문에 스트레스를 받을 필요는 없다. 끈적거리고 늘어지는 빵 반죽을 성형하는 손기술은 반복을 통해 배울 수 있다. 사실 로프팬이 빵 모양을 거의 잡아주기 때문에, 어떻게 해서라도 반죽을 로프팬에 넣었다면 실패하지 않는다. 빵은 생각보다 잘 구워진다. 손에 끈적한 반죽이 묻는 것은 시간이 지나면 익숙해진다. 손에 반죽을 덜 묻히기 위해 내가 사용하는 방법은 반죽이 가장 말라 있는 바깥쪽과, 덧가루가 묻어서 끈적거리지 않는 아래쪽을 잡는 것이다. 반죽을 말기 전, 반죽에 묻은 덧가루가 반죽 안에 들어가지 않도록 털어내는 것을 잊지 말자.

6 2차발효

로프팬에 넣은 반죽의 윗면 전체에 손으로 얇게 물을 바른다. 구멍이 뚫리지 않은 비닐봉투에 로프팬을 넣는데, 이때 비닐을 반죽 윗부분에 딱 맞게 당기면 안 된다. 부풀어 오르는 반죽을 위해 위쪽에 5~7㎝ 정도의 공간을 남겨두고 비닐봉투 입구를 로프팬 밑으로 밀어넣는다. 밀봉할 필요는 없다. 로프팬을 비닐봉투에 넣는 이유는, 2차발효 시간 동안 반죽이 마르지 않게 하기 위해서다.

21.6 × 11.4 × 7㎝(8½ × 4½ × 2¾인치) 크기의 로프팬은 반죽이 팬 높이보다 지나치게 높이 부풀어 오르면 반죽이 로프팬 밖으로 쓰러지기 때문에, 팬 테두리보다 조금만 더 올라오도록 반죽을 발효시킨다. 큰 로프팬을 사용하면 테두리 높이까지 부풀어 오르지 않는다. p.56의 사진으로 완벽하게 2차발효를 마친 반죽 상태를 확인할 수 있다.

약 21℃(70℉)에서 발효시킨다는 가정 아래, 성형이 끝난 반죽은 1시간 정도 후에 굽는다. 주방이 따뜻하면 2차발효는 더 빨리 끝난다.

7 오븐 예열

로프팬 브레드를 굽기 약 45분 전에 오븐의 중간 단에 선반을 얹고, 오븐을 230℃(450℉)로 예열한다.

8 굽기

비닐봉투에서 로프팬을 꺼내 오븐 선반 가운데에 올린다. 오븐온도를 220℃(425℉)로 낮춘다. 30분 후, 빵이 고르게 구워지는지 확인하고(고르게 구워지지 않는다면 로프팬의 방향을 돌려준다), 20분 더 굽는다(덮개 있는 로프팬에 굽는 경우에는 계속 덮개를 덮고 빵을 굽지만, 빵이 거의 다 구워졌을 때쯤 덮개를 열고 빵이 잘 구워졌는지 확인한다). 이 레시피의 반죽은 전통적인 로프팬 반죽보다 수분율이 높기 때문에 생각보다 오래 구워야 한다. 충분히 구워야 빵이 속까지 완전히 익고, 옆면도 충분히 익어서 짙은 색이 나며, 식힐 때 빵이 꺼지지 않는다.

50분 후, 빵의 윗면은 어두운 갈색을 띤다(p.63 사진 참조). 옆면과 바닥은 윗면처럼 어두운 갈색을 띠지 않는다(덮개 있는 로프팬에 빵을 구울 경우에는 색깔이 좀 더 옅다. 또한 오븐온도가 더 높이 올라갈 경우를 대비해, 50분까지 기다리지 말고 45분 정도에 덮개를 열고 색깔을 확인한다).

오븐장갑을 끼거나 두꺼운 마른행주를 사용하여 오븐에서 로프팬을 조심스럽게 꺼내고, 로프팬을 기울여 완성된 빵을 꺼낸다. 로프팬을 작업대에 세게 두드려도 빵이 떨어지지 않으면, 두툼하게 접은 마른행주를 사용하여 한 손으로 로프팬을 꽉 잡고, 다른 손으로 빵을 떼어낸다(다음에는 로프팬에 쿠킹 스프레이를 더 많이 뿌린다). 완성된 빵은 공기가 잘 통하도록 식힘망 위에 올려서, 적어도 30분 이상 식힌 뒤 슬라이스한다. 1시간 정도 식히면 더욱 좋다.

50% EMMER OR EINKORN BREAD
50% 에머밀 또는 아인콘밀 브레드

덮개 없는 로프팬
덮개 있는 로프팬
더치오븐

에머밀이나 아인콘밀로 만든 빵의 풍미는 흰 밀가루로 만든 전형적인 빵보다 맛이 진하고, 견과류의 고소함이 가득하다. 에머밀과 아인콘밀은 현대의 표준 밀 품종보다 유전적으로 단순한 구조를 갖고 있고 글루텐 함량이 적기 때문에, 일부에서는 이 품종으로 만든 빵이 더 소화가 잘 된다고 주장하기도 한다.

에머밀과 아인콘밀은 서로 다른 역사를 가진 별개의 밀이지만, 이번 레시피에는 2가지를 모두 사용할 수 있다. 미국에서는 '아티장 밀(Artisan Wheat)' 또는 '크래프트 제분(Craft Mill)' 운동에 참여하는 농부나 제분소를 통해 이 2가지 밀을 모두 구매할 수 있다. 에머밀가루와 아인콘밀가루로 각각 빵을 구우면 매우 비슷하게 구워진다. 나는 오리건주의 유진에 위치한 카마스 컨트리 밀(Camas Country Mill)에서 2가지 밀가루를 모두 구매한다. 블루버드 그레인 농장(Bluebird Grain Farms), 바통 스프링 밀(Barton Springs Mill), 제니스 밀(Janie's Mill), 벤치 뷰 농장(Bench View Farms), 그리스트 & 톨(Grist & Toll) 등 미국 전역의 농장과 제분소에서 온라인으로 이 밀가루들을 판매하고 있다. 여러분이 사는 지역 가까이에도 구매할 수 있는 곳이 있는지 찾아보기 바란다. 자주 이용하는 제분소에서 판매하는 터키 레드(Turkey Red)나 아모로조(Amorojo) 등의 헤리티지 통밀로 대체해도 좋다.

맷돌로 제분하면 밀알의 씨눈이 으깨지는데, 이런 밀가루로 반죽을 만드는 것은 풍미가 풍부한 지방을 반죽에 섞는 것과 같다(밀알의 씨눈에는 건강에 좋은 지방과 밀알의 거의 모든 영양분이 들어 있다). 지방이 들어간 반죽으로 만든 빵을 토스트하면, 다른 빵에 비해 매우 바삭하게 구워진다. 우유식빵이나 브리오슈를 토스트하면 놀라울 정도로 가볍고 바삭하게 구워지는 것도 같은 이유다.

일반적인 빵보다 글루텐 함량이 적지만, 에머밀가루과 아인콘밀가루에 일반 제빵용 밀가루를 섞어서 사용하면 반죽이 잘 부풀어 오른다. 적어도 p.87의 기본빵만큼 반죽이 부풀어 오르는데, 내가 사용하는 USA팬의 로프팬으로 빵을 구우면 높이가 12.7㎝ 정도 된다.

레시피 » 약 907g(2파운드) 로프팬 브레드 1덩어리

1차발효
21℃(70℉) 실온에서 3시간~3시간 30분
따뜻하면 더 빠르게, 추우면 더 천천히 발효

2차발효
21℃(70℉) 실온에서 약 1시간

오븐에 굽기
230℃(450℉)에서 45분 예열
220℃(425℉)에서 약 50분 굽기

스케줄 예시
오전 9:30 시작
↓
오전 10:00 믹싱 완료
↓
오후 1:30 성형
↓
오후 2:30 오븐에 굽기

재료	분량	베이커 %
통밀가루 (에머밀 또는 아인콘밀)	250g (1¾컵 + 1¾ts)	50%
제빵용 흰 밀가루	250g (1¾컵 + 1¾ts)	50%
물, 32~35℃ (90~95℉)	425g (1¾컵 + 1ts)	85%
고운 바닷소금	11g (2¼ts)	2.2%
인스턴트 드라이 이스트	3g (1ts)	0.6%
르뱅 (옵션)	100g (½컵)	밀가루 총량의 9% (사용할 경우)

1 오토리즈

32~35℃(90~95℉)의 물 425g을 6ℓ 용량의 원형 반죽통 또는 그와 비슷한 크기의 통에 넣는다. 르뱅을 사용하는 경우, 냉장보관한 르뱅 100g을 추가한다. 르뱅의 무게는 물이 들어 있는 반죽통과 함께 측정할 수 있다. 손가락으로 저어서 발효종을 조금 풀어준다. 에머밀가루 또는 아인콘밀가루 250g과 제빵용 흰 밀가루 250g을 넣는다. 손으로 모든 재료를 잘 섞는다.

오토리즈 반죽 위에 고운 바닷소금 11g을 골고루 뿌린다. 그 위에 인스턴트 드라이 이스트 3g을 뿌린다. 소금과 이스트가 조금 녹을 때까지 그대로 둔다.

뚜껑을 덮고 30분 휴지시킨다.

2 믹싱

반죽이 달라붙지 않도록 손에 물을 적신 다음, 반죽을 섞는다. 반죽 아래로 손을 집어넣어 반죽의 ¼을 잡는다. 잡은 부분을 부드럽게 잡아당겨 늘린 다음, 반죽 위로 접어 올린다. 소금과 이스트가 완전히 덮일 때까지, 반죽의 방향을 돌리면서 이 과정을 3번 더 반복한다.

집게손 자르기로 모든 재료를 완전히 섞는다. 반죽 전체를 집게손 자르기로 5~6번 자르듯이 눌러준 다음, 2~3번 정도 접는다. 모든 재료가 다 섞일 때까지 집게손 자르기와 접기를 번갈아 반복한다. 2~3분 반죽을 휴지시킨 다음, 다시 30초 정도 접어서 반죽에 탄력이 생기게 만든다. 믹싱시간은 총 5분이다. 믹싱을 끝낸 반죽의 최종온도는 약 24℃(75℉)이다. 뚜껑을 덮고, 다음 접기를 할 때까지 반죽을 발효시킨다.

3 접기와 1차발효

이 레시피의 반죽은 2번 접어야 한다(p.47 참조). 반죽을 믹싱한 다음, 1시간 안에 반죽을 접는 것이 가장 좋다. 믹싱을 마치고 10분 후에 1번 접고, 반죽이 느슨해지면서 반죽통 바닥에 넓게 퍼지면 1번 더 접는다. 2번째 접기는 시간이 좀 더 지난 뒤에 접어도 괜찮다. 단, 1차발효가 끝나기 1시간 전부터는 접기를 하지 않는다.

반죽을 믹싱하고 3시간~3시간 30분 정도 지나 반죽이 처음보다 2.5~3배 정도 부풀면, 반죽을 성형하여 로프팬에 넣어야 한다. 6ℓ 반죽통을 사용하는 경우, 반죽 가장자리가 2쿼트(1.9ℓ) 눈금보다 0.6㎝ 정도 아래까지 부풀어 오르는 것이 가장 좋다. 반죽 가운데 부분이 봉긋하게 올라와 있어야 한다. 평평하거나 꺼져 있으면 안 된다. 반죽이 2쿼트(1.9ℓ) 눈금까지 부풀어 올라도 괜찮다. 다만, 다음 단계에서 반죽이 로프팬에서 조금 더 부풀어 오르도록, 반죽통에서는 2쿼트(1.9ℓ) 눈금 위까지 부풀어 오르지 않는 것이 가장 좋다. 반죽을 서늘한 곳에 두어서 반죽이 부푸는 데 시간이 오래 걸려도, 반죽이 레시피에서 제시하는 부피까지 부풀어 오르도록 그대로 둔다. 눈금이 없는 반죽통을 사용하면, 불어난 부피를 어림짐작해야 한다. 최선의 판단을 내려보자.

4 반죽통에서 반죽 꺼내기

작업대에 약 30㎝ 너비로 덧가루를 적당히 뿌린다. 손에 덧가루를 묻히고 반죽통 가장자리에도 덧가루를 조금 뿌린다. 반죽통을 살짝 기울여서 반죽 아래로 덧가루가 묻은 손을 넣고, 반죽통 바닥으로부터 반죽을 부드럽게 떼어낸다. 반죽을 잡아당기거나 찢지 않고, 반죽통을 돌리면서 분리하여 작업대로 옮긴다.

코팅된 논스틱 로프팬을 사용하더라도, 쿠킹 스프레이를 살짝 뿌리는 것이 좋다. 여러 번 사용한 코팅팬은 반죽이 달라붙기도 한다.

5 성형

덧가루를 묻힌 손으로 작업대에 놓인 반죽을 들었다 놓았다 하면서, 전체적으로 반죽 두께가 일정한 직사각형으로 만든다. 이 늘어지는 반죽을 늘리고 접어서, 로프팬 너비에 맞춘다.

p.49~50의 반죽 성형 방법에 따라, 양손에 덧가루를 묻히고 반죽을 동시에 좌우로 충분히 잡아당겨서 처음의 2~3배 길이로 팽팽하게 늘린다(손을 양방향으로 동시에 벌려서 반죽을 늘린다). 그런 다음 늘린 반죽을 '봉투(Packet)'를 접듯이 가운데로 서로 겹치게 포개서, 로프팬 너비에 맞게 네모난 모양을 만든다.

반죽 위에 묻어 있는 밀가루를 털어내고, 반죽을 앞에서 뒤로, 또는 뒤에서 앞으로 말아서 로프팬 너비로 둥글게 만 긴 반죽을 만든다. 반죽의 이음매가 위로 오게 로프팬에 넣는다. 보통은 이음매가 눈에 보이는데, 반죽을 말아서 성형하는 롤업 방식(반죽 끝부분을 둥글게 만 반죽에 붙여서 안쪽을 감싸는 성형기법)의 특징이다.

성형과정 때문에 스트레스를 받을 필요는 없다. 끈적거리고 늘어지는 빵 반죽을 성형하는 손기술은 반복을 통해 배울 수 있다. 사실 로프팬이 빵 모양을 거의 잡아주기 때문에, 어떻게 해서라도 반죽을 로프팬에 넣었다면 실패하지 않는다. 빵은 생각보다 잘 구워진다. 손에 끈적한 반죽이 묻는 것은 시간이 지나면 익숙해진다. 손에 반죽을 덜 묻히기 위해 내가 사용하는 방법은 반죽이 가장 말라 있는 바깥쪽과 덧가루가 묻어서 끈적거리지 않는 아래쪽을 잡는 것이다. 반죽을 말기 전, 반죽에 묻은 덧가루가 반죽 안에 들어가지 않도록 털어내는 것을 잊지 말자.

6 2차발효

로프팬에 넣은 반죽의 윗면 전체에 손으로 얇게 물을 바른다. 구멍이 뚫리지 않은 비닐봉투에 로프팬을 넣는데, 이때 비닐을 반죽 윗부분에 딱 맞게 당기면 안 된다. 부풀어 오르는 반죽을 위해 위쪽에 5~7cm 정도의 공간을 남겨두고, 비닐봉투 입구를 로프팬 밑으로 밀어넣는다. 밀봉할 필요는 없다. 로프팬을 비닐봉투에 넣는 이유는, 2차발효 시간 동안 반죽이 마르지 않게 하기 위해서다.

21.6 × 11.4 × 7cm(8½ × 4½ × 2¾인치) 크기의 로프팬은 반죽이 팬 높이보다 지나치게 높이 부풀어 오르면 반죽이 로프팬 밖으로 쓰러지기 때문에, 팬 테두리보다 조금만 더 올라오도록 반죽을 발효시킨다. 큰 로프팬을 사용하면 테두리 높이까지 부풀어 오르지 않는다. p.56의 사진으로 완벽하게 2차발효를 마친 반죽 상태를 확인할 수 있다.

약 21℃(70℉)에서 발효시킨다는 가정 아래, 성형이 끝난 반죽은 1시간 정도 후에 굽는다. 주방이 따뜻하면 2차발효는 더 빨리 끝난다.

7 오븐 예열

로프팬 브레드를 굽기 약 45분 전에 오븐의 중간 단에 선반을 얹고, 오븐을 230℃(450℉)로 예열한다.

8 굽기

비닐봉투에서 로프팬을 꺼내 오븐 선반 가운데에 올린다. 오븐온도를 220℃(425℉)로 낮춘다. 30분 후, 빵이 고르게 구워지는지 확인하고(고르게 구워지지 않는다면 로프팬의 방향을 돌려준다), 20분 더 굽는다. 이 레시피의 반죽은 전통적인 로프팬 반죽보다 수분율이 높기 때문에 생각보다 오래 구워야 한다. 충분히 구워야 빵이 속까지 완전히 익고, 옆면도 충분히 익어서 짙은 색이 나며, 식힐 때 빵이 꺼지지 않는다.

50분 후 빵의 윗면은 어두운 갈색을 띤다. 옆면과 바닥은 윗면처럼 어두운 갈색을 띠지 않는다.

오븐장갑을 끼거나 두꺼운 마른행주를 사용하여 오븐에서 로프팬을 조심스럽게 꺼내고, 로프팬을 기울여 완성된 빵을 꺼낸다. 로프팬을 작업대에 세게 두드려도 빵이 떨어지지 않으면, 두툼하게 접은 마른행주를 사용하여 한 손으로 로프팬을 꽉 잡고, 다른 손으로 빵을 떼어낸다(다음에는 로프팬에 쿠킹 스프레이를 더 많이 뿌린다). 완성된 빵은 공기가 잘 통하도록 식힘망 위에 올려서, 적어도 30분 이상 식힌 뒤 슬라이스한다. 1시간 정도 식히면 더욱 좋다.

고대밀이란?

아인콘(Einkorn), 에머(Emmer), 스펠트(Spelt)는 고대의 야생에서 자라던 밀 품종으로 인류의 초기 경작 작물에 포함된다. 아인콘은 1만 년 정도 전부터 인류가 재배한 최초의 밀 품종으로 추정된다. 현대의 과학자들은 이 초기 밀 품종들의 유전적 역사를 지도화했고, 고고학적 발굴을 통해 고대 사회와 유목민의 음식과 음료에 이 밀이 사용되었다는 것을 밝혀냈다. 1991년 이탈리아 알프스 지역에서 얼어 있는 채로 발견된 냉동인간 외치(Ötzi The Iceman, 약5천 년 전에 살았던 것으로 추정)는 아인콘밀을 먹었던 것으로 밝혀졌다. 나는 풍미가 좋은 이 3가지 품종을 모두 좋아한다. 이런 고대밀 품종들은 현대의 밀 품종보다 수확량이 적기 때문에 가격이 조금 비싼 편이다.

50% RYE BREAD
50% 호밀 빵

덮개 없는 로프팬
덮개 있는 로프팬
더치오븐

프랑스에서는 호밀가루와 일반 밀가루를 반씩 섞어서 만든 빵을 '팽 드 세글(Pain de Seigle, 호밀빵)'이라고 부를 수 없다. 호밀가루가 적어도 63% 이상 함유되어야 호밀빵이라고 부를 수 있다(라벨에 Seigle, 또는 Rye라고 표시). 반면, 미국에서는 호밀빵에 대한 생각이 매우 다르다. 반죽에 호밀을 얼마나 넣어야 한다는 규정도 없이 만든, 매우 가벼운 호밀빵도 호밀빵이라고 부른다. 미국의 경우 라이 위스키(Rye Whisky)에는 호밀 사용에 대한 규정이 있지만, 호밀빵에는 없다. 미국식 호밀빵은 p.165의 「뉴욕 스타일 호밀빵」 레시피처럼, 호밀가루보다 일반 밀가루를 더 많이 사용하여 만든 가벼운 식감의 빵이다.

한 친구가 나에게 왜 호밀빵에서는 항상 캐러웨이 시드 맛이 나는지 물었다. 이상한 질문 같지만 사실 지금까지 먹었던 호밀빵이 그랬기 때문에, 미국인들은 호밀빵이라고 하면 자동적으로 캐러웨이 시드의 맛을 떠올린다. 아마도 델리에서 파는 호밀빵 샌드위치 때문일 것이다. 하지만, 이번에 소개하는 레시피는 든든하고 속이 꽉 찼으며 풍미가 가득한, 진정한 호밀빵에 좀 더 가까운 레시피이다. 보기에는 매우 평범하지만 숨겨진 매력이 있다. 맛도 좋고 만들기도 쉬운, 진짜 호밀빵을 만날 수 있다. 이 빵이 마음에 든다면 p.227의 복잡한 사워도우 버전에도 도전해 보자(옵션 재료인 호두를 넣는 것을 강력하게 추천한다).

호밀가루는 일반 밀가루보다 글루텐 함량이 매우 적은데, 이 레시피에서는 상당히 많은 양의 호밀가루를 사용하기 때문에, 가성형을 하고 10분 휴지시킨 다음 최종 성형을 해서 로프팬에 넣는다. 이 과정을 통해 글루텐이 강화되어 반죽이 최대한 높이 부풀어 오른다. 호밀빵은 일반 밀가루로 만든 빵보다 작고 밀도가 높다.

글루텐이 약한 호밀 반죽은 로프팬을 지지대 삼아 부풀어 오른다. 로프팬에 구운 호밀빵은 상당히 훌륭한 부피와 질감으로 완성된다. 빵의 높이는 약 10.8㎝ 정도가 된다(기본빵의 높이는 약 12.7㎝). 호밀빵은 밀도가 높고 질기기 때문에 빵을 조금 얇게 슬라이스해야 좋다.

레시피 » 약 907g(2파운드) 로프팬 브레드 1덩어리

1차발효
21℃(70℉) 실온에서 약 3시간 30분
따뜻하면 더 빠르게, 추우면 더 천천히 발효

2차발효
21℃(70℉) 실온에서 약 45분

오븐에 굽기
230℃(450℉)에서 45분 예열
220℃(425℉)에서 약 50분 굽기

스케줄 예시
오전 9:30 시작
↓
오전 10:00 믹싱 완료
↓
오후 1:30 성형
↓
오후 2:15 오븐에 굽기

재료	분량	베이커 %
제빵용 흰 밀가루	250g (1¾컵 + 1¾ts)	50%
통호밀가루 또는 다크 라이 가루	250g (1¾컵 + 2TB + 2¼ts)	50%
물, 32~35℃ (90~95℉)	390g (1½컵 + 2TB)	78%
고운 바닷소금	11g (2¼ts)	2.2%
인스턴트 드라이 이스트	3g (1ts)	0.6%
르뱅 (옵션)	100g (½컵)	밀가루 총량의 9% (사용할 경우)

1 오토리즈

32~35℃(90~95℉)의 물 390g을 6ℓ 용량의 원형 반죽통 또는 그와 비슷한 크기의 통에 넣는다. 르뱅을 사용하는 경우, 냉장보관한 르뱅 100g을 추가한다. 르뱅의 무게는 물이 들어 있는 반죽통과 함께 측정할 수 있다. 손가락으로 저어서 발효종을 조금 풀어준다. 제빵용 흰 밀가루 250g, 통호밀가루나 다크 라이 가루 250g을 넣는다. 손으로 모든 재료를 잘 섞는다.

오토리즈 반죽 위에 고운 바닷소금 11g을 골고루 뿌린다. 그 위에 인스턴트 드라이 이스트 3g을 뿌린다. 소금과 이스트가 조금 녹을 때까지 그대로 둔다.

뚜껑을 덮고 20~30분 휴지시킨다.

2 믹싱

반죽이 달라붙지 않도록 손에 물을 적신 다음, 반죽을 섞는다(호밀 반죽은 특히 더 끈적거리기 때문에 손에 반죽이 달라붙는 것에 어느 정도 익숙해져야 하지만, 그래도 반드시 손에 물을 적신 다음 반죽한다). 반죽 아래로 손을 집어넣어 반죽의 ¼을 잡는다. 잡은 부분을 부드럽게 잡아당겨 늘린 다음, 반죽 위로 접어 올린다. 소금과 이스트가 완전히 덮일 때까지, 반죽의 방향을 돌리면서 이 과정을 3번 더 반복한다(호밀가루가 들어간 반죽은 일반 밀가루로 만든 반죽에 비해 잘 늘어나지 않는다).

집게손 자르기로 모든 재료를 완전히 섞는다. 반죽 전체를 집게손 자르기로 5~6번 자르듯이 눌러준 다음, 2~3번 정도 접는다. 모든 재료가 다 섞일 때까지 집게손 자르기와 접기를 번갈아 반복한다. 2~3분 반죽을 휴지시킨 다음, 다시 30초 정도 접어서 반죽에 탄력이 생기게 만든다. 믹싱시간은 총 5분이다. 믹싱을 끝낸 반죽의 최종온도는 약 24℃(75℉)이다. 뚜껑을 덮고, 다음 접기를 할 때까지 반죽을 발효시킨다.

3 접기와 1차발효

이 레시피의 반죽은 2번 접어야 한다(p.47 참조). 반죽을 믹싱한 다음, 1시간 안에 반죽을 접는 것이 가장 좋다. 믹싱을 마치고 10분 후에 1번 접고, 반죽이 느슨해지면서 반죽통 바닥에 넓게 퍼지면 1번 더 접는다. 2번째 접기는 시간이 좀 더 지난 뒤에 접어도 괜찮다. 단, 1차발효가 끝나기 1시간 전부터는 접기를 하지 않는다.

반죽을 믹싱하고 3시간~3시간 30분 정도 지나 반죽이 처음보다 2.5배 정도 부풀면, 반죽을 성형하여 로프팬에 넣어야 한다. 6ℓ 반죽통을 사용하는 경우, 반죽 가장자리가 2쿼트(1.9ℓ) 눈금보다 0.6㎝ 정도 아래까지 부풀어 오르는 것이 가장 좋다. 반죽 가운데 부분이 봉긋하게 올라와 있어야 한다. 평평하거나 꺼져 있으면 안 된다. 반죽이 그 이상 부풀어 오르면 안 된다. 반죽을 서늘한 곳에 두어서 부푸는 데 시간이 오래 걸려도, 반죽이 레시피에서 제시한 부피까지 부풀어 오르도록 그대로 둔다. 눈금이 없는 반죽통을 사용하면, 불어난 부피를 어림짐작해야 한다. 최선의 판단을 내려보자.

4 반죽통에서 반죽 꺼내기

작업대에 약 30㎝ 너비로 덧가루를 적당히 뿌린다. 손에 덧가루를 묻히고 반죽통 가장자리에도 덧가루를 조금 뿌린다. 반죽통을 살짝 기울여서 반죽 아래로 덧가루가 묻은 손을 넣고, 반죽통 바닥으로부터 반죽을 부드럽게 떼어낸다. 반죽을 잡아당기거나 찢지 않고, 반죽통을 돌리면서 분리하여 작업대로 옮긴다.

코팅된 논스틱 로프팬을 사용하더라도, 쿠킹 스프레이를 살짝 뿌리는 것이 좋다.

5a 가성형

덧가루를 묻힌 손으로 작업대에 놓인 반죽을 들었다 놓았다 하면서, 전체적으로 반죽 두께가 일정한 직사각형으로 만든다.

한 손으로 반죽의 일부를 잡고 다른 손으로 반죽을 충분히 늘려서 반죽 위로 접어 올린다. 반죽을 90°씩 돌리면서 이 작업을 반복하여, 적당히 탄력 있고 둥근 반죽을 만든다. 둥근 반죽이 탱탱해질 때까지 늘리고 접는 작업을 몇 번 더 반복한다. 뚜껑을 덮고 15분 동안 휴지시킨다.

5b 최종 성형

반죽을 늘리고 접어서, 로프팬 너비에 맞게 직사각형으로 만든다. 반죽을 앞에서 뒤로 또는 뒤에서 앞으로 말아서, 로프팬 너비로 둥글게 만 긴 반죽을 만든다. 반죽의 이음매가 위로 오게 로프팬에 넣는다. 보통은 이음매가 눈에 보이는데, 반죽을 말아서 성형하는 롤업 방식(반죽 끝부분을 둥글게 만 반죽에 붙여서 반죽 안쪽을 감싸는 성형기법)의 특징이다.

성형과정 때문에 스트레스를 받을 필요는 없다. 끈적거리는 호밀 반죽을 성형하는 손기술은 반복을 통해 배울 수 있다. 게다가 이 레시피의 반죽은 성형을 잘못해도, 괜찮은 빵이 완성된다.

6 2차발효

보통은 반죽이 부풀어 오르면서 덮어둔 비닐에 달라붙지 않도록 얇게 물을 바르는데, 이번에는 그 과정이 필요 없다. 다른 가벼운 반죽만큼 높이 부풀어 오르지 않기 때문이다. 구멍이 뚫리지 않은 비닐봉투에 로프팬을 넣고, 비닐봉투 입구를 로프팬 밑으로 밀어넣는다. 밀봉할 필요는 없다. 로프팬을 비닐봉투에 넣는 이유는, 2차발효가 진행되는 45분 동안 반죽이 마르지 않게 하기 위해서다.

약 21℃(70℉)에서 발효시킨다는 가정 아래, 성형이 끝난 반죽은 45분 정도 뒤에 굽는다. 주방이 따뜻하면 2차발효는 더 빨리 끝난다.

7 오븐 예열

로프팬 브레드를 굽기 약 45분 전에 오븐의 중간 단에 선반을 얹고, 오븐을 230℃(450℉)로 예열한다.

8 굽기

비닐봉투에서 로프팬을 꺼내 오븐 선반 가운데에 올린다. 오븐온도를 220℃(425℉)로 낮춘다. 30분 후, 빵이 고르게 구워지는지 확인하고(고르게 구워지지 않는다면 로프팬의 방향을 돌려준다), 20분 더 굽는다.

50분 후, 빵의 윗면은 어두운 갈색을 띤다. 옆면과 바닥은 윗면처럼 어두운 갈색을 띠지 않는다.

오븐장갑을 끼거나 두꺼운 마른행주를 사용하여 오븐에서 로프팬을 조심스럽게 꺼내고, 로프팬을 기울여 완성된 빵을 꺼낸다. 로프팬을 작업대에 세게 두드려도 빵이 떨어지지 않으면, 두툼하게 접은 마른행주를 사용하여 한 손으로 로프팬을 꽉 잡고, 다른 손으로 빵을 떼어낸다(다음에는 로프팬에 쿠킹 스프레이를 더 많이 뿌린다). 완성된 빵은 공기가 잘 통하도록 식힘망 위에 올려서, 적어도 30분 이상 식힌 뒤 슬라이스한다. 1시간 정도 식히면 더욱 좋다.

왼쪽은 「50% 호밀빵」, 오른쪽은 「캐러웨이 시드를 넣은 뉴욕 스타일 호밀빵」이다.

호밀가루를 넣은 3가지 빵. 오른쪽은 「건포도 피칸 브레드」이다.

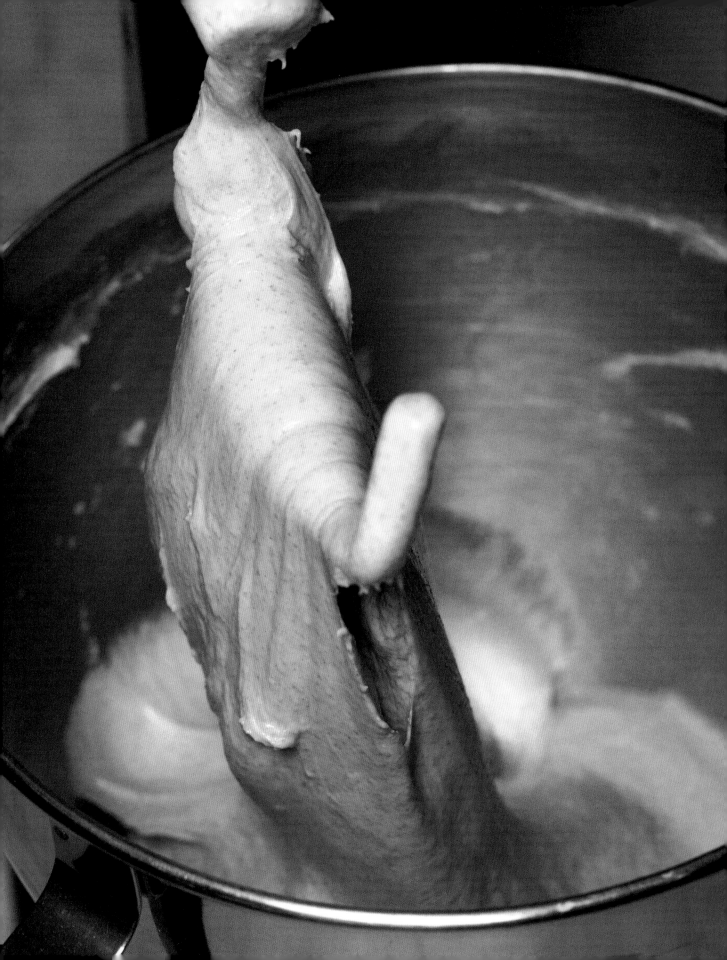

BUTTER BREAD
버터 브레드

덮개 없는 로프팬
덮개 있는 로프팬
더치오븐

이 레시피에는
4~5ℓ 용량의 믹싱볼과
후크가 포함된
스탠드 믹서가 필요하다.

반죽을 만든 뒤 차갑고 맛있는 버터 조각을 섞는다. 별로 어려워 보이지 않는다. 지난 20년 동안 이렇게 명백하게 간단해 보이는 빵을 제대로 만들지 못한 내가, 그 빵을 상상하는 나에게 스스로 한 말이다.

나에게는 손반죽으로 빵을 만들 때마다 노려보는(?) 키친에이드(KitchenAid)의 프로페셔널 모델이 있다. 바로 지금이 그것을 사용할 때이다. 이 레시피에서도 처음에 지방 함량이 낮은 다른 재료를 반죽할 때는 여전히 손으로 믹싱한다. 그리고 반죽을 4.5ℓ 믹싱볼에 넣고(다른 크기의 볼도 관계없다), 밀가루로 얇게 코팅한 차가운 버터 조각을 넣는다. 버터 겉면의 밀가루가 버터에 접착력을 더해, 반죽과 잘 섞이도록 도와준다. 저속으로 몇 분 섞은 뒤, 버터 조각이 보이지 않을 때까지 중속으로 5분 정도 더 섞는다.

이 기술은 베이커리에서 버터를 반죽에 섞는 가장 기본적인 기술이다. '브리오슈(Brioche)', '팽 드 미(Pain de Mie)'가 이 기술로 반죽하는 가장 대표적인 2가지 예이다. 브리오슈와 팽 드 미는 레시피에 따라 우유, 달걀, 설탕, 버터가 다양한 비율로 들어가지만, 이 버터 브레드에는 밀가루, 물, 소금, 이스트에 버터만 들어간다. 버터가 이스트에 더 많은 먹이를 제공하기도 하고 강하게 믹싱하기 때문에, 반죽의 발효가 매우 활발하게 진행된다. 1차발효의 마지막 1시간 동안은 반죽의 발효 속도를 늦추고 발효를 마친 반죽을 성형할 때 다루기 쉽도록, 반죽을 냉장고에 넣는다(냉장고에 믹싱볼이 들어갈 충분한 공간을 미리 마련해둔다).

이 빵을 굽다 보면 어느 순간, 인생은 정말 멋질 수 있다는 사실을 일깨워주는 향에 휩싸이게 된다. 어떤 빵이든 오븐에서 구울 때의 향은 모두 굉장하지만, 이 빵의 향은 비현실적으로 환상적이다. 이는 노력할 가치가 있으며, 나는 특히 이 버터 브레드를 살짝 토스트한 것을 좋아한다. 아름다울 정도로 얇고 바삭하며, 버터 맛이 가득하고, 섬세한 식감의 토스트이다. 토스트할 때 밀려오는 향의 파도는 뜨겁고, 눅진하며, 열정적이다. 잼이나 햄과 함께 먹어도 좋고, 샌드위치를 만들어도 완벽하다.

버터 브레드는 덮개 있는 로프팬에 굽는 것이 좋다. 반죽이 덮개보다 0.6㎝ 정도 아래까지 부풀어 오르거나 덮개에 닿을 정도로 부풀어 올랐을 때, 220℃(425℉) 오븐에 넣고 50분 정도 굽는다.

레시피 » 약 907g(2파운드) 로프팬 브레드 1덩어리

1차발효	**스케줄 예시**
21℃(70℉) 실온에서 약 2시간	오전 9:30 시작
+ 냉장고에서 1시간	↓
	오전 10:00 믹싱 완료
2차발효	↓
21℃(70℉) 실온에서 약 1시간 15분	오후 12:00 반죽을 냉장고에 넣기
	↓
오븐에 굽기	오후 1:00 성형
230℃(450℉)에서 45분 예열	↓
220℃(425℉)에서 약 50분 굽기	오후 2:15 오븐에 굽기

재료	분량	베이커 %
제빵용 흰 밀가루*	400g (2¾컵 + 2ts)	80%
통밀가루	100g (½컵 + 3TB + 1¼ts)	20%
물, 32~35℃ (90~95℉)*	370g (1½컵 + 2ts)	74%
고운 바닷소금	11g (2¼ts)	2.2%
인스턴트 드라이 이스트	3g (1ts)	0.6%
르뱅 (옵션)	100g (½컵)	밀가루 총량의 9% (사용할 경우)
버터 조각 (차가운)	100g (¼컵 + 3TB + ¾ts)	20%

* 제빵용 흰 밀가루만으로 버터 브레드를 만들 경우에는, 500g(3½컵 + 1TB + ½ts)으로 밀가루 양을 늘리고, 물의 양은 360g(1½컵)으로 줄인다.

1a 오토리즈

32~35℃(90~95℉)의 물 370g을 6ℓ 용량의 원형 반죽통 또는 그와 비슷한 크기의 통에 넣는다. 르뱅을 사용하는 경우, 냉장보관한 르뱅 100g을 추가한다. 르뱅의 무게는 물이 들어 있는 반죽통과 함께 측정할 수 있다. 손가락으로 저어서 발효종을 조금 풀어준다. 제빵용 흰 밀가루 400g, 통밀가루 100g을 넣는다. 손으로 모든 재료를 잘 섞는다.

오토리즈 반죽 위에 고운 바닷소금 11g을 골고루 뿌린다. 그 위에 인스턴트 드라이 이스트 3g을 뿌린다. 소금과 이스트가 조금 녹을 때까지 그대로 둔다.

뚜껑을 덮고 15~20분 휴지시킨다.

1b 버터 조각으로 자르기

냉장고에서 바로 꺼낸 차가운 버터 100g을 준비한다. 저울 위에 버터를 놓을 빈 용기나 키친타월, 또는 종이 포일을 올리고, 저울의 영점을 맞춘다. 버터를 용기에 넣거나 키친타월, 종이포일 위에 올려서 무게를 측정한다.

스크레이퍼 또는 일반 주방 칼을 이용하여 버터를 포도알 크기로 잘라서 12조각을 만든다. 조각낸 버터에 제빵용 흰 밀가루 20g(2TB + 1ts)을 넣고 살짝 섞어서 얇게 코팅하고, 남은 밀가루는 버린다. 반죽을 믹싱하는 동안 버터를 실온에 둔다.

2a 믹싱

반죽이 달라붙지 않도록 손에 물을 적신 다음, 반죽을 섞는다. 반죽 아래로 손을 집어넣어 반죽의 ¼을 잡는다. 잡은 부분을 부드럽게 잡아당겨 늘린 다음, 반죽 위로 접어 올린다. 소금과 이스트가 완전히 덮일 때까지, 반죽의 방향을 돌리면서 이 과정을 3번 더 반복한다.

집게손 자르기로 모든 재료를 완전히 섞는다. 반죽 전체를 집게손 자르기로 5~6번 자르듯이 눌러준 다음, 2~3번 정도 접는다. 모든 재료가 다 섞일 때까지 집게손 자르기와 접기를 번갈아 반복한다. 2~3분 반죽을 휴지시킨 다음, 다시 30초 정도 접어서 반죽에 탄력이 생기게 만든다. 믹싱시간은 총 5분이다. 믹싱을 끝낸 반죽의 최종온도는 약 24℃(75℉)이다.

2b 버터 섞기

도우 후크를 끼운 스탠드 믹서를 이용하여 믹싱을 마무리한다. 손을 물에 적시고 반죽을 주먹으로 두드려 평평하게 만든 뒤, 믹싱볼에 반죽을 넣는다. 준비한 버터 조각을 반죽 위에 올리고 저속으로 2분 정도 믹싱한 뒤, 중속으로 올려서 모든 버터가 반죽에 완전히 섞일 때까지 5분 정도 믹싱한다. 지나치게 고속으로 믹싱하지 않는다. 버터가 반죽에 섞일 정도의 속도면 된다. 내가 사용하는 키친에이드 믹서는 속도가 6단계까지 있는데, 4단계로 버터와 반죽을 섞으면 적당하다. 버터 덩어리가 보이지 않을 때까지 믹서를 돌린다. 반죽을 믹싱볼에서 꺼냈을 때 미처 보지 못했던 작은 버터 덩어리를 몇 조각 발견하더라도 걱정할 필요 없다. 반죽의 온도는 그대로 24℃(75℉)를 유지해야 한다. 빠른 속도로 믹싱해서 발생한 열은, 차가운 버터에 의해 상쇄된다.

믹서에서 반죽을 꺼내 덧가루를 적당히 뿌려 놓은 작업대로 옮긴다. 살짝 탱탱해질 정도로 접은 뒤, 1차발효를 위해 반죽통에 다시 넣는다.

3 접기와 1차발효

이 레시피의 반죽은 1번만 접는다(p.47 참조). 버터를 섞은 반죽을 반죽통으로 옮긴 다음, 1시간 안에 접는다.

반죽에 버터를 섞고 2시간 정도 지나면, 반죽이 처음보다 2.5~3배 정도 부풀어 오른다. 다른 반죽보다 빨리 부풀어 오르기 때문에, 반죽통에 들어 있는 채로 1시간 정도 반죽을 냉장고에 넣어둔다. 6ℓ 반죽통을 사용하는 경우, 반죽 가장자리가 2쿼트(1.9ℓ) 눈금까지 부풀어 오르는 것이 가장 좋다. 반죽 가운데 부분이 봉긋하게 올라와 있어야 한다. 평평하거나 꺼져 있으면 안 된다. 다만, 다음 단계에서 반죽이 로프팬에서 조금 더 부풀어 오르도록, 반죽통에서는 2쿼트(1.9ℓ) 눈금 위까지 부풀어 오르지 않는 것이 가장 좋다. 눈금이 없는 반죽통을 사용하면 불어난 부피를 어림짐작해야 한다. 최선의 판단을 내려보자.

4 반죽통에서 반죽 꺼내기

작업대에 약 30㎝ 너비로 덧가루를 적당히 뿌린다. 손에 덧가루를 묻히고 반죽통 가장자리에도 덧가루를 조금 뿌린다. 반죽통을 살짝 기울여서 반죽 아래로 덧가루가 묻은 손을 넣고, 반죽통 바닥으로부터 반죽을 부드럽게 떼어낸다. 반죽을 잡아당기거나 찢지 않고, 반죽통을 돌리면서 분리하여 작업대로 옮긴다.

코팅된 논스틱 로프팬을 사용하더라도, 쿠킹 스프레이를 살짝 뿌리는 것이 좋다. 여러 번 사용한 코팅팬은 반죽이 달라붙기도 한다.

5 성형

덧가루를 묻힌 손으로 작업대에 놓인 반죽을 들었다 놓았다 하면서, 전체적으로 반죽 두께가 일정한 직사각형으로 만든다. 이 늘어지는 반죽을 늘리고 접어서, 로프팬 너비에 맞춘다.
p.49~50의 반죽 성형 방법에 따라, 양손에 덧가루를 묻히

고 반죽을 동시에 좌우로 충분히 잡아당겨서 처음의 2~3배 길이로 팽팽하게 늘린다(손을 양방향으로 동시에 벌려서 반죽을 늘린다). 그런 다음 늘린 반죽을 '봉투(Packet)'를 접듯이 가운데로 겹치게 포개서, 로프팬 너비에 맞게 네모난 모양을 만든다. 버터 브레드 반죽은 다른 반죽에 비해 조금 더 매끄럽고 잘 늘어난다.

반죽 위에 묻어 있는 덧가루를 털어내고, 반죽을 앞에서 뒤로, 또는 뒤에서 앞으로 말아서 로프팬 너비로 둥글게만 긴 반죽을 만든다. 반죽의 이음매가 위로 오게 로프팬에 넣는다. 보통은 이음매가 눈에 보이는데, 반죽을 말아서 성형하는 롤업 방식(반죽 끝부분을 둥글게 만 반죽에 붙여서 안쪽을 감싸는 성형기법)의 특징 중 하나이다.

6 2차발효

로프팬에 넣은 반죽의 윗면 전체에 손으로 얇게 물을 바른다. 구멍이 뚫리지 않은 비닐봉투에 로프팬을 넣는데, 이때 비닐을 반죽 윗부분에 딱 맞게 당기면 안 된다. 부풀어 오르는 반죽을 위해 위쪽에 5~7㎝ 정도의 공간을 남겨두고, 비닐봉투 입구를 로프팬 밑으로 밀어넣는다. 밀봉할 필요는 없다. 로프팬을 비닐봉투에 넣는 이유는, 2차발효 시간 동안 반죽이 마르지 않게 하기 위해서다.

21.6 × 11.4 × 7㎝(8½ × 4½ × 2¾인치) 크기의 로프팬은 반죽이 팬 높이보다 지나치게 높이 부풀어 오르면 로프팬 밖으로 쓰러지기 때문에, 팬 테두리보다 조금만 더 올라오도록 반죽을 발효시킨다. 큰 로프팬을 사용하면 테두리 높이까지 부풀어 오르지 않는다. p.56의 사진으로 완벽하게 2차발효를 마친 반죽 상태를 확인할 수 있다.

약 21℃(70℉)에서 발효시킨다는 가정 아래, 성형이 끝난 반죽은 1시간 정도 후에 굽는다. 주방이 따뜻하면 2차발효는 더 빨리 끝난다.

7 오븐 예열

로프팬 브레드를 굽기 약 45분 전에 오븐의 중간 단에 선반을 얹고, 오븐을 230℃(450℉)로 예열한다.

8 굽기

비닐봉투에서 로프팬을 꺼내 오븐 선반 가운데에 올린다. 오븐온도를 220℃(425℉)로 낮춘다. 30분 후, 빵이 고르게 구워지는지 확인하고(고르게 구워지지 않는다면 로프팬의 방향을 돌려준다), 20분 더 굽는다. 이 레시피의 반죽은 전통적인 로프팬 반죽보다 수분율이 높기 때문에 생각보다 오래 구워야 한다. 충분히 구워야 빵이 속까지 완전히 익고, 옆면도 충분히 익어서 짙은 색이 나며, 식힐 때 빵이 꺼지지 않는다.

50분 후, 빵의 윗면은 아름다운 금빛 갈색을 띤다.

오븐장갑을 끼거나 두꺼운 마른행주를 사용하여 오븐에서 로프팬을 조심스럽게 꺼내고, 로프팬을 기울여 완성된 빵을 꺼낸다. 로프팬을 작업대에 세게 두드려도 빵이 떨어지지 않으면, 두툼하게 접은 마른행주를 사용하여 한 손으로 로프팬을 꽉 잡고, 다른 손으로 빵을 떼어낸다(다음에는 로프팬에 쿠킹 스프레이를 더 많이 뿌린다). 완성된 빵은 공기가 잘 통하도록 식힘망 위에 올려서, 30분 정도 식힌 뒤 슬라이스한다.

BLACK BREAD
블랙 브레드

덮개 있는 로프팬
덮개 없는 로프팬
더치오븐

검은색보다는 보라색에 가까운 이 빵의 색깔은 매우 인상적이다. 보라색은 흑미가루를 넣었기 때문이다. 그 밖에도 흑맥주와 통호밀가루 또는 다크 라이 가루를 넣어 색깔이 진하다. 흑맥주는 기네스 스타우트(Guinness Stout)를 주로 넣는데, 포터 맥주나 다른 종류의 스타우트, 또는 다크 에일을 사용해도 좋다.

이 빵은 프레시 치즈, 소시지, 채소 피클, 절인 생선, 달걀 샐러드와 잘 어울린다. 카나 페를 만들기에 제격인 빵이다. 고트 치즈를 바르거나, 삶은 달걀을 슬라이스해서 마요 네즈와 함께 올리거나, 버터와 햄이 들어간 미니 샌드위치도 만들 수 있다. 나는 이 빵으로 만든 작은 크루통을 샐러드에 넣는 것도 좋아한다.

이런 종류의 어두운 색 빵은 완전히 검은색은 아니지만, 독일의 '슈바르츠브로트(Schwarzbrot)'처럼 오랫동안 '블랙 브레드'라고 불려왔으며, 대부분 호밀로 만들었다. '펌퍼니클(Pumpernickel)'이 가장 좋은 예이다. 진짜 펌퍼니클은 덮개 있는 로프팬에 반죽을 넣고 낮은 온도에서 오랜 시간 구워 짙은 색을 띤다. 마이야르 반응(Maillard Reaction)에 의해 빵의 겉면이 짙은 색으로 변할 뿐 아니라, 속까지 전체가 짙은 색을 띤다. 로프팬의 덮개는 이 모든 일이 일어나는 동안 빵을 촉촉하게 유지시켜주며, 100% 호밀로 만드는 경우에는 매우 밀도가 높고 어두운 색을 띤 빵이 완성된다. 그러나 요즘의 블랙 브레드는 오래 구워서 색을 내지 않고, 대부분 색이 짙은 당밀, 코코아가루, 커피(또는 인스턴트 커피가루), 심지어 숯가루까지(이 방법은 사용하지 않는 것이 좋다) 추가 재료를 넣어 어두운 색을 낸다.

이 레시피는 덮개 있는 로프팬에 굽는 것이 좋다. 레시피에도 덮개 있는 로프팬을 사용하도록 표시하였다. 모서리의 각이 살아 있는 빵을 구울 수 있다. 내가 사용하는 덮개 있는 로프팬을 알고 싶다면, p.34를 참조하기 바란다. 덮개 있는 로프팬이 없다면, 다른 레시피에서 사용하는 덮개 없는 로프팬에 빵을 구워도 좋다.

이 레시피에는 황설탕이 어느 정도 들어가지만, 완성된 빵은 전혀 달지 않다. 황설탕의 단맛은 흑미가루와 스타우트 맥주의 자연스러운 쓴맛으로 상쇄된다.

흑미가루는 온라인에서 주문할 수 있다.

레시피 » 약 1.25kg(2¾파운드) 로프팬 브레드 1덩어리

1차발효
21℃(70℉) 실온에서 약 3시간 30분
따뜻하면 더 빠르게, 추우면 더 천천히 발효

2차발효
21℃(70℉) 실온에서 약 1시간 15분

오븐에 굽기
230℃(450℉)에서 45분 예열
220℃(425℉)에서 30분 굽기
190℃(375℉)에서 30분 굽기

스케줄 예시
오후 12:30 시작
↓
오후 1:00 믹싱 완료
↓
오후 4:30 성형
↓
오후 5:45 오븐에 굽기
↓
하룻밤 또는 최소한 1시간 식히기

재료	분량	베이커 %
제빵용 흰 밀가루*	250g (1¾컵 + 1¾ts)	50%
통호밀가루 또는 다크 라이 가루*	150g (1컵 + 2TB + 1½ts)	30%
통밀가루*	100g (½컵 + 3TB + 1¼ts)	20%
흑미가루*	100g (⅔컵)	20%
기네스 스타우트, 32~35℃ (90~95℉)	250g (1컵 + 2ts)	50%
물, 32~35℃ (90~95℉)	250g (1컵 + 2ts)	50%
황설탕	15g (1TB + ½ts)	3%
고운 바닷소금	13g (2½ts)	2.6%
인스턴트 드라이 이스트	3g (1ts)	0.6%
르뱅 (옵션)	100g (½컵)	밀가루 총량의 9% (사용할 경우)

* 베이커 %는 3종류의 밀가루를 합한 무게를 100%로 보고 계산하였다. 흑미가루는 밀가루에 포함하지 않으며, 제빵용 흰 밀가루와 호밀가루, 통밀가루만 밀가루에 포함한다. 다른 재료의 베이커 %는 이 3종류의 밀가루를 합한 무게를 기준으로 계산하였다.

1 오토리즈

제빵용 흰 밀가루 250g, 호밀가루 150g, 통밀가루 100g, 흑미가루 100g을 계량하여 용기에 넣고 손으로 잘 섞는다. 작은 소스팬에 기네스 스타우트 250g을 32~35℃ (90~95℉)가 될 때까지 데워서, 6ℓ 용량의 원형 반죽통 또는 그와 비슷한 크기의 통에, 32~35℃(90~95℉)의 물 250g과 함께 넣는다. 스타우트는 빨리 데워지므로 데우는 동안 자리를 비우면 안 된다. 르뱅을 사용하는 경우, 냉장 보관한 르뱅 100g을 추가한다. 르뱅의 무게는 물과 스타우트가 들어 있는 반죽통과 함께 측정할 수 있다. 손가락으로 저어서 발효종을 조금 풀어준다. 섞어 놓은 밀가루를 넣는다. 손으로 모든 재료를 잘 섞는다. 끈적하지만 잘 뭉쳐지는 반죽이 된다.

오토리즈 반죽 위에 고운 바닷소금 14g과 황설탕 15g을 골고루 뿌린다. 그 위에 인스턴트 드라이 이스트 3g도 뿌린다. 소금과 이스트가 조금 녹을 때까지 그대로 둔다.

뚜껑을 덮고 15~20분 휴지시킨다.

2 믹싱

반죽이 달라붙지 않도록 손에 물을 적신 다음, 반죽을 섞는다. 반죽 아래로 손을 집어넣어 반죽의 ¼을 잡는다. 잡은 부분을 부드럽게 잡아당겨 늘린 다음, 반죽 위로 접어 올린다. 소금과 이스트가 완전히 덮일 때까지, 반죽의 방향을 돌리면서 이 과정을 3번 더 반복한다(호밀가루를 넣은 반죽은 일반 밀가루만으로 만든 반죽에 비해 잘 늘어나지 않는다).

집게손 자르기로 모든 재료를 완전히 섞는다. 반죽 전체를 집게손 자르기로 5~6번 자르듯이 눌러준 다음, 2~3번 정도 접는다. 모든 재료가 다 섞일 때까지 집게손 자르기와 접기를 번갈아 반복한다. 2~3분 정도 반죽을 휴지시킨 다음, 다시 30초 정도 접어서 반죽에 탄력이 생기게 만든다. 믹싱시간은 총 5분이다. 믹싱을 끝낸 반죽의 최종온도는 약 25~26℃(77~78℉)이다. 뚜껑을 덮고, 다음 접기를 할 때까지 반죽을 발효시킨다.

3 접기와 1차발효

이 레시피의 반죽은 2번 접어야 한다(p.47 참조). 반죽을 믹싱한 다음, 1시간 안에 반죽을 접는 것이 가장 좋다. 믹싱을 마치고 10분 후에 1번 접고, 반죽이 느슨해지면서 반죽통 바닥에 넓게 퍼지면 1번 더 접는다. 2번째 접기는 시간이 좀 더 지난 뒤에 접어도 괜찮다. 단, 1차발효가 끝나기 1시간 전부터는 접기를 하지 않는다.

반죽을 믹싱하고 3시간 30분 정도 지나 반죽이 처음보다 2.5배 정도 부풀면, 반죽을 성형하여 로프팬에 넣어야 한다. 6ℓ 반죽통을 사용하는 경우, 반죽 가장자리가 2쿼트 (1.9ℓ) 눈금까지 부풀어 오르는 것이 가장 좋다. 반죽 가운데 부분이 봉긋하게 올라와 있어야 한다. 평평하거나 꺼져 있으면 안 된다. 눈금이 없는 반죽통을 사용하면 불어난 부피를 어림짐작해야 한다. 최선의 판단을 내려보자.

4 반죽통에서 반죽 꺼내기

작업대에 약 30㎝ 너비로 덧가루를 적당히 뿌린다. 손에 덧가루를 묻히고 반죽통 가장자리에도 덧가루를 조금 뿌린다. 반죽통을 살짝 기울여서 반죽 아래로 덧가루가 묻은 손을 넣고, 반죽통 바닥으로부터 반죽을 부드럽게 떼어낸다. 반죽을 잡아당기거나 찢지 않고, 반죽통을 돌리면서 분리하여 작업대로 옮긴다.

코팅된 논스틱 로프팬을 사용하더라도, 쿠킹 스프레이를 살짝 뿌리는 것이 좋다. 여러 번 사용한 코팅팬은 반죽이 달라붙기도 한다.

5 성형

덧가루를 묻힌 손으로 작업대에 놓인 반죽을 들었다 놓았다 하면서, 전체적으로 반죽 두께가 일정한 직사각형으로 만든다. 이 늘어지는 반죽을 늘리고 접어서, 로프팬 너비에 맞춘다.

p.49~50의 반죽 성형 방법에 따라, 양손에 덧가루를 묻히고 반죽을 동시에 좌우로 충분히 잡아당겨서 처음의 2~3배 길이로 탱탱하게 늘린다(손을 양방향으로 동시에 벌려서 반죽을 늘린다). 그런 다음 늘린 반죽을 '봉투(Packet)'를 접듯이 가운데로 겹치게 포개서 로프팬 너비에 맞게 네모난 모양을 만든다.

반죽 위에 묻어 있는 덧가루를 털어내고, 반죽을 앞에서 뒤로, 또는 뒤에서 앞으로 말아서 로프팬 너비로 둥글게 만 긴 반죽을 만든다. 반죽의 이음매가 위나 아래로 오게 로프팬에 넣는다. 이음매가 어느 쪽으로 와도 관계없다.

6 2차발효

로프팬에 덮개를 덮고 따뜻한 곳에서 반죽을 발효시킨다. 덮개 있는 로프팬에 굽는 것을 추천한다. 반죽이 덮개보다 0.6㎝ 정도 아래까지 부풀어 오르면 굽는다. 만약 반죽이 덮개에 닿을 정도로 부풀어 올랐어도 그대로 오븐에 구우면 된다.

약 21℃(70℉)에서 발효시킨다는 가정 아래, 성형이 끝난 반죽은 1시간 15분 정도 후에 굽는다. 주방이 따뜻하면 2차발효는 더 빨리 끝난다.

7 오븐 예열

로프팬 브레드를 굽기 약 45분 전에 오븐의 중간 단에 선반을 얹고, 오븐을 230℃(450℉)로 예열한다.

8 굽기

로프팬을 오븐 선반 가운데에 올린다. 오븐온도를 220℃(425℉)로 낮추고 30분 동안 굽는다. 그런 다음 오븐온도를 190℃(375℉)로 낮추고 30분 더 굽는다.

오븐장갑을 끼거나 두꺼운 마른행주를 사용하여 오븐에서 로프팬을 조심스럽게 꺼낸다. 덮개를 벗긴 뒤 로프팬을 기울여 완성된 빵을 꺼낸다. 공기가 잘 통하도록 식힘망 위에 올려서, 적어도 30분 이상 식힌 뒤 슬라이스한다. 이 빵은 하룻밤 정도 식히는 것이 더 좋다.

CORN (FLOUR) BREAD
콘 브레드

덮개 없는 로프팬
더치오븐

인터넷에서 '콘 브레드'를 검색해보면 옥수수나 옥수숫가루(또는 둘 다)가 들어간, 이스트를 넣고 만든 밀가루 빵은 나오지 않는다. 이 레시피는 아마도 집에서 어머니가 만들어주시던 그 콘 브레드는 아니겠지만, 분명 맛있는 콘 브레드 레시피이다.

처음 이 레시피를 시도했을 때는 갖고 있던 질 좋은 콘밀(Cornmeal, 거칠게 간 옥수숫가루)을 사용했다. 그러나 콘밀은 물을 충분히 흡수하지 못해서, 빵의 식감이 거칠어진다는 문제가 있었다. 시중에서 유통되는 훌륭한 품질의 에어룸 콘밀로도 맛있는 빵을 만들지 못한다는 것이 안타까웠다. 콘밀을 밤새 물에 불리거나 미리 익혀서 사용하면 부드러워져서 괜찮은 빵을 만들 수도 있겠지만, 나는 접근방식을 달리해서 콘밀을 곱게 간 옥수숫가루를 사용해보기로 했다. 미국에서는 고운 옥수숫가루를 찾기 어렵지만 판매하는 곳도 있다. 색과 풍미가 좋은, 노란색 또는 붉은색 옥수숫가루를 사용하는 것이 좋다. 만약 집에 가정용 제분기 또는 바이타믹스(Vitamix) 같은 강력한 믹서기가 있다면, 문제는 더욱 간단하다. 좋아하는 콘밀을 갈아서 고운 옥수숫가루로 만들면 된다.

이 레시피에 나오는 옥수수로 만든 여러 가지 재료들을 모두 갖추기도 힘들고, 재료를 준비할 시간이 부족할 수도 있기 때문에, 2가지 버전의 레시피를 만들었다. 심플하게 고운 옥수숫가루만 사용하는 기본 버전과(이 버전도 맛있다), 생옥수수 알갱이, 옥수수즙, 옥수수 속대를 끓인 물, 옥수수 껍질을 구워서 간 것까지(이 재료들을 준비하는 방법은 p.128 참조) 사용하는 버전이다. 옥수수가 제철을 맞는 여름에, 특별한 자리를 위해 모든 재료를 다 넣은 콘 브레드를 만드는 일은 즐겁고, 공을 들인 만큼 보람도 크다. 이 빵은 토핑으로 콘플레이크를 사용하는데, 사실 이 방법은 실용적이지 않다. 콘플레이크는 반죽이 부풀어 오를 때나 오븐에 구울 때 떨어지는 경우가 많기 때문이다. 하지만 콘플레이크 토핑이 있는 빵은 매우 보기 좋아서, 레시피에 설명을 넣었다. 빵을 자를 때 그나마 남아 있던 콘플레이크도 떨어지기 때문에, 실망할 수도 있다. 그럼에도 불구하고, 콘플레이크가 붙어 있는 콘 브레드는 역시 멋지다.

슬라이스한 콘 브레드를 그릴에 굽거나 토스트해서 버터를 바른 뒤, 좋은 햄이나 프로슈토, 달걀 프라이, 구운 복숭아 슬라이스에 꿀을 뿌린 것 등을 올리면 멋진 오픈 샌드위치가 된다. 또는 구운 닭고기살에 레몬 그레이비 소스를 뿌려서 올려도 좋다. 잼을 바른 토스트는 기본적으로 훌륭하다. 콘 브레드에 버터만 발라도 환상적인 맛이다.

레시피 » 약 907g(2파운드) 로프팬 브레드 1덩어리

1차발효

21℃(70℉) 실온에서 2시간 30분~3시간 30분
따뜻하면 더 빠르게, 추우면 더 천천히 발효되고,
물 대신 옥수수즙이나 옥수수 속대 끓인 물을
사용하면 더 빨리 발효된다.

2차발효

21℃(70℉) 실온에서 약 1시간

오븐에 굽기

230℃(450℉)에서 45분 예열
220℃(425℉)에서 약 50분 굽기

스케줄 예시

오전 9:30 시작
↓
오전 10:00 믹싱 완료
↓
오후 1:00 성형
↓
오후 2:00 오븐에 굽기

재료	분량	베이커 %
제빵용 흰 밀가루*	400g (2¾컵 + 2ts)	100%
고운 옥수숫가루*	175g (1½컵 + 1ts)	44%
물, 27℃ (80℉)**	425g (1¾컵 + 1ts)	106%
생옥수수 알갱이 (옵션)	175g (1컵)	44%
옥수수 껍질을 구워서 간 것 (옵션)	5g (¼컵)	1.25%
고운 바닷소금	14g (2¾ts)	3.5%
인스턴트 드라이 이스트	2g (½ts)	0.5%
르뱅 (옵션)	100g (½컵)	밀가루 총량의 12.5% (사용할 경우)
콘플레이크 (달지 않은)***	50g (1⅔컵)	

* 베이커 %는 제빵용 흰 밀가루의 무게를 100%로 보고 계산하였다. 고운 옥수숫가루는 밀가루에 포함하지 않았다. 다른 재료의 베이커 %는 제빵용 흰 밀가루의 무게를 기준으로 계산한 것이다.

** 또는 물, 옥수수즙, 옥수수 속대 끓인 물을 섞어서 사용한다.

*** 달지 않은 콘플레이크를 사용해야 오븐에서 타지 않는다. 설탕이 첨가된 콘플레이크는 문제가 생길 수 있다.

1 오토리즈

27℃(80℉)의 물 425g(또는 물, 옥수수즙, 옥수수 속대 끓인 물을 섞은 것)을 6ℓ 반죽통 또는 그와 비슷한 크기의 통에 넣는다. 르뱅을 사용하는 경우, 냉장보관한 르뱅 100g을 추가한다. 르뱅의 무게는 물이 들어 있는 반죽통과 함께 측정할 수 있다. 손가락으로 저어서 발효종을 조금 풀어 준다. 제빵용 흰 밀가루 400g, 고운 옥수숫가루 175g을 넣는다. 생옥수수 알갱이와 옥수수 껍질을 구워서 간 것도 넣는다(사용할 경우). 손으로 모든 재료를 잘 섞는다.

오토리즈 반죽 위에 고운 바닷소금 14g을 골고루 뿌린다. 그 위에 인스턴트 드라이 이스트 2g을 뿌린다. 소금과 이스트가 조금 녹을 때까지 그대로 둔다.

뚜껑을 덮고 15~20분 휴지시킨다.

2 믹싱

반죽이 달라붙지 않도록 손에 물을 적신 다음, 반죽을 섞는다. 반죽 아래로 손을 집어넣어 반죽의 ¼을 잡는다. 잡은 부분을 부드럽게 잡아당겨 늘린 다음, 반죽 위로 접어올린다. 소금과 이스트가 완전히 덮일 때까지, 반죽의 방향을 돌리면서 이 과정을 3번 더 반복한다.

집게손 자르기로 모든 재료를 완전히 섞는다. 반죽 전체를 집게손 자르기로 5~6번 자르듯이 눌러준 다음, 2~3번 정도 접는다. 모든 재료가 다 섞일 때까지 집게손 자르기와 접기를 번갈아 반복한다. 2~3분 반죽을 휴지시킨 다음, 다시 30초 정도 반죽을 접어서 탄력이 생기게 만든다. 믹싱시간은 총 5분이다. 믹싱을 끝낸 반죽의 최종온도는 약 23~24℃(73~75℉)이다. 뚜껑을 덮고, 다음 접기를 할 때까지 반죽을 발효시킨다.

3 접기와 1차발효

이 레시피의 반죽은 2번 접어야 한다(p.47 참조). 반죽을 믹싱한 뒤, 1시간 안에 반죽을 접는 것이 가장 좋다. 믹싱을 마치고 10분 후에 1번 접고, 반죽이 느슨해지면서 반죽통 바닥에 넓게 퍼지면 1번 더 접는다. 2번째 접기는 시간이 좀 더 지난 뒤에 접어도 괜찮다. 단, 1차발효가 끝나기 1시간 전부터는 접기를 하지 않는다(반죽에 옥수수즙과 옥수수 속대 끓인 물을 사용하면 더 빨리 부풀어 오른다. 옥수수의 당분이 반죽에 더해져, 이스트가 더 빠르게 활동한다).

반죽을 믹싱하고 2시간 30분~3시간 30분 정도 지난 뒤(옥수수즙이나 옥수수 속대 끓인 물을 사용하면 시간이 달라진다), 반죽이 처음보다 2.5~3배 정도 부풀면, 반죽을 성형하여 로프팬에 넣어야 한다. 6ℓ 반죽통을 사용하는 경우, 반죽 가장자리가 2쿼트(1.9ℓ) 눈금까지 부풀어 오르는 것이 가장 좋고, 가운데 부분이 봉긋하게 올라와 있어야 한다 평평하거나 꺼져 있으면 안 된다. 눈금이 없는 반죽통을 사용하면 불어난 부피를 어림짐작해야 한다. 최선의 판단을 내려보자.

4 반죽통에서 반죽 꺼내기

작업대에 약 30㎝ 너비로 덧가루를 적당히 뿌린다. 손에 덧가루를 묻히고 반죽통 가장자리에도 덧가루를 조금 뿌린다. 반죽통을 살짝 기울여서 반죽 아래로 덧가루가 묻은 손을 넣고, 반죽통 바닥으로부터 반죽을 부드럽게 떼어낸다. 반죽을 잡아당기거나 찢지 않고, 반죽통을 돌리면서 분리하여 작업대로 옮긴다.

코팅된 논스틱 로프팬을 사용하더라도, 쿠킹 스프레이를 살짝 뿌리는 것이 좋다. 여러 번 사용한 코팅팬은 반죽이 달라붙기도 한다.

5 성형

덧가루를 묻힌 손으로 작업대에 놓인 반죽을 들었다 놓았다 하면서, 전체적으로 반죽 두께가 일정한 직사각형으로 만든다. 이 늘어지는 반죽을 늘리고 접어서, 로프팬 너비에 맞춘다.

p.49~50의 반죽 성형 방법에 따라, 양손에 덧가루를 묻히고 반죽을 동시에 좌우로 충분히 잡아당겨서 처음의 2~3배 길이로 팽팽하게 늘린다(손을 양방향으로 동시에 벌려서 반죽을 늘린다). 그런 다음 늘린 반죽을 '봉투(Packet)'를 접듯이 가운데로 서로 겹치게 포개서, 로프팬 너비에 맞게 네모난 모양을 만든다.

반죽 위에 묻어 있는 덧가루를 털어내고, 반죽을 앞에서 뒤로, 또는 뒤에서 앞으로 말아서 로프팬 너비로 둥글게 만 긴 반죽을 만든다.

성형을 마친 반죽을 로프팬에 넣기 전에 팬 바닥에 콘플레이크를 얇게 깔아두면, 빵이 구워지면서 콘플레이크가 빵에 달라붙는다. 콘 브레드를 먹을 때 바닥에 콘플레이크가 붙어 있으면 바삭한 식감을 즐길 수 있다. 콘플레이크를 까는 것은 어디까지나 여러분의 선택이다.

반죽의 이음매가 위로 오게 로프팬에 넣는다. 보통은 이음매가 눈에 보이는데, 반죽을 말아서 성형하는 롤업 방식(반죽 끝부분을 둥글게 만 반죽에 붙여서 안쪽을 감싸는 성형기법)의 특징이다.

콘플레이크 토핑을 올리기 위해, 로프팬에 넣은 반죽 윗면 전체에 손으로 물을 얇게 바른다. 반죽이 덮일 정도로 콘플레이크를 뿌리고, 떨어지지 않도록 손으로 꼼꼼히 두드려서 붙여준다. 반죽이 부풀어 오르면서 이 콘플레이크 중 일부는 떨어질 것이다.

6 2차발효

구멍이 뚫리지 않은 비닐봉투에 로프팬을 넣는데, 이때 비닐을 반죽 윗부분에 딱 맞게 당기면 안 된다. 부풀어 오르는 반죽을 위해 위쪽에 5~7㎝ 정도의 공간을 남겨두고, 비닐봉투 입구를 로프팬 밑으로 밀어넣는다. 밀봉할 필요는 없다. 로프팬을 비닐봉투에 넣는 이유는, 2차발효 시간 동안 반죽이 마르지 않게 하기 위해서다.

21.6 × 11.4 × 7㎝(8½ × 4½ × 2¾인치) 크기의 로프팬은 반죽이 팬 높이보다 지나치게 높이 부풀어 오르면 로프팬 밖으로 쓰러지기 때문에, 팬 테두리보다 조금만 더 올라오도록 반죽을 발효시킨다. 큰 로프팬을 사용하면 테두리 높이까지 부풀어 오르지 않는다. p.56의 사진으로 완벽하게 2차발효를 마친 반죽 상태를 확인할 수 있다.

약 21℃(70℉)에서 발효시킨다는 가정 아래, 성형이 끝난 반죽은 1시간 정도 후에 굽는다. 주방이 따뜻하면 2차발효는 더 빨리 끝난다.

7 오븐 예열

로프팬 브레드를 굽기 약 45분 전에 오븐의 중간 단에 선반을 얹고, 오븐을 230℃(450℉)로 예열한다.

8 굽기

비닐봉투에서 로프팬을 꺼내 오븐 선반 가운데에 올린다. 오븐온도를 220℃(425℉)로 낮춘다. 반죽이 부풀어 오르면서 콘플레이크가 오븐 바닥에 떨어지지 않도록, 로프팬을 오븐팬 위에 올려서 넣는 것이 좋다. 그러나 오븐팬이 바닥에서 올라오는 열기를 막기 때문에(보통 오븐은 열이 바닥에서 올라온다), 반죽이 충분히 부풀어 오른 뒤에는 오븐팬을 꺼내는 것이 좋다. 굽기 시작하고 15분 정도 지나면 반죽이 충분히 부풀어 오른다. 이렇게 해야 빵의 바닥(콘플레이크를 포함한 바닥면)이 충분히 구워지고, 색도 충분히 난다.

30분 후, 빵이 고르게 구워지는지 확인하고(고르게 구워지지 않는다면 로프팬의 방향을 돌려준다), 20분 더 굽는다. 이 레시피의 반죽은 전통적인 로프팬 반죽보다 수분율이 높아서 생각보다 오래 구워야 한다. 충분히 구워야 빵이 속까지 완전히 익고, 옆면도 충분히 익어서 짙은 색이 나며, 식힐 때 빵이 꺼지지 않는다.

50분 후, 빵의 윗면은 어두운 금빛을 띤다. 옆면은 중간 정도의 금빛, 바닥은 조금 더 어두운 금빛을 띤다.

오븐장갑을 끼거나 두꺼운 마른행주를 사용하여 오븐에서 로프팬을 조심스럽게 꺼내고, 로프팬을 기울여 완성된 빵을 꺼낸다. 로프팬을 작업대에 세게 두드려도 빵이 떨어지지 않으면, 두툼하게 접은 마른행주를 사용하여 한 손으로 로프팬을 꽉 잡고, 다른 손으로 빵을 떼어낸다(다음에는 로프팬에 쿠킹 스프레이를 더 많이 뿌린다). 완성된 빵은 공기가 잘 통하도록 식힘망 위에 올려서, 적어도 30분 이상 식힌 뒤 슬라이스한다. 1시간 정도 식히면 더욱 좋다.

모든 재료를 다 넣은 콘 브레드

내가 〈트라이펙타(Trifecta)〉를 운영할 때, 옥수수 시즌을 맞이하여 옥수수 크로아상을 계획한 적이 있다. 옥수수의 모든 부위를 사용하고 싶었기 때문에, 생옥수수 알갱이를 넣고, 물 대신 옥수수물(주서기로 짜낸 옥수수즙과 남은 옥수수 속대에 물을 충분히 넣고 졸이듯이 끓인 물)로 반죽을 만들었다. 옥수수 껍질은 짙은 갈색이 될 때까지 오븐에 구운 뒤 커피 그라인더로 갈아서 반죽에 넣었다. 완성된 옥수수 크로아상은 반쪽에만 버번으로 만든 글레이즈를 뿌렸다. 버번은 옥수수니까 말이다. 여기서는 이렇게 모든 재료를 다 넣은 콘 브레드를 만들기 위해 필요한 각 재료의 준비 과정을 간단하게 정리하였다. 버번 글레이즈를 바르는 대신 콘 브레드와 함께 버번을 마시면 되니, 글레이즈에 대해서는 따로 설명하지 않았다.

오븐 중간 단에 선반을 올리고 260℃(500℉)로 예열한다.

옥수수에서 벗겨낸 껍질을 오븐팬이나 주물팬에 올린다. 팬을 오븐에 넣고 옥수수 껍질이 거의 탄 것처럼 짙은 갈색이 될 때까지 10~12분 정도 굽는다. 구운 옥수수 껍질을 꺼내서 식힌 다음, 푸드 프로세서나 커피 그라인더 또는 스파이스 그라인더에 들어갈 만큼 작게 자른다. 거친 모래알 크기 정도, 또는 그보다 조금 더 크게 간다. 옥수수 껍질 가루를 그라인더에서 꺼내 보관한다.

옥수수 3~4개에서 알갱이를 잘라낸다. 믹서에 넣고 곱게 간 뒤 체에 걸러서 옥수수즙만 받아 보관한다.

옥수수 알갱이를 잘라내고 남은 옥수수 속대를 반으로 잘라서 큰 냄비에 넣고, 옥수수 속대가 잠길 만큼 물을 충분히 붓는다. 물이 ½컵 정도로 줄어들 때까지 끓인다.

반죽에 사용하기 위해 옥수수즙과 옥수수 속대 끓인 물을 계량해서 425g(1¾컵 + 1ts)을 통에 담아둔다.

레시피에 따라 물 대신 준비해둔 옥수수물(옥수수즙 + 옥수수 속대 끓인 물)을 사용하고, 구운 옥수수 껍질 가루 5g(¼컵)을 오토리즈 단계의 반죽에 넣는다.

반죽이 부풀어 오르는 정도를 세심하게 관찰해야 한다. 옥수수 속대 끓인 물과 옥수수즙의 당분 때문에 반죽이 빨리 부풀어 오른다.

RAISIN-PECAN BREAD
건포도 피칸 브레드

덮개 없는 로프팬
덮개 있는 로프팬
더치오븐

〈켄즈 아티장 베이커리〉에서 매일 만드는 건포도 피칸 브레드를, 덮개 없는 로프팬으로 쉽게 구울 수 있도록 바꾸어 보았다. 켄즈 아티장 베이커리의 건포도 피칸 브레드는 이스트를 넣지 않고 르뱅만으로 발효시켜 만든, 완전한 르뱅 브레드이다. 400g의 반죽을 타원형으로 성형해서 십자모양 칼집을 낸 뒤, 스팀을 강하게 1번 넣고 높은 온도에서 칼집을 낸 뾰족한 부분이 검게 익도록 구워낸다. 여기서 소개하는 로프팬 버전의 레시피는 더치오븐에 구울 수도 있고, 밤새 저온발효시켜서 다음 날 아침에 구울 수도 있다. 자세한 설명은 p.156을 참조한다.

이 레시피에서 중요한 부분은 건포도를 얼그레이 홍차에 하룻밤 불려놓았다가 반죽에 넣는 것이다. 하룻밤이 힘들다면 최소한 2시간 정도는 불려야 한다. 건포도를 불린 홍찻물도 반죽에 넣어야 하니 버리면 안 된다.

이 빵은 토스트해서 가장 좋은 버터를 바르거나, 부드러운 프레시 치즈를 발라서 먹으면 좋다. 너무 복잡한 방법은 추천하지 않는다. 빵 자체가 이미 충분히 복잡하다. 이 빵은 샤퀴트리(육가공품)나 버터와 햄을 조합해도 잘 어울린다. 이 빵으로 타파스를 만들고 싶다면 슬라이스한 빵을 4등분한 뒤, 그 위에 스크램블드에그를 올리거나 심플한 일본식 계란말이(다마고야키)를 잘라서 올려보자. 이 빵은 원래 내가 오래전 포틀랜드의 〈페누이(Fenouil)〉 레스토랑에서 치즈 플레이트에 사용하기 위해 만든 것이다. 지금은 우리 베이커리에서 이 빵을 팔고 있다. 먹기 시작하면 멈추기 힘든 빵이다. 홍차를 곁들여서 맛있게 즐겨보자.

레시피 » 약 907g(2파운드) 로프팬 브레드 1덩어리

1차발효
21℃(70℉) 실온에서 3시간
따뜻하면 더 빠르게, 추우면 더 천천히 발효

2차발효
21℃(70℉) 실온에서 약 1시간

오븐에 굽기
230℃(450℉)에서 45분 예열
220℃(425℉)에서 약 50분 굽기

스케줄 예시
건포도를 반죽에 섞기 전에 얼그레이 홍차에 넣고
적어도 2시간, 가능하면 하룻밤 정도 불려준다.
↓
오전 9:30 시작
↓
오전 10:00 믹싱 완료
↓
오후 1:00 성형
↓
오후 2:00 오븐에 굽기

재료	분량	베이커 %
제빵용 흰 밀가루	375g (2⅔컵 + 1½ts)	75%
호밀가루	75g (½컵 +1TB + ¾ts)	15%
통밀가루	50g (⅓컵 + 1¼ts)	10%
물, 32~35℃ (90~95℉) + 건포도 불린 찻물*	370g (1½컵 + 2ts)	74%
고운 바닷소금	12g (2½ts보다 조금 적게)	2.4%
인스턴트 드라이 이스트	3g (1ts)	0.6%
르뱅 (옵션)	100g (½컵)	밀가루 총량의 9% (사용할 경우)
건포도*	100g (½컵 + 3TB + 1¼ts)	20%
작게 자른 피칸	80g (½컵 + 2TB)	16%
얼그레이 홍차*	335g (1½컵)	

* 반죽하기 전날, 또는 적어도 2시간 전에 얼그레이 홍차 1½컵을 만들어서 건포도를 담가둔다. 반죽하기 전까지 실온에 두고 건포도를 불린 뒤, 체에 거른 건포도와 불린 찻물을 반죽에 사용한다. 찻물과 물을 185g씩 사용한다.

1 오토리즈

건포도를 불려두었던 얼그레이 홍차 185g과 32~35℃(90~95℉)의 물 185g을 함께 6ℓ 용량의 원형 반죽통 또는 그와 비슷한 크기의 통에 넣는다. 르뱅을 사용하는 경우, 냉장보관한 르뱅 100g을 추가한다. 르뱅의 무게는 물이 들어 있는 반죽통과 함께 측정할 수 있다. 손가락으로 저어서 발효종을 조금 풀어준다. 제빵용 흰 밀가루 375g, 호밀가루 75g, 통밀가루 50g을 넣는다. 얼그레이 홍차에 불린 건포도를 물기를 충분히 빼거나 꽉 짜서 물기를 제거한 다음, 오토리즈 반죽에 넣는다. 손으로 모든 재료를 잘 섞는다.

오토리즈 반죽 위에 고운 바닷소금 12g을 골고루 뿌린다. 그 위에 인스턴트 드라이 이스트 3g을 뿌린다. 소금과 이스트가 조금 녹을 때까지 그대로 둔다.

뚜껑을 덮고 15~20분 휴지시킨다. 필요할 때 바로 사용할 수 있도록, 작게 자른 피칸 80g을 준비한다.

2 믹싱

반죽이 달라붙지 않도록 손에 물을 적신 다음, 반죽을 섞는다. 반죽 아래로 손을 집어넣어 반죽의 ¼을 잡는다. 잡은 부분을 부드럽게 잡아당겨 늘린 다음, 반죽 위로 접어 올린다. 소금과 이스트가 완전히 덮일 때까지, 반죽의 방향을 돌리면서 이 과정을 3번 더 반복한다(호밀가루를 넣은 반죽은 일반 밀가루로 만든 반죽에 비해 잘 늘어나지 않는다).

집게손 자르기로 모든 재료를 완전히 섞는다. 반죽 전체를 집게손 자르기로 5~6번 자르듯이 눌러준 다음, 2~3번 정도 접는다. 모든 재료가 다 섞일 때까지 집게손 자르기와 접기를 번갈아 반복한다. 피칸을 넣고 집게손 자르기와 접기로 반죽에 피칸을 어느 정도 골고루 섞어준다. 2~3분 반죽을 휴지시킨 다음, 다시 30초 정도 반죽을 접어서 탄력이 생기게 만든다. 믹싱시간은 총 5분이다. 믹싱을 끝낸 반죽의 최종온도는 약 23~24℃(73~75℉)이다. 뚜껑을 덮고, 다음 접기를 할 때까지 반죽을 발효시킨다.

3 접기와 1차발효

이 레시피의 반죽은 2번 접어야 한다(p.47 참조). 반죽을 믹싱한 다음, 1시간 안에 반죽을 접는 것이 가장 좋다. 믹싱을 마치고 10분 후에 1번 접고, 반죽이 느슨해지면서 반죽통 바닥에 넓게 퍼지면 1번 더 접는다. 2번째 접기는 시간이 좀 더 지난 뒤에 접어도 괜찮다. 단, 1차발효가 끝나기 1시간 전부터는 접기를 하지 않는다.

반죽을 믹싱하고 3시간 정도 지나 반죽이 처음보다 2.5~3배 정도 부풀면, 반죽을 성형하여 로프팬에 넣어야 한다. 6ℓ 반죽통을 사용하는 경우, 반죽 가장자리가 2쿼트(1.9ℓ) 눈금까지 부풀어 오르는 것이 가장 좋고, 가운데 부분이 봉긋하게 올라와 있어야 한다. 평평하거나 꺼져 있으면 안 된다. 다만, 다음 단계에서 반죽이 로프팬에서 조금 더 부풀어 오르도록, 반죽통에서는 2쿼트(1.9ℓ) 눈금 위까지 부풀어 오르지 않는 것이 가장 좋다. 눈금이 없는 반죽통을 사용하면 불어난 부피를 어림짐작해야 한다. 최선의 판단을 내려보자.

4 반죽통에서 반죽 꺼내기

작업대에 약 30㎝ 너비로 덧가루를 적당히 뿌린다. 손에 덧가루를 묻히고 반죽통 가장자리에도 덧가루를 조금 뿌린다. 반죽통을 살짝 기울여서 반죽 아래로 덧가루가 묻은 손을 넣고, 반죽통 바닥으로부터 반죽을 부드럽게 떼어낸다. 반죽을 잡아당기거나 찢지 않고, 반죽통을 돌리면서 분리하여 작업대로 옮긴다.

코팅된 논스틱 로프팬을 사용하더라도, 쿠킹 스프레이를 살짝 뿌리는 것이 좋다. 여러 번 사용한 코팅팬은 반죽이 달라붙기도 한다.

5 성형

덧가루를 묻힌 손으로 작업대에 놓인 반죽을 들었다 놓았다 하면서, 전체적으로 반죽 두께가 일정한 직사각형으로 만든다. 이 늘어지는 반죽을 늘리고 접어서, 로프팬 너비에 맞춘다.

p.49~50의 반죽 성형 방법에 따라, 양손에 덧가루를 묻히고 반죽을 동시에 좌우로 충분히 잡아당겨서 처음의 2~3배 길이로 팽팽하게 늘린다(손을 양방향으로 동시에 벌려서 반죽을 늘린다). 그런 다음 늘린 반죽을 '봉투(Packet)'를 접듯이 가운데로 겹치게 포개서, 로프팬 너비에 맞게 네모난 모양을 만든다.

반죽 위에 묻어 있는 덧가루를 털어내고, 반죽을 앞에서 뒤로, 또는 뒤에서 앞으로 말아 로프팬 너비로 둥글게 만긴 반죽을 만든다. 반죽의 이음매가 위로 오게 로프팬에 넣는다. 보통은 이음매가 눈에 보이는데, 반죽을 말아서 성형하는 롤업 방식(반죽 끝부분을 둥글게 만 반죽에 붙여서 안쪽을 감싸는 성형기법)의 특징이다.

6 2차발효

로프팬에 넣은 반죽의 윗면 전체에 손으로 얇게 물을 바른다. 구멍이 뚫리지 않은 비닐봉투에 로프팬을 넣는데, 이때 비닐을 반죽 윗부분에 딱 맞게 당기면 안 된다. 부풀어 오르는 반죽을 위해 위쪽에 5~7㎝ 정도의 공간을 남겨두고, 비닐봉투 입구를 로프팬 밑으로 밀어넣는다. 밀봉할 필요는 없다. 로프팬을 비닐봉투에 넣는 이유는, 2차발효 시간 동안 반죽이 마르지 않게 하기 위해서다.

21.6 × 11.4 × 7㎝(8½ × 4½ × 2¾인치) 크기의 로프팬은 반죽이 팬 높이보다 지나치게 높이 부풀어 오르면 로프팬 밖으로 쓰러지기 때문에, 팬 테두리보다 조금만 더 올라오도록 반죽을 발효시킨다. 큰 로프팬을 사용하면 테두리 높이까지 부풀어 오르지 않는다. p.56의 사진으로 완벽하게 2차발효를 마친 반죽 상태를 확인할 수 있다.

약 21℃(70℉)에서 발효시킨다는 가정 아래, 성형이 끝난 반죽은 1시간 정도 후에 굽는다. 주방이 따뜻하면 2차발효는 더 빨리 끝난다.

7 오븐 예열

로프팬 브레드를 굽기 약 45분 전에 오븐의 중간 단에 선반을 얹고, 오븐을 230℃(450℉)로 예열한다.

8 굽기

비닐봉투에서 로프팬을 꺼내 오븐 선반 가운데에 올린다. 오븐온도를 220℃(425℉)로 낮춘다. 30분 후, 빵이 고르게 구워지는지 확인하고(고르게 구워지지 않는다면 로프팬의 방향을 돌려준다), 20분 더 굽는다. 이 레시피의 반죽은 전통적인 로프팬 반죽보다 수분율이 높아서 생각보다 오래 구워야 한다. 충분히 구워야 빵이 속까지 완전히 익고, 옆면도 충분히 익어서 짙은 색이 나며, 식힐 때 빵이 꺼지지 않는다.

50분 후, 빵의 윗면은 어두운 갈색을 띤다(p.130 사진 참조). 옆면과 바닥은 윗면처럼 어두운 갈색을 띠지 않는다.

오븐장갑을 끼거나 두꺼운 마른행주를 사용하여 오븐에서 로프팬을 조심스럽게 꺼내고, 로프팬을 기울여 완성된 빵을 꺼낸다. 로프팬을 작업대에 세게 두드려도 빵이 떨어지지 않으면, 두툼하게 접은 마른행주를 사용하여 한 손으로 로프팬을 꽉 잡고, 다른 손으로 빵을 떼어낸다(다음에는 로프팬에 쿠킹 스프레이를 더 많이 뿌린다). 완성된 빵은 공기가 잘 통하도록 식힘망 위에 올려서, 적어도 30분 이상 식힌 뒤 슬라이스한다. 1시간 정도 식히면 더욱 좋다.

HAZELNUT BREAD
헤이즐넛 브레드

덮개 없는 로프팬
덮개 있는 로프팬
더치오븐

헤이즐넛을 오리건주에서는 필버트(Filberts)라고 부른다. 헤이즐넛 가루를 사용하는 이 레시피는, 견과류 가루를 사용하는 다른 많은 레시피들과 달리 반죽에 설탕이나 유제품을 넣지 않는다. 견과류 가루(바로 간 신선한 가루를 사용하는 것이 가장 좋다)는 지방이 많은 입자의 질감이 거친 밀가루와 비슷하다. 온라인에서 신선한 헤이즐넛 가루를 구매할 수도 있지만(가게에서 헤이즐넛 가루를 구매할 때는 포장날짜와 유통기한을 확인해야 한다), 통헤이즐넛을 구매하여 직접 가는 것이 더 편할 수도 있다. 헤이즐넛은 매우 부드럽기 때문에, 푸드 프로세서로 쉽게 갈 수 있다. 다만, 푸드프로세서로 지나치게 갈면 가루가 아니라 페이스트처럼 뭉칠 수 있기 때문에 주의해야 한다. 생헤이즐넛을 샀다면 먼저 살짝 구워서 사용한다. 구운 헤이즐넛을 거친 행주로 문질러서 갈색 껍질을 벗겨낸다. 이때 껍질을 완전히 벗길 필요는 없다. 우리 베이커리에서는 헤이즐넛 버터 쿠키, 헤이즐넛 타르트 등을 만들 때 사용하는 헤이즐넛과 헤이즐넛 가루를, 거의 20년 동안 오리건에 위치한 '프레디 가이(Freddy Guys)' 농장에서 구매하고 있다. 이 레시피는 기본빵(p.87) 레시피에 헤이즐넛 가루와 으깨거나 조각낸 헤이즐넛을 넣어서 만든다.

호두빵처럼 견과류를 넣은 빵은 보통 견과류를 통으로 넣거나 또는 조각내서 넣는다. 이 레시피에서는 헤이즐넛 조각과 헤이즐넛 가루를 함께 사용하여 헤이즐넛과 헤이즐넛에 함유된 지방의 풍미를 완벽하게 빵에 녹여냈다. 빵에 들어 있는 헤이즐넛을 씹을 때만 헤이즐넛의 고소한 맛을 느끼는 것이 아니라, 빵 전체에서 고소한 맛을 느낄 수 있다. 상당히 훌륭한 맛이 난다. 헤이즐넛 대신 아몬드 가루(아몬드 가루는 주로 제과 쪽에서 많이 사용하는데, 아몬드는 헤이즐넛에 비해 단단하기 때문에 갈기가 조금 어렵다)와 아몬드 조각을 사용해도 좋다. 헤이즐넛 대신 호두, 땅콩, 캐슈넛 등을 같은 비율로 대체해도 좋다.

헤이즐넛 브레드를 토스트해서 버터를 바르고, 반숙란이나 스크램블드에그, 브라운 슈거 베이크드 빈을 얹어서 오픈 샌드위치를 만들어보자. 간단한 그린 샐러드에 곁들일 크루통을 만들어도 좋다. 그리고 무엇보다 이 빵을 토스트해서 버터, 꿀, 블루치즈를 올려서 먹어보기 바란다. 얇게 자른 배와 고트 치즈를 넣은 샌드위치도 좋다.

이 빵을 굽는 동안 여러분의 집은 꿈속에서나 맡을 수 있을 것 같은 향긋한 냄새로 가득찰 것이다.

레시피 ≫ 약 907g(2파운드)의 로프팬 브레드 1덩어리

1차발효
21℃(70℉) 실온에서 3시간 ~ 3시간 30분
따뜻하면 더 빠르게, 추우면 더 천천히 발효

2차발효
21℃(70℉) 실온에서 약 1시간

오븐에 굽기
230℃(450℉)에서 45분 예열
220℃(425℉)에서 약 50분 굽기

스케줄 예시
오전 9:30 시작
↓
오전 10:00 믹싱 완료
↓
오후 1:30 성형
↓
오후 2:30 오븐에 굽기

재료	분량	베이커 %
제빵용 흰 밀가루	400g (2¾컵 + 2ts)	80%
통밀가루	100g (½컵 + 3TB + 1¼ts)	20%
물, 32~35℃ (90~95℉)	420g (1½컵 + 3TB + 2ts)	84%
고운 바닷소금	12g (2⅛ts보다 조금 적게)	2.4%
인스턴트 드라이 이스트	3g (1ts)	0.6%
르뱅 (옵션)	100g (½컵)	밀가루 총량의 9% (사용할 경우)
헤이즐넛 가루	75g (½컵 + 2TB)	15%
구운 헤이즐넛*	75g (½컵 + 2TB)	15%

* 구운 통헤이즐넛을 사서 조각낸다. p.139 1b 참조.

1a 오토리즈

32~35℃(90~95℉)의 물 420g을 6ℓ 용량의 원형 반죽통 또는 그와 비슷한 크기의 통에 넣는다. 르뱅을 사용하는 경우, 냉장보관한 르뱅 100g을 추가한다. 르뱅의 무게는 물이 들어 있는 반죽통과 함께 측정할 수 있다. 손가락으로 저어서 발효종을 조금 풀어준다. 제빵용 흰 밀가루 400g, 통밀가루 100g, 헤이즐넛 가루 75g을 넣는다. 손으로 모든 재료를 잘 섞는다.

오토리즈 반죽 위에 고운 바닷소금 12g을 골고루 뿌린다. 그 위에 인스턴트 드라이 이스트 3g을 뿌린다. 소금과 이스트가 조금 녹을 때까지 그대로 둔다.

뚜껑을 덮고 15~20분 휴지시킨다.

1b 헤이즐넛 조각내기

헤이즐넛은 부드러워서 구운 다음 쉽게 반으로 가르거나 작게 조각낼 수 있다. 1번에 1알씩 헤이즐넛을 딱딱한 곳에 놓고 손바닥으로 내리친다. 세게 내리칠수록 여러 조각으로 갈라지는데, 2조각 정도로 갈라지도록 살짝 내리친다. 이렇게 헤이즐넛을 조각내서 반죽에 넣을 수 있도록 준비해 놓는다.

2 믹싱

반죽이 달라붙지 않도록 손에 물을 적신 다음, 반죽을 섞는다. 반죽 아래로 손을 집어넣어 반죽의 ¼을 잡는다. 잡은 부분을 부드럽게 잡아당겨 늘린 다음, 반죽 위로 접어 올린다. 소금과 이스트가 완전히 덮일 때까지, 반죽의 방향을 돌리면서 이 과정을 3번 더 반복한다.

집게손 자르기로 모든 재료를 완전히 섞는다. 반죽 전체를 집게손 자르기로 5~6번 자르듯이 눌러준 다음, 2~3번 정도 접는다. 모든 재료가 다 섞일 때까지 집게손 자르기와 접기를 번갈아 반복한다. 조각낸 헤이즐넛 75g을 넣고, 집게손 자르기와 접기로 반죽에 헤이즐넛을 어느 정도 골고루 섞어준다. 2~3분 정도 반죽을 휴지시킨 다음, 다시 30초 정도 접어서 반죽에 탄력이 생기게 만든다. 믹싱시간은 총 5분이다. 믹싱을 끝낸 반죽의 최종온도는 약 24~26℃(75~78℉)이다. 뚜껑을 덮고, 다음 접기를 할 때까지 반죽을 발효시킨다.

3 접기와 1차발효

이 레시피의 반죽은 1번만 접으면 된다(p.47 참조). 반죽을 믹싱한 다음, 1시간 안에 반죽을 접는 것이 가장 좋다.

반죽을 믹싱하고 3시간 30분 정도 지나 반죽이 처음보다 2.5~3배 정도 부풀면, 반죽을 성형하여 로프팬에 넣어야 한다. 6ℓ 반죽통을 사용하는 경우, 반죽 가장자리가 2쿼트(1.9ℓ) 눈금까지 부풀어 오르는 것이 가장 좋다. 반죽 가운데 부분이 봉긋하게 올라와 있어야 하며, 평평하거나 꺼져 있으면 안 된다. 반죽이 2쿼트(1.9ℓ) 눈금보다 조금 위까지 부풀어 올라도 괜찮다. 다만, 다음 단계에서 반죽이 로프팬에서 조금 더 부풀어 오르도록, 반죽통에서는 2쿼트(1.9ℓ) 눈금보다 위까지 부풀어 오르지 않는 것이 가장 좋다. 반죽을 서늘한 곳에 두어서 부푸는 데 시간이 오래 걸려도, 반죽이 레시피에서 제시하는 부피까지 부풀어 오르도록 그대로 둔다. 눈금이 없는 반죽통을 사용하면 불어난 부피를 어림짐작해야 한다. 최선의 판단을 내려보자.

4 반죽통에서 반죽 꺼내기

작업대에 약 30cm 너비로 덧가루를 살짝 뿌린다. 손에 덧가루를 묻히고 반죽통 가장자리에도 덧가루를 조금 뿌려준다. 반죽통을 살짝 기울인 뒤 반죽 아래로 덧가루 묻힌 손을 넣어, 반죽통 바닥에서 반죽을 부드럽게 떼어낸다. 반죽을 잡아당기거나 찢지 않고, 반죽통을 돌리면서 반죽을 분리해 작업대로 옮긴다.

코팅된 논스틱 로프팬을 사용하더라도, 쿠킹 스프레이를 살짝 뿌리는 것이 좋다. 여러 번 사용한 코팅팬은 반죽이 달라붙기도 한다.

5 성형

덧가루를 묻힌 손으로 작업대에 놓인 반죽을 들었다 놓았다 하면서, 반죽을 전체적으로 두께가 일정한 직사각형으로 만든다. 이 늘어지는 반죽을 늘리고 접어서, 로프팬 너비에 맞춘다.

p.49~50의 반죽 성형 방법에 따라, 양손에 덧가루를 묻히고 반죽을 동시에 좌우로 충분히 잡아당겨서 처음의 2~3배 길이로 팽팽하게 늘린다(손을 양방향으로 동시에 벌려서 반죽을 늘린다). 그런 다음 늘린 반죽을 '봉투(Packet)'를 접듯이 가운데로 겹치게 포개서, 로프팬 너비에 맞게 네모난 모양을 만든다.

반죽 위에 묻어 있는 덧가루를 털어내고, 반죽을 앞에서 뒤로, 또는 뒤에서 앞으로 말아 로프팬 너비로 둥글게 만긴 반죽을 만든다. 반죽의 이음매가 위로 오게 로프팬에 넣는다. 보통은 이음매가 눈에 보이는데, 반죽을 말아서 성형하는 롤업 방식(반죽 끝부분을 둥글게 만 반죽에 붙여서 안쪽을 감싸는 성형기법)의 특징이다.

6 2차발효

로프팬에 넣은 반죽의 윗면 전체에 손으로 얇게 물을 바른다. 구멍이 뚫리지 않은 비닐봉투에 로프팬을 넣는데, 이때 비닐을 반죽 윗부분에 딱 맞게 당기면 안 된다. 부풀어 오르는 반죽을 위해 위쪽에 5~7cm 정도의 공간을 남겨두고, 비닐봉투 입구를 로프팬 밑으로 밀어넣는다. 밀봉할 필요는 없다. 로프팬을 비닐봉투에 넣는 이유는, 2차발효 시간 동안 반죽이 마르지 않게 하기 위해서다.

21.6 × 11.4 × 7cm(8½ × 4½ × 2¾인치) 크기의 로프팬은, 반죽이 팬 높이보다 지나치게 높이 부풀어 오르면 로프팬 밖으로 쓰러지기 때문에, 팬 테두리보다 조금만 더 올라오도록 반죽을 발효시킨다. 큰 로프팬을 사용하면 테두리 높이까지 부풀어 오르지 않는다. p.56의 사진으로 완벽하게 2차발효를 마친 반죽 상태를 확인할 수 있다.

약 21℃(70℉)에서 발효시킨다는 가정 아래, 성형이 끝난 반죽은 1시간 정도 후에 굽는다. 주방이 따뜻하면 2차발효는 더 빨리 끝난다.

7 오븐 예열

로프팬 브레드를 굽기 약 45분 전에 오븐의 중간 단에 선반을 얹고, 오븐을 230℃(450℉)로 예열한다.

8 굽기

비닐봉투에서 로프팬을 꺼내 오븐 선반 가운데에 올린다. 오븐온도를 220℃(425℉)로 낮춘다. 30분 후, 빵이 고르게 구워지는지 확인하고(고르게 구워지지 않는다면 로프팬의 방향을 돌려준다), 20분 더 굽는다. 이 레시피의 반죽은 전통적인 로프팬 반죽보다 수분율이 높아서 생각보다 오래 구워야 한다. 충분히 구워야 빵이 속까지 완전히 익고, 옆면도 충분히 익어서 짙은 색이 나며, 식힐 때 빵이 꺼지지 않는다.

50분 후, 빵의 윗면은 어두운 갈색을 띤다(p.136 사진 참조). 옆면과 바닥은 윗면처럼 어두운 갈색을 띠지 않는다.

오븐장갑을 끼거나 두꺼운 마른행주를 사용하여 오븐에서 로프팬을 조심스럽게 꺼내고, 로프팬을 기울여 완성된 빵을 꺼낸다. 로프팬을 작업대에 세게 두드려도 빵이 떨어지지 않으면, 두툼하게 접은 마른행주를 사용하여 한 손으로 로프팬을 꽉 잡고, 다른 손으로 빵을 떼어낸다(다음에는 로프팬에 쿠킹 스프레이를 더 많이 뿌린다). 완성된 빵은 공기가 잘 통하도록 식힘망 위에 올려서, 적어도 30분 이상 식힌 뒤 슬라이스한다. 1시간 정도 식히면 더욱 좋다.

MULTIGRAIN BREAD

잡곡빵

덮개 없는 로프팬
더치오븐

잡곡빵은 '여러 가지 재료를 듬뿍 넣은 빵'이다. 최근 들어, 건강에 좋다는 이유로 잡곡빵의 인기가 올라갔지만, 슈퍼마켓에서 판매하는 잡곡빵은 글루텐, 감미료, 방부제를 넣어, 매장 선반에 1주일 동안 진열해 놓고 판매해도 문제없는 빵인 경우가 많다.

이 레시피는 이런 재료는 전혀 넣지 않고 대신 납작귀리, 납작보리, 껍질 벗긴 메밀 등을 사용한다. 다른 잡곡을 넣지 않고 한 가지 곡식, 예를 들어 납작 에어룸 보리 120g만 넣어도 심플하지만 맛있는 잡곡빵을 구울 수 있다. 이처럼 무궁무진한 응용 가능성이야말로 이 레시피가 재미있는 이유 중 하나다. 이미 주방에 있는 다양한 곡물을 직접 섞어서 사용해도 좋다. 이 빵은 재료를 자유롭게 사용해, 정해진 레시피 없이 만들 수 있는 빵이다. 퀴노아를 사용해도 좋고, 먹다 남은 밥을 사용해도 좋다. 흑미나 야생쌀(Wild Rice, 줄풀의 열매)을 익힌 것도 좋다. 견과류를 넣어도 좋은데, 지나치게 많이 넣으면 안 된다. 이 레시피에 수많은 재료를 넣을 필요는 없다. 나는 잡곡빵을 로프팬에 굽지만, 더치오븐에 구워도 맛있게 구워진다.

말린 곡물(이 레시피의 경우 납작보리, 납작귀리, 껍질 벗긴 메밀)은 반죽에 넣기 전, 6시간~하룻밤 정도 물에 불려놓아야 한다(불리는 시간이 짧으면 껍질 벗긴 메밀이 살짝 씹히는데, 나는 그 씹는 맛을 좋아한다). 이 레시피에서 한 가지 중요한 점은, 이렇게 곡물을 불린 물도 반죽에 사용하는 것이다. 우유빛을 띤 이 물에서는 곡물의 맛이 살짝 난다. 또한 납작귀리 토핑을 입히면 보기 좋은 잡곡빵을 만들 수 있다. 마지막으로 중요한 한 가지는 언제나 그렇듯이, 가장 좋은 재료를 사용하는 것이다. 소규모 농장에서 맛있는 에어룸 보리를 파는 경우가 있다. 예를 들면, 카마스 컨트리 밀(Camas Country Mill)의 퍼플 카르마(Purple Karma) 보리 플레이크는 고대로부터 내려온 히말라야 재래 품종으로 만든 것이다.

많은 경우 겨(곡물 알갱이의 바깥 부분)에서는 살짝 씁쓸한 맛이 난다. 잡곡빵을 만들 때는 이 쓴맛을 줄이기 위해 보통 감미료를 넣는데, 이 레시피에서는 꿀을 조금 사용하였다. 황설탕을 조금 넣어도 좋고, 아무것도 넣지 않아도 된다. 꿀이나 황설탕을 넣지 않는 경우에는 반죽이 부풀어 오르는 데 시간이 좀 더 걸릴 수 있으니, 레시피에서 반죽이 어느 정도 부풀어 올라야 하는지 설명한 부분을 반드시 확인해야 한다.

레시피 ≫ 약 1020g(2¼ 파운드) 로프팬 브레드 1덩어리

1차발효

21℃(70℉) 실온에서 3시간 ~ 3시간 30분

따뜻하면 더 빠르게, 추우면 더 천천히 발효

2차발효

21℃(70℉) 실온에서 약 1시간 30분

오븐에 굽기

230℃(450℉)에서 45분 예열

220℃(425℉)에서 55~60분 굽기

스케줄 예시

오전 9:30 시작

↓

오전 10:00 믹싱 완료

↓

오후 1:30 성형

↓

오후 3:00 오븐에 굽기

재료	분량	베이커 %
제빵용 흰 밀가루	280g (2컵)	70%
통밀가루 또는 통스펠트밀가루*	120g (¾컵 + 2TB + 2¼ts)	30%
물, 32~35℃ (90~95℉)	70g (¼컵 + 2ts)	17.5%
곡물을 불린 물, 약 21℃ (70℉)	225g (¾컵 + 3TB)	56.25%
고운 바닷소금	14g (2¾ts)	3.5%
인스턴트 드라이 이스트	3g (1ts)	0.75%
꿀	15g (2ts)	3.75%
껍질 벗긴 메밀	40g (3TB + 1¾ts)	10%
납작보리	40g (¼컵 + 2TB + 1¼ts)	10%
납작귀리 (반죽용)	40g (¼컵 + 2TB + 1¼ts)	10%
납작귀리 (토핑용)	15g (2TB + 1¼ts)	
르뱅 (옵션)	100g (½컵)	밀가루 총량의 9% (사용할 경우)

* 헤리티지밀(통밀)은 품종에 관계없이 모두 사용할 수 있다.

1a 곡물 불리기

빵을 굽기 전날 밤, 껍질 벗긴 메밀, 납작보리, 납작귀리를 각각 40g씩 계량하여(또는 1종류만 120g을 사용해도 좋다) 용기에 넣고, 차가운 물을 곡물이 잠기도록 붓는다. 하룻밤 실온에 두고 불린다(좀 더 곡물의 식감이 살아 있는 잡곡빵을 만들고 싶다면 6~8시간만 불린다).

다음 날 아침, 물에 불린 곡물을 고운체로 거른 뒤, 체를 볼 위에 놓고 곡물을 손으로 눌러 짜서 곡물의 수분을 최대한 제거한다. 곡물을 불린 물은 버리지 않고 반죽할 때 사용한다.

1b 오토리즈

곡물을 불린 물 225g을 6ℓ 용량의 원형 반죽통 또는 그와 비슷한 크기의 통에 넣는다. 32~35℃(90~95℉)의 물 70g도 넣는다. 르뱅을 사용하는 경우, 냉장보관한 르뱅 100g을 추가한다. 르뱅의 무게는 물이 들어 있는 반죽통과 함께 측정할 수 있다. 손가락으로 저어서 발효종을 조금 풀어준다. 제빵용 흰 밀가루 280g, 통밀가루 또는 통스펠트 밀가루 120g을 넣는다. 물에 불린 곡물도 모두 넣는다. 손으로 모든 재료를 잘 섞는다. 매우 진 반죽이지만 반죽이 지나치게 질다고 걱정할 필요는 없다.

반죽 윗면의 한쪽 구석에 꿀 2ts을 올리고, 고운 바닷소금 14g을 꿀을 올린 반대쪽에 뿌린다. 소금 위에 인스턴트 드라이 이스트 3g을 뿌린다. 소금과 이스트가 조금 녹을 때까지 그대로 둔다.

뚜껑을 덮고 15~20분 휴지시킨다.

2 믹싱

반죽이 달라붙지 않도록 손에 물을 적신 다음, 반죽을 섞는다. 반죽 아래로 손을 집어넣어 반죽의 ¼을 잡는다. 잡은 부분을 부드럽게 잡아당겨 늘린 다음, 반죽 위로 접어 올린다. 소금과 이스트가 완전히 덮일 때까지, 반죽의 방향을 돌리면서 이 과정을 3번 더 반복한다.

집게손 자르기로 모든 재료를 완전히 섞는다. 반죽 전체를 집게손 자르기로 5~6번 자르듯이 눌러준 다음, 2~3번 정도 접는다. 모든 재료가 다 섞일 때까지 집게손 자르기와 접기를 번갈아 반복한다. 2~3분 동안 반죽을 휴지시킨 다음, 다시 30초 정도 접어서 탄력이 생기게 만든다. 믹싱시간은 총 5분이다. 믹싱을 끝낸 반죽의 최종온도는 약 20℃(68℉)이다. 곡물을 불린 실온의 물을 사용하기 때문에 반죽의 최종온도가 낮다[반죽의 최종온도는 18~21℃(65~70℉) 정도로 예상된다]. 뚜껑을 덮고, 다음 접기를 할 때까지 반죽을 발효시킨다. 곡물을 불린 물과 꿀이 이스트에 추가적인 먹이를 제공하기 때문에, 반죽온도는 다른 레시피에 비해 낮지만 반죽이 부풀어 오르는 시간은 거의 같다. 반죽은 상당히 잘 부풀어 오른다.

3 접기와 1차발효

이 레시피의 반죽은 2번 접어야 한다(p.47 참조). 반죽을 믹싱한 다음, 1시간 안에 반죽을 접는 것이 가장 좋다. 믹싱을 마치고 10분 후에 1번 접고, 반죽이 느슨해지면서 반죽통 바닥에 넓게 퍼지면 1번 더 접는다. 2번째 접기는 시간이 좀 더 지난 뒤에 접어도 괜찮다. 단, 1차발효가 끝나기 1시간 전부터는 접기를 하지 않는다.

반죽을 믹싱하고 3시간 정도 지나 반죽이 처음보다 2.5~3배 정도 부풀면 반죽을 성형하여 로프팬에 넣어야 한다. 6ℓ 반죽통을 사용하는 경우, 반죽 가장자리가 2쿼트(1.9ℓ) 눈금보다 0.6㎝ 정도 아래까지 부풀어 오르는 것이 가장 좋다. 반죽 가운데 부분이 봉긋하게 올라와 있어야 한다. 평평하거나 꺼져 있으면 안 된다. 반죽이 2쿼트(1.9ℓ) 눈금까지 부풀어 올라도 괜찮다. 다만, 다음 단계에서 반죽이 로프팬에서 조금 더 부풀어 오르도록, 반죽통에서는 2쿼트(1.9ℓ) 눈금 위까지 부풀어 오르지 않는 것이 가장 좋다. 반죽을 서늘한 곳에 두어서 부푸는 데 시간이 오래 걸려도, 반죽이 레시피에서 제시하는 부피까지 부풀어 오르도록 그대로 둔다. 눈금이 없는 반죽통을 사용하면 불어난 부피를 어림짐작해야 한다. 최선의 판단을 내려보자.

4 반죽통에서 반죽 꺼내기

작업대에 약 30㎝ 너비로 덧가루를 적당히 뿌린다. 손에 덧가루를 묻히고 반죽통 가장자리에도 덧가루를 조금 뿌린다. 반죽통을 살짝 기울여서 반죽 아래로 덧가루가 묻은 손을 넣고, 반죽통 바닥으로부터 반죽을 부드럽게 떼어낸다. 반죽을 잡아당기거나 찢지 않고, 반죽통을 돌리면서 분리하여 작업대로 옮긴다.

코팅된 로프팬을 사용하더라도, 쿠킹 스프레이를 살짝 뿌리는 것이 좋다. 여러 번 사용한 코팅팬은 반죽이 달라붙기도 한다.

5 성형

덧가루를 묻힌 손으로 작업대에 놓인 반죽을 들었다 놓았다 하면서, 전체적으로 반죽 두께가 일정한 직사각형으로 만든다. 이 늘어지는 반죽을 늘리고 접어서, 로프팬 너비에 맞춘다.

p.49~50의 반죽 성형 방법에 따라, 양손에 덧가루를 묻히고 반죽을 동시에 좌우로 충분히 잡아당겨서 처음의 2~3배 길이로 팽팽하게 늘린다(손을 양방향으로 동시에 벌려서 반죽을 늘린다). 그런 다음 늘린 반죽을 '봉투(Packet)'를 접듯이 가운데로 서로 겹치게 포개서, 로프팬 너비에 맞게 네모난 모양을 만든다.

반죽 위에 묻어 있는 덧가루를 털어내고, 반죽을 앞에서 뒤로, 또는 뒤에서 앞으로 말아 로프팬 너비로 둥글게 만긴 반죽을 만든다. 반죽의 이음매가 위로 오게 로프팬에 넣는다. 보통은 이음매가 눈에 보이는데, 반죽을 말아서 성형하는 롤업 방식(반죽 끝부분을 둥글게 만 반죽에 붙여서 안쪽을 감싸는 성형기법)의 특징이다.

납작귀리 토핑을 올리기 위해 반죽 윗부분 전체에 손으로 얇게 물을 바른다. 납작귀리 15g를 뿌려 반죽 윗부분을 덮고, 떨어지지 않도록 손으로 꼼꼼히 두드려서 붙여준다.

6 2차발효

구멍이 뚫리지 않은 비닐봉투에 로프팬을 넣는데, 이때 비닐을 반죽 윗부분에 딱 맞게 당기면 안 된다. 부풀어 오르는 반죽을 위해 위쪽에 5~7㎝ 정도의 공간을 남겨두고, 비닐봉투 입구를 로프팬 밑으로 밀어넣는다. 밀봉할 필요는 없다. 로프팬을 비닐봉투에 넣는 이유는, 2차발효가 진행되는 1시간 30분 동안 반죽이 마르지 않게 하기 위해서이다.

21.6 × 11.4 × 7㎝($8\frac{1}{2}$ × $4\frac{1}{2}$ × $2\frac{3}{4}$인치) 크기의 로프팬은 반죽이 팬 높이보다 지나치게 높이 부풀어 오르면 로프팬 밖으로 쓰러지기 때문에, 팬 테두리보다 조금만 더 올라오도록 반죽을 발효시킨다. 큰 로프팬을 사용하면 테두리 높이까지 부풀어 오르지 않는다. p.56의 사진으로 완벽하게 2차발효를 마친 반죽 상태를 확인할 수 있다.

약 21℃(70℉)에서 발효시킨다는 가정 아래, 성형이 끝난 반죽은 1시간 30분 정도 후에 굽는다. 주방이 따뜻하면 2차발효는 더 빨리 끝난다. 이 반죽은 굽기 전에 로프팬 높이만큼만 부풀어 오르면 된다. 오븐에서 굽는 동안 충분히 더 부풀어 오른다.

7 오븐 예열

로프팬 브레드를 굽기 약 45분 전에 오븐의 중간 단에 선반을 얹고, 오븐을 230℃(450℉)로 예열한다.

8 굽기

비닐봉투에서 로프팬을 꺼내 오븐 선반 가운데에 올린다. 오븐온도를 220℃(425℉)로 낮춘다. 30분 후, 빵이 고르게 구워지는지 확인하고(고르게 구워지지 않는다면 로프팬의 방향을 돌려준다), 20~30분 더 굽는다. 이 레시피의 반죽은 전통적인 로프팬 반죽보다 수분율이 높아서 생각보다 오래 구워야 한다. 충분히 구워야 빵이 속까지 완전히 익고, 옆면도 충분히 익어서 짙은 색이 나며, 식힐 때 빵이 꺼지지 않는다.

빵의 윗면이 매우 짙은 갈색을 띨 때까지 굽는다. 다른 빵에 비해 좀 더 오래 구워야 한다(다른 빵은 50분 정도 굽지만 잡곡 빵은 1시간 정도 굽는다). 빵을 굽는 마지막 10분 동안은 더 세심하게 주의를 기울여야 한다. 빵의 옆면과 바닥은 윗면만큼 짙은 갈색을 띠면 안 된다.

오븐장갑을 끼거나 두꺼운 마른행주를 사용하여 오븐에서 로프팬을 조심스럽게 꺼내고, 로프팬을 기울여 완성된 빵을 꺼낸다. 로프팬을 작업대에 세게 두드려도 빵이 떨어지지 않으면, 두툼하게 접은 마른행주를 사용하여 한 손으로 로프팬을 꽉 잡고, 다른 손으로 빵을 떼어낸다(다음에는 로프팬에 쿠킹 스프레이를 더 많이 뿌린다). 완성된 빵은 공기가 잘 통하도록 식힘망 위에 올려서, 적어도 30분 이상 식힌 뒤 슬라이스한다. 1시간 정도 식히면 더욱 좋다.

CHAPTER 5
오버나이트 저온발효 레시피
OVERNIGHT COLD-PROOF RECIPES

이 챕터에서 소개하는 모든 빵은 밤새 냉장고에 넣어둔 반죽을, 다음 날 아침에 구워서 만든다. 전날 저녁에 만들어둔 반죽을 10~14시간 뒤에 굽는 것이다. 이 방법으로 빵을 구우면, 같은 노력을 들여도 CHAPTER 4에서 소개한 빵보다 복합적인 풍미의 빵을 구울 수 있다. 한 가지 추가되는 재료가 있다면 바로 '시간'이다. 모닝커피에 곁들일 빵을 구우면서, 집 안에 퍼지는 고소한 향으로 여러분의 가족, 또는 반려견을 설레게 해보자.

오버나이트 저온발효가 여러분의 스케줄에 더 맞다면, 「하루에 완성하는 레시피」를 「오버나이트 저온발효 레시피」로 쉽게 바꿀 수 있다(p.156 참조). 오버나이트 저온발효 레시피의 반죽은 하루에 완성하는 레시피보다 2차발효시간이 길어서, 발효가 제대로 이루어진다. 빵의 풍미는 더욱 깊어지고, 조금 더 오래 보관할 수 있다. 집에서 굽는 델리식 「캐러웨이 시드를 넣은 뉴욕 스타일 호밀빵」의 반죽은, 이렇게 긴 저온발효에 특히 적합한 반죽이다. 「100% 스펠트밀 로프팬 브레드」 레시피에서는 에머밀, 아이콘밀에 이어 3번째 고대밀인 스펠트밀의 훌륭한 풍미도 소개한다.

THE STANDARD #2

기본빵 #2

덮개 없는 로프팬
덮개 있는 로프팬
더치오븐

이 버전의 기본빵은 반죽을 밤새 냉장고에서 저온발효시킨 뒤, 다음 날 아침에 굽는다. 아침에 빵을 구우며 하루를 시작하는 것은 멋진 일이다. 이번 레시피를 통해 CHARTER 4의「하루에 완성하는 레시피」를「오버나이트 저온발효 레시피」로 바꾸는 방법에 대해서도 자세히 알아보자.

발효되면서 윗부분이 위와 옆으로 퍼진 반죽은 오븐에서 더 부풀어 올라 '귀(Ears)'가 만들어지는데, 나는 이런 클래식한 모양의 빵을 좋아한다.「하루에 완성하는 레시피」로 이렇게 '귀'가 있는 빵을 만들려면, 베이킹할 때 각 단계의 시간을 좀 더 정확하게 지켜야 한다. 글루텐은 차가울 때 더 단단해지므로, 저온발효되는 동안 반죽이 부풀어 올라도 낮은 온도 때문에 내구력이 더 강해진다.

단지 시간 계획을 세우기에 더 편리하다는 이유로,「오버나이트 저온발효빵」을 구울 수도 있다. 예를 들어, 아침 9시에 빵을 구우려면 그 전날 저녁 6시에 반죽을 믹싱한다. 3시간 뒤에 반죽을 성형하고 비닐을 덮어서 냉장고에 넣어둔다. 아침이 오면 오븐을 예열하고 빵을 굽는다.

「하루에 완성하는 레시피」보다 물을 조금 적게 사용하고, 작업시간 역시 이에 따라 조절된다. 물을 적게 사용하기 때문에 반죽은 내구력이 좀 더 강해지고, 냉장고에서 천천히 부풀어 오르는 동안 반죽이 로프팬 밖으로 넘칠 가능성도 최소한으로 줄어든다. 이 레시피를 테스트하던 초반에는 다음 날 아침 냉장고에서 반죽을 꺼냈을 때, 마치 달리(Dali)의 시계 그림처럼 축 늘어진 모양으로 넘쳐 있기도 했다. 혹시 반죽이 이렇게 넘쳤더라도 그냥 구워보자. 넘쳐서 로프팬 옆에 붙어 있던 반죽도 바삭하게 구우면 간식으로 먹기 좋고, 나머지 반죽은 제대로 잘 구워진다. 그러나 다음번에 구울 때는 성형 전 1차발효 시간을 줄여야 한다. 1차발효 시간은 반죽이 얼마나 부풀어 올랐는지를 확인하고 결정하는데, 반죽 가장자리가 2쿼트(1.9ℓ) 눈금보다 1.3㎝ 정도 아래까지 부풀어 오르도록 발효시킨다. 1차발효 중, 처음 30분 동안은 반죽이 상당히 빠르게 부풀어 오른다는 점도 기억해야 한다.

이 레시피에서 사용하는 통밀가루는 맷돌로 제분한 다른 특수 품종의 통밀가루로 자유롭게 대체할 수 있다.

레시피 » 약 907g(2파운드) 로프팬 브레드 1덩어리

1차 발효	스케줄 예시
21℃(70℉) 실온에서 약 3시간	오후 6:00 시작
따뜻하면 더 빠르게, 추우면 더 천천히 발효	↓
	오후 6:30 믹싱 완료
2차발효	↓
냉장고에서 10~14시간	오후 9:30 성형
	↓
오븐에 굽기	다음 날 아침 9:00 오븐에 굽기
230℃(450℉)에서 45분 예열	
220℃(425℉)에서 약 50분 굽기	

재료	분량	베이커 %
제빵용 흰 밀가루	400g (2¾컵 + 2ts)	80%
통밀가루	100g (½컵 + 3TB + 1¼ts)	20%
물, 32~35℃ (90~95℉)	380g (1½컵 + 1TB + 1ts)	76%
고운 바닷소금	11g (2¼ts)	2.2%
인스턴트 드라이 이스트	3g (1ts)	0.6%
르뱅 (옵션)	100g (½컵)	밀가루 총량의 9% (사용할 경우)

1 오토리즈

32~35℃(90~95℉)의 물 380g을 6ℓ 용량의 원형 반죽통 또는 그와 비슷한 크기의 통에 넣는다. 르뱅을 사용하는 경우, 냉장보관한 르뱅 100g을 추가한다. 르뱅의 무게는 물이 들어 있는 반죽통과 함께 측정할 수 있다. 손가락으로 저어서 발효종을 조금 풀어준다. 제빵용 흰 밀가루 400g, 통밀가루 100g을 넣는다. 손으로 모든 재료를 잘 섞는다.

오토리즈 반죽 위에 고운 바닷소금 11g을 골고루 뿌린다. 그 위에 인스턴트 드라이 이스트 3g을 뿌린다. 소금과 이스트가 조금 녹을 때까지 그대로 둔다.

뚜껑을 덮고 15~20분 휴지시킨다.

2 믹싱

반죽이 달라붙지 않도록 손에 물을 적신 다음, 반죽을 섞는다. 반죽 아래로 손을 집어넣어 반죽의 ¼을 잡는다. 잡은 부분을 부드럽게 잡아당겨 늘린 다음, 반죽 위로 접어 올린다. 소금과 이스트가 완전히 덮일 때까지, 반죽의 방향을 돌리면서 이 과정을 3번 더 반복한다.

집게손 자르기(Pincer Method)로 모든 재료를 완전히 섞는다. 반죽 전체를 집게손 자르기로 5~6번 자르듯이 눌러준 다음, 2~3번 정도 접는다. 모든 재료가 다 섞일 때까지 집게손 자르기와 접기를 번갈아 반복한다. 2~3분 동안 반죽을 휴지시킨 다음, 다시 30초 정도 접어서 반죽에 탄력이 생기게 만든다. 믹싱시간은 총 5분이다. 믹싱을 끝낸 반죽의 최종온도는 약 24℃(75℉)이다. 뚜껑을 덮고, 다음 접기를 할 때까지 반죽을 발효시킨다.

3 접기와 1차발효

이 레시피의 반죽은 3번 접어야 한다(p.47 참조). 「하루에 완성하는 레시피」 버전의 기본빵 반죽보다 오래 냉장고 안에서 발효과정을 거쳐야 하므로, 좀 더 힘 있는 반죽을 만들기 위해 1번 더 접는다. 믹싱을 마치고 10분 후에 1번 접고, 나머지 2번은 접은 반죽이 느슨해지면서 반죽통 바닥에 넓게 퍼지면 접는다. 2번째와 3번째는 시간이 좀 더 지난 뒤에 접어도 괜찮다. 단, 1차발효가 끝나기 1시간 전부터는 접기를 하지 않는다.

반죽을 믹싱하고 3시간 정도 지나 반죽이 처음보다 2.5배 정도 부풀면, 반죽을 성형하여 로프팬에 넣어야 한다. 6ℓ 반죽통을 사용하는 경우, 반죽 가장자리가 2쿼트(1.9ℓ) 눈금보다 1.3㎝ 정도 아래까지 부풀어 오르는 것이 가장 좋다. 또한 반죽 가운데 부분이 봉긋하게 올라와 있어야 하며, 평평하거나 꺼져 있으면 안 된다. 반죽이 2쿼트(1.9ℓ) 눈금까지 부풀어 오른 것을 뒤늦게 발견했다면, 반죽을 살짝 누르듯이 두들겨서 가스를 조금 빼고 성형한다. 「하루에 완성하는 레시피」의 반죽보다 반죽이 조금 덜 부풀어 오른 상태에서, 30분 정도 일찍 냉장고에 넣는다. 이렇게 하지 않으면 냉장고에서 부풀어 오른 반죽이 넘칠 수 있다. 반죽을 서늘한 곳에 두어서 부푸는 데 시간이 오래 걸려도, 반죽이 레시피에서 제시하는 부피까지 부풀어 오르도록 그대로 둔다. 눈금이 없는 반죽통을 사용하면, 불어난 부피를 어림짐작해야 한다. 최선의 판단을 내려보자.

4 반죽통에서 반죽 꺼내기

작업대에 약 30cm 너비로 덧가루를 적당히 뿌린다. 손에 덧가루를 묻히고 반죽통 가장자리에도 덧가루를 조금 뿌린다. 반죽통을 살짝 기울여서 반죽 아래로 덧가루가 묻은 손을 넣고, 반죽통 바닥으로부터 반죽을 부드럽게 떼어낸다. 반죽을 잡아당기거나 찢지 않고, 반죽통을 돌리면서 분리하여 작업대로 옮긴다.

코팅된 논스틱 로프팬을 사용하더라도, 쿠킹 스프레이를 살짝 뿌리는 것이 좋다. 여러 번 사용한 코팅팬은 반죽이 달라붙기도 한다.

5 성형

덧가루를 묻힌 손으로 작업대에 놓인 반죽을 들었다 놓았다 하면서, 전체적으로 반죽 두께가 일정한 직사각형으로 만든다. 이 늘어지는 반죽을 늘리고 접어서, 로프팬 너비에 맞춘다.

p.49~50의 반죽 성형 방법에 따라, 양손에 덧가루를 묻히고 반죽을 동시에 좌우로 충분히 잡아당겨서 처음의 2~3배 길이로 팽팽하게 늘린다(손을 양방향으로 동시에 벌려서 반죽을 늘린다). 그런 다음 늘린 반죽을 '봉투(Packet)'를 접듯이 가운데로 겹치게 포개서, 로프팬 너비에 맞게 네모난 모양을 만든다.

반죽 위에 묻어 있는 덧가루를 털어내고, 반죽을 앞에서 뒤로, 또는 뒤에서 앞으로 말아(Rolled-Up Motion) 로프팬 너비로 둥글게 만 긴 반죽을 만든다. 반죽의 이음매가 위로 오게 로프팬에 넣는다. 보통은 이음매가 눈에 보이는데, 반죽을 말아서 성형하는 롤업 방식(반죽 끝부분을 둥글게 만 반죽에 붙여서 안쪽을 감싸는 성형기법)의 특징이다.

6 2차발효

로프팬에 넣은 반죽 윗면 전체에 손으로 얇게 물을 바른다. 반죽 윗면에 물을 바르면 반죽이 밤새 냉장고에서 부풀어 올라도, 비닐봉투에 달라붙지 않는다.

반죽을 살짝 눌러서 가스를 조금 빼준다. 구멍이 뚫리지 않은 비닐봉투에 로프팬을 넣는데, 이때 비닐을 반죽 윗부분에 딱 맞게 당기면 안 된다. 부풀어 오르는 반죽을 위해 위쪽에 5~7cm 정도의 공간을 남겨두고, 비닐봉투 입구를 로프팬 밑으로 밀어넣는다. 로프팬을 냉장고에 넣는다.

21.6 × 11.4 × 7cm(8½ × 4½ × 2¾인치) 로프팬을 사용할 경우, 다음 날 아침에 반죽이 팬 테두리보다 조금 더 위로 부풀어 오른다. 지나치게 많이 부풀어 오른 것처럼 보일 수 있지만 걱정할 필요 없다. 로프팬 옆으로 반죽이 조금 늘어져 있고, 반죽 윗면의 가운데 부분이 봉긋하게 올라와 있어야 한다. 큰 로프팬을 사용하면 테두리 높이까지 부풀어 오르지 않는다. p.56의 사진으로 완벽하게 2차발효를 마친 반죽 상태를 확인할 수 있다.

7 오븐 예열

로프팬 브레드를 굽기 약 45분 전에 오븐의 중간 단에 선반을 얹고, 오븐을 230℃(450℉)로 예열한다.

8 굽기

비닐봉투에서 로프팬을 꺼내 선반 가운데에 올린다. 오븐 온도를 220℃(425℉)로 낮춘다. 30분 후, 빵이 고르게 구워지는지 확인하고(고르게 구워지지 않는다면 로프팬의 방향을 돌려준다), 20분 더 굽는다. 이 레시피의 반죽은 전통적인 로프팬 반죽보다 수분율이 높아서 생각보다 오래 구워야 한다. 충분히 구워야 속까지 완전히 익고, 옆면도 충분히 익어서 짙은 색이 나며, 식힐 때 빵이 꺼지지 않는다.

50분 후, 빵의 윗면은 어두운 갈색을 띤다. 옆면과 바닥은 윗면처럼 어두운 갈색을 띠지 않는다.

오븐장갑을 끼거나 두꺼운 마른행주를 사용하여 오븐에서 로프팬을 조심스럽게 꺼내고, 로프팬을 기울여 완성된 빵을 꺼낸다. 로프팬을 작업대에 세게 두드려도 빵이 떨어지지 않으면, 두툼하게 접은 마른행주를 사용하여 한 손으로 로프팬을 꽉 잡고, 다른 손으로 빵을 떼어낸다(다음에는 로프팬에 쿠킹 스프레이를 더 많이 뿌린다). 완성된 빵은 공기가 잘 통하도록 식힘망 위에 올려서, 적어도 30분 이상 식힌 뒤 슬라이스한다. 1시간 정도 식히면 더욱 좋다.

「하루에 완성하는 레시피」를 「오버나이트 저온발효 레시피」로 바꾸는 방법

기본빵 #2 레시피는 「하루에 완성하는 레시피」를 냉장고에서 밤새 저온발효시켜 아침에 구울 수 있는 방법을 알려주는 좋은 예이다. 밀가루 배합율은 바뀌지 않고, 거의 비슷하게 구워진다. 조절 방법은 간단하다.

- 베이킹을 늦게 시작한다. 오후 6시에 반죽을 시작하면 다음 날 오전 7:30~9:30에 빵을 구울 수 있다.

- 반죽에 넣는 물은 10g(2ts, 밀가루 무게의 2%) 줄이고, 다른 재료는 모두 같은 양을 사용한다.

- 1차발효 시간을 30분 줄이고, 반죽통의 2쿼트(1.9ℓ) 눈금보다 0.6cm가 아닌 1.3cm 정도 아래까지 부풀어 오르게 한다.

- 「하루에 완성하는 레시피」버전과 같은 방식으로 성형한다. 반죽이 냉장고에서 밤새 부풀어 오르면서 비닐봉투에 달라붙지 않도록, 반죽 위에 손으로 얇게 물을 바른다. 로프팬에 구울 때는 가스를 조금 빼기 위해 반죽을 살짝 눌러준다. 발효바구니에 넣고 냉장고에서 2차발효시킨 뒤 더치오븐에 굽는 경우에는 이 과정이 필요 없다. 구멍이 뚫리지 않은 비닐봉투에 로프팬이나 발효바구니를 넣는데, 이때 비닐을 반죽 윗부분에 딱 맞게 당기지 말고 여유 공간을 남겨두어야 한다(비닐봉투에 넣지 않고 비닐랩으로 느슨하게 덮어도 좋다). 부풀어 오르는 반죽을 위해 위쪽에 5~7cm 정도의 공간을 남겨두고, 비닐봉투 입구를 로프팬 밑으로 밀어넣는다. 반죽에 물을 발라두면 비닐봉투가 쉽게 벗겨진다.

- 「하루에 완성하는 레시피」와 같은 방식으로 오븐에 굽는다. 빵을 굽기 약 45분 전에 오븐을 230℃(450℉)로 예열한다. 빵은 오븐 중간 단의 선반 가운데에 놓는다. 오븐온도를 220℃(425℉)로 낮춘 뒤 50분 정도 굽는다.

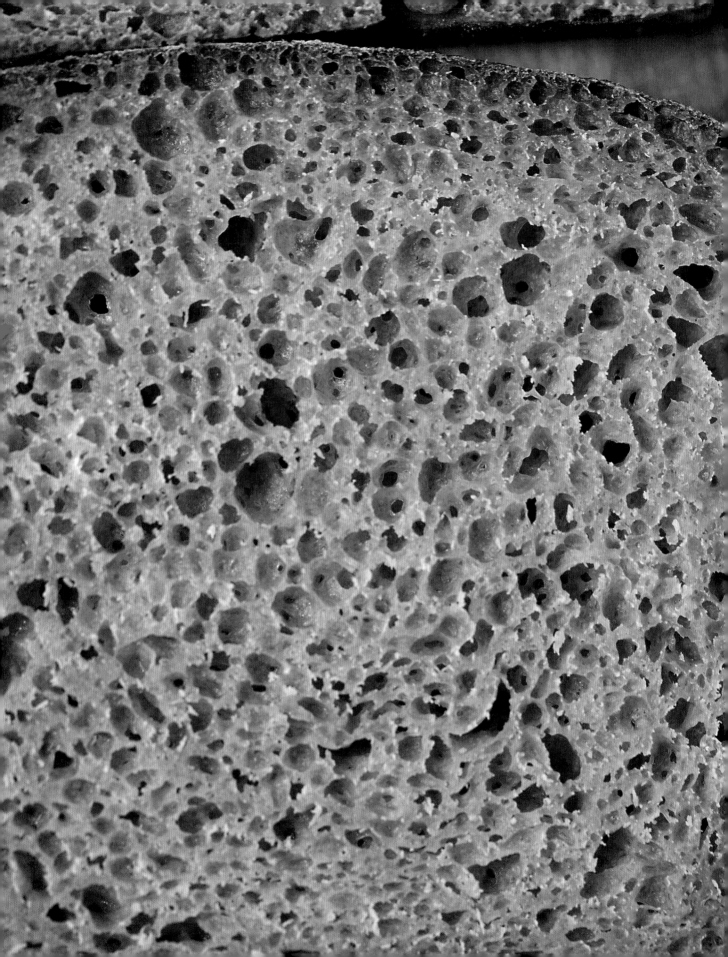

100% SPELT PAN BREAD

100% 스펠트밀 로프팬 브레드

덮개 없는 로프팬
덮개 있는 로프팬
더치오븐

이 레시피는 맷돌로 제분한 여러 가지 통밀가루를 사용해 만들 수 있다. 스펠트밀은 고대밀 3종 중 3번째 밀로, 에머밀이나 아인콘밀에 비해 역사가 짧다. 에머밀과 아인콘밀로 구운 빵은 풍미는 좋지만 딱딱한 빵이 되는데 비해, 스펠트밀은 에머밀이나 아인콘밀보다 글루텐 함량이 높아서 구우면 질감이 가볍고 속살(크럼)은 어두운 갈색을 띤다. 다른 에어룸밀 품종, 예를 들어 레드 파이프(Red Fife)나 루주 드 보르도(Rouge de Bordeaux), 또는 에디슨(Edison) 같은 비교적 최근에 교배된 좋은 품질의 밀을 사용해도 좋다. 이 레시피 뿐 아니라, 이 책에 나오는 밀가루의 50%를 통밀가루로 사용하는 다른 레시피의 경우에도 마찬가지다. 듀럼(Durum)밀도 또 다른 선택이 될 수 있는데, 듀럼밀은 다른 밀에 비해 단단하고 맛있으며, 유일하게 황금빛 노란색을 띤다. 이 레시피에 듀럼밀가루를 사용할 경우, 물을 30~40g 추가해야 한다.

맷돌 제분법은 말 그대로 밀알을 구성하는 모든 부분을 맷돌로 갈기 때문에, 이러한 밀 품종에서 최고의 맛을 끌어낸다. 밀알의 씨눈에는 밀가루의 풍미를 좌우하는 지방이, 겨에는 식이섬유가 많이 함유되어 있다. 100% 통밀가루로 만드는 빵은 보통 로프팬 위로 많이 부풀어 오르지 않기 때문에, 평평하게 구워진 빵의 겉모습을 보고 실망할 수 있다. 하지만 완성된 빵의 속살에는 작은 기공이 많고, 그 훌륭한 맛은 조금 작은 크기에서 오는 아쉬움을 달래주고도 남는다. 이 빵은 6일까지 보관할 수 있다.

레시피 » 약 907g(2파운드) 로프팬 브레드 1덩어리

1차발효
21℃(70℉) 실온에서 약 3시간
따뜻하면 더 빠르게, 추우면 더 천천히 발효

2차발효
냉장고에서 10~14시간

오븐에 굽기
230℃(450℉)에서 45분 예열
220℃(425℉)에서 약 50분 굽기

스케줄 예시
오후 6:00 시작
↓
오후 6:30 믹싱 완료
↓
오후 9:30 성형
↓
다음 날 아침 9:00 오븐에 굽기

재료	분량	베이커 %
통스펠트밀가루	500g (3½컵 + 1TB + ½ts)	100%
물, 32~35℃ (90~95℉)	425g (1¾컵 + 1ts)	85%
고운 바닷소금	11g (2¼ts)	2.2%
인스턴트 드라이 이스트	3g (1ts)	0.6%
르뱅 (옵션)	100g (½컵)	밀가루 총량의 9% (사용할 경우)

1 오토리즈

32~35℃(90~95℉)의 물 425g을 6ℓ 용량의 원형 반죽통 또는 그와 비슷한 크기의 통에 넣는다. 르뱅을 사용하는 경우, 냉장보관한 르뱅 100g을 추가한다. 르뱅의 무게는 물이 들어 있는 반죽통과 함께 측정할 수 있다. 손가락으로 저어서 발효종을 조금 풀어준다. 통스펠트밀가루 500g을 넣는다. 손으로 모든 재료를 잘 섞는다.

오토리즈 반죽 위에 고운 바닷소금 11g을 골고루 뿌린다. 그 위에 인스턴트 드라이 이스트 3g을 뿌린다. 소금과 이스트가 조금 녹을 때까지 그대로 둔다.

뚜껑을 덮고 30분 정도 그대로 둔다(수분율이 높은 통밀가루 반죽의 경우 흰 밀가루 반죽보다 오래 둔다).

2 믹싱

반죽이 달라붙지 않도록 손에 물을 적신 다음 반죽을 섞는다. 반죽 아래로 손을 집어넣어 반죽의 ¼을 잡는다. 잡은 부분을 부드럽게 잡아당겨 늘린 다음, 반죽 위로 접어 올린다. 소금과 이스트가 완전히 덮일 때까지, 반죽의 방향을 돌리면서 이 과정을 3번 더 반복한다.

집게손 자르기로 모든 재료를 완전히 섞는다. 반죽 전체를 집게손 자르기로 5~6번 자르듯이 눌러준 다음, 2~3번 정도 접는다. 모든 재료가 다 섞일 때까지 집게손 자르기와 접기를 번갈아 반복한다. 2~3분 동안 반죽을 휴지시킨 다음, 다시 30초 정도 접어서 반죽에 탄력이 생기게 만든다. 믹싱시간은 총 5분이다. 믹싱을 끝낸 반죽의 최종온도는 약 24℃(75℉)이다. 뚜껑을 덮고 다음 접기를 할 때까지 반죽을 발효시킨다.

3 접기와 1차발효

이 레시피의 반죽은 2번 접어야 한다(p.47 참조). 반죽을 믹싱한 다음, 1시간 안에 반죽을 접는 것이 가장 좋다. 믹싱을 마치고 10분 후에 1번 접고, 반죽이 느슨해지면서 반죽통 바닥에 넓게 퍼지면 1번 더 접는다. 2번째 접기는 시간이 좀 더 지난 뒤에 접어도 괜찮다. 단, 1차발효가 끝나기 1시간 전부터는 접기를 하지 않는다.

반죽을 믹싱하고 3시간 정도 지나 반죽이 처음보다 2.5배 정도 부풀면, 반죽을 성형하여 로프팬에 넣어야 한다. 6ℓ 반죽통을 사용하는 경우, 반죽 가장자리가 2쿼트(1.9ℓ) 눈금보다 1.3㎝ 정도 아래까지 부풀어 오르는 것이 가장 좋다. 반죽 가운데 부분이 봉긋하게 올라와 있어야 하며, 평평하거나 꺼져 있으면 안 된다. 반죽이 2쿼트(1.9ℓ) 눈금까지 부풀어 오른 것을 뒤늦게 발견했다면, 반죽을 살짝 누르듯이 두들겨 가스를 조금 빼고 성형한다. 반죽을 서늘한 곳에 두어서 부푸는 데 시간이 오래 걸려도, 반죽이 레시피에서 제시하는 부피까지 부풀어 오르도록 그대로 둔다. 눈금이 없는 반죽통을 사용하면, 불어난 부피를 어림짐작해야 한다. 최선의 판단을 내려보자.

4 반죽통에서 반죽 꺼내기

작업대에 약 30㎝ 너비로 덧가루를 적당히 뿌린다. 손에 덧가루를 묻히고 반죽통 가장자리에도 덧가루를 조금 뿌린다. 반죽통을 살짝 기울여서 반죽 아래로 덧가루가 묻은 손을 넣고, 반죽통 바닥으로부터 반죽을 부드럽게 떼어낸다. 반죽을 잡아당기거나 찢지 않고, 반죽통을 돌리면서 분리하여 작업대로 옮긴다.

코팅된 논스틱 로프팬을 사용하더라도, 쿠킹 스프레이를 살짝 뿌리는 것이 좋다. 여러 번 사용한 코팅팬은 반죽이 달라붙기도 한다.

5 성형

덧가루를 묻힌 손으로 작업대에 놓인 반죽을 들었다 놓았다 하면서, 전체적으로 반죽 두께가 일정한 직사각형으로 만든다. 이 늘어지는 반죽을 늘리고 접어서, 로프팬 너비에 맞춘다.

p.49~50의 반죽 성형 방법에 따라, 양손에 덧가루를 묻히고 반죽을 동시에 좌우로 충분히 잡아당겨서 처음의 2~3배 길이로 팽팽하게 늘린다(손을 양방향으로 동시에 벌려서 반죽을 늘린다). 그런 다음 늘린 반죽을 '봉투(Packet)'를 접듯이 가운데로 겹치게 포개서 로프팬 너비에 맞게 네모난 모양을 만든다.

반죽 위에 묻어 있는 덧가루를 털어내고, 반죽을 앞에서 뒤로, 또는 뒤에서 앞으로 말아 로프팬 너비로 둥글게 만긴 반죽을 만든다. 반죽의 이음매가 위로 오게 로프팬에 넣는다. 보통은 이음매가 눈에 보이는데, 반죽을 말아서 성형하는 롤업 방식(반죽 끝부분을 둥글게 만 반죽에 붙여서 안쪽을 감싸는 성형기법)의 특징이다.

6 2차발효

로프팬에 넣은 반죽의 윗면 전체에 손으로 얇게 물을 바른다. 이렇게 물을 발라두면, 반죽이 밤새 냉장고에서 부풀어 올라도 비닐봉투에 달라붙지 않는다. 반죽을 살짝 눌러서 가스를 조금 빼준다. 구멍이 뚫리지 않은 비닐봉투에 로프팬을 넣는데, 이때 비닐을 반죽 윗부분에 딱 맞게 당기면 안 된다. 부풀어 오르는 반죽을 위해 위쪽에 5~7㎝ 정도의 공간을 남겨두고, 비닐봉투 입구를 로프팬 밑으로 밀어넣는다. 로프팬을 냉장고에 넣는다.

21.6 × 11.4 × 7㎝(8½ × 4½ × 2¾인치) 로프팬을 사용할 경우, 다음 날 아침에 반죽이 로프팬 테두리까지 부풀어 오른다. p.56의 사진으로 완벽하게 2차발효를 마친 반죽 상태를 확인할 수 있다.

7 오븐 예열

로프팬 브레드를 굽기 약 45분 전에 오븐의 중간 단에 선반을 얹고, 오븐을 230℃(450℉)로 예열한다.

8 굽기

비닐봉투에서 로프팬을 꺼내 오븐 선반 가운데에 올린다. 오븐온도를 220℃(425℉)로 낮춘다. 30분 후, 빵이 고르게 구워지는지 확인하고(고르게 구워지지 않는다면 로프팬의 방향을 돌려준다), 20분 더 굽는다. 이 레시피의 반죽은 전통적인 로프팬 반죽보다 수분율이 높아서 생각보다 오래 구워야 한다. 충분히 구워야 속까지 완전히 익고, 옆면도 충분히 익어서 짙은 색이 나며, 식힐 때 빵이 꺼지지 않는다.

50분 후, 빵의 윗면은 어두운 갈색을 띤다. 옆면과 바닥은 윗면처럼 어두운 갈색을 띠지 않는다.

오븐장갑을 끼거나 두꺼운 마른행주를 사용하여 오븐에서 로프팬을 조심스럽게 꺼내고, 로프팬을 기울여 완성된 빵을 꺼낸다. 로프팬을 작업대에 세게 두드려도 빵이 떨어지지 않으면, 두툼하게 접은 마른행주를 사용하여 한 손으로 로프팬을 꽉 잡고, 다른 손으로 빵을 떼어낸다(다음에는 로프팬에 쿠킹 스프레이를 더 많이 뿌린다). 완성된 빵은 공기가 잘 통하도록 식힘망 위에 올려서, 적어도 30분 이상 식힌 뒤 슬라이스한다. 1시간 정도 식히면 더욱 좋다.

NEW YORK–STYLE RYE BREAD WITH CARAWAY

캐러웨이 시드를 넣은 뉴욕 스타일 호밀빵

덮개 없는 로프팬
덮개 있는 로프팬
더치오븐

'호밀빵'이라고 하면 많은 미국인들이 이 레시피의 빵을 떠올린다. 주이시 라이(Jewish Rye, 유대인이 주로 먹는 호밀빵이라는 데서 붙여진 이름)와 델리 라이(Deli Rye, 델리에서 많이 사용하는 호밀빵이라는 의미)는, 이 레시피의 빵과 매우 비슷한 빵을 부르는 다른 이름이다. 이 빵은 유대인들이 운영하는 델리와 매우 밀접한 관련이 있다. 뉴욕의 많은 델리에서는 사워도우 스타터로 호밀빵을 만드는 베이커리에서 이 호밀빵을 구매한다. 이 책의 레시피는 혼합형 레시피로, 상업용 이스트를 사용하고 옵션으로 이 책에 나오는 르뱅 100g을 사용할 수 있다(옵션이지만 사용을 추천한다).

이 빵은 전형적인 루벤 샌드위치나 파스트라미 샌드위치에 사용하기 좋은 빵이다. 튜나멜트나 그릴드 치즈 샌드위치에 사용해도 좋다. 나는 패티멜트(Patty-Melt, 양념한 다진 소고기, 치즈, 갈색이 나도록 볶은 양파를 넣어 그릴에 구운 샌드위치)를 만들 때 이 빵을 자주 사용한다. 빵 가운데를 파서 그릇처럼 만들고, 돼지 목살을 오래 끓여 자박하게 국물 있는 고기를 사워크라우트와 함께 이 빵에 담아서 먹는 것도 좋아한다.

이 레시피는 저녁에 만든 반죽을 밤새 저온발효시키고, 아침에 일어나서 바로 빵을 굽는 레시피이다. 반죽을 시작해서 굽는 것까지 6시간 안에 끝나는 「하루에 완성하는 레시피」로 바꾸고 싶다면, 1차발효시간을 3시간 30분 정도로 늘리고 반죽을 성형하여 로프팬에 넣어서, 팬 테두리보다 조금 더 위로 부풀어 오를 때까지 실온에서 1시간 정도 2차발효시킨 다음, 오븐에 굽는다.

레시피 » 약 907g(2파운드) 로프팬 브레드 1덩어리

1차발효

21℃(70℉) 실온에서 약 3시간

따뜻하면 더 빠르게, 추우면 더 천천히 발효

2차발효

냉장고에서 10~11시간

오븐에 굽기

230℃(450℉)에서 45분 예열

220℃(425℉)에서 약 50분 굽기

스케줄 예시

오후 6:00 시작

↓

오후 6:30 믹싱 완료

↓

오후 9:30 성형

↓

다음 날 아침 8:00 오븐에 굽기

(호밀가루를 넣은 반죽은 글루텐 구조가 약해서 반죽이 오래 버티지 못하기 때문에, 저온발효를 조금 짧게 한다.)

재료	분량	베이커 %
제빵용 흰 밀가루	400g (2¾컵 + 2ts)	80%
라이트 라이 또는 다크 라이 가루	100g (¾컵 + 1ts)	20%
물, 32~35℃ (90~95℉)	370g (1½컵 + 2ts)	74%
고운 바닷소금	11g (2¼ts)	2.2%
캐러웨이 시드	12g (2TB + 2ts)	2.4%
인스턴트 드라이 이스트	3g (1ts)	0.6%
르뱅 (옵션)	100g (½컵)	밀가루 총량의 9% (사용할 경우)

1 오토리즈

제빵용 흰 밀가루 400g, 호밀가루(라이트 라이 또는 다크 라이) 100g, 캐러웨이 시드 12g을 용기에 넣고 손으로 잘 섞는다. 32~35℃(90~95℉)의 물 370g을 6ℓ 용량의 원형 반죽통 또는 그와 비슷한 크기의 통에 넣는다. 르뱅을 사용하는 경우, 냉장보관한 르뱅 100g을 추가한다. 르뱅의 무게는 물이 들어 있는 반죽통과 함께 측정할 수 있다. 손가락으로 저어서 발효종을 조금 풀어준다. 밀가루와 캐러웨이 시드 섞은 것을 넣는다. 손으로 모든 재료를 잘 섞어 준다.

오토리즈 반죽 위에 고운 바닷소금 11g을 골고루 뿌린다. 그 위에 인스턴트 드라이 이스트 3g을 뿌린다. 소금과 이스트가 조금 녹을 때까지 그대로 둔다.

뚜껑을 덮고 20~30분 휴지시킨다.

2 믹싱

반죽이 달라붙지 않도록 손에 물을 적신 다음 반죽을 섞는 다. 반죽 아래로 손을 집어넣어 반죽의 ¼을 잡는다. 잡은 부분을 부드럽게 잡아당겨 늘린 다음, 반죽 위로 접어 올린다. 소금과 이스트가 완전히 덮일 때까지, 반죽의 방향을 돌리면서 이 과정을 3번 더 반복한다(호밀가루가 들어간 반죽은 일반 밀가루만으로 만든 반죽에 비해 잘 늘어나지 않는다).

집게손 자르기로 모든 재료를 완전히 섞는다. 반죽 전체를 집게손 자르기로 5~6번 자르듯이 눌러준 다음, 2~3번 정도 접는다. 모든 재료가 다 섞일 때까지 집게손 자르기와 접기를 번갈아 반복한다. 2~3분 반죽을 휴지시킨 다음, 다시 30초 정도 접어서 반죽에 탄력이 생기게 만든다. 믹싱시간은 총 5분이다. 믹싱을 끝낸 반죽의 최종온도는 약 24℃(75℉)이다. 뚜껑을 덮고 다음 접기를 할 때까지 반죽을 발효시킨다.

3 접기와 1차발효

호밀 반죽은 반죽통 바닥에 달라붙기 때문에, 쉽게 작업하려면 반죽 아래로 넣어서 반죽을 접을 수 있는, 작은 플라스틱 스크레이퍼를 사용하는 것이 좋다. 스크레이퍼가 없으면 손으로 해도 된다. 이 레시피의 반죽은 2번 접어야한다(p.47 참조). 반죽을 믹싱한 다음, 1시간 안에 접는 것이 가장 좋다. 믹싱을 마치고 10분 후에 1번 접고, 반죽이 느슨해지면서 반죽통 바닥에 넓게 퍼지면 1번 더 접는다.

반죽을 믹싱하고 3시간 정도 지나 반죽이 처음보다 2.5배 정도 부풀면, 반죽을 성형하여 로프팬에 넣어야 한다. 6ℓ 반죽통을 사용하는 경우, 반죽 가장자리가 2쿼트(1.9ℓ) 눈금보다 1.3㎝ 정도 아래까지 부풀어 오르는 것이 가장 좋다. 반죽 가운데 부분이 봉긋하게 올라와 있어야 한다. 평평하거나 꺼져 있으면 안 된다. 반죽이 2쿼트(1.9ℓ) 눈금까지 부풀어 오른 것을 뒤늦게 발견했다면, 반죽을 살짝 누르듯이 두드려서 가스를 조금 빼고 성형한다. 반죽을 서늘한 곳에 두어서 부푸는 데 시간이 오래 걸려도, 반죽이 이 레시피에서 제시하는 부피까지 부풀어 오르도록 그대로 둔다. 눈금이 없는 반죽통을 사용하면, 불어난 부피를 어림짐작해야 한다. 최선의 판단을 내려보자.

4 반죽통에서 반죽 꺼내기

작업대에 약 30㎝ 너비로 덧가루를 적당히 뿌린다. 손에 덧가루를 묻히고 반죽통 가장자리에도 덧가루를 조금 뿌린다. 반죽통을 살짝 기울여서 반죽 아래로 덧가루가 묻은 손을 넣고, 반죽통 바닥으로부터 반죽을 부드럽게 떼어낸다. 반죽을 잡아당기거나 찢지 않고, 반죽통을 돌리면서 분리하여 작업대로 옮긴다.

코팅된 논스틱 로프팬을 사용하더라도, 쿠킹 스프레이를 살짝 뿌리는 것이 좋다. 여러 번 사용한 코팅팬은 반죽이 달라붙기도 한다.

5 성형

덧가루를 묻힌 손으로 작업대에 놓인 반죽을 들었다 놓았다 하면서, 전체적으로 반죽 두께가 일정한 직사각형으로 만든다. 이 늘어지는 반죽을 늘리고 접어서, 로프팬 너비에 맞춘다.

p.49~50의 반죽 성형 방법에 따라, 양손에 덧가루를 묻히고 반죽을 동시에 좌우로 충분히 잡아당겨서 처음의 2~3배 길이로 팽팽하게 늘린다(손을 양방향으로 동시에 벌려서 반죽을 늘린다). 그런 다음 늘린 반죽을 '봉투(Packet)'를 접듯이 가운데로 서로 겹치게 포개서, 로프팬 너비에 맞게 네모난 모양을 만든다.

반죽 위에 묻어 있는 덧가루를 털어내고, 반죽을 앞에서 뒤로, 또는 뒤에서 앞으로 말아서 로프팬 너비로 둥글게 만 긴 반죽을 만든다. 반죽의 이음매가 위로 오게 로프팬에 넣는다. 보통은 이음매가 눈에 보이는데, 반죽을 말아서 성형하는 롤업 방식(반죽 끝부분을 둥글게 만 반죽에 붙여서 안쪽을 감싸는 성형기법)의 특징이다.

6 2차발효

로프팬에 넣은 반죽의 윗면 전체에 손으로 얇게 물을 바른다. 이렇게 물을 발라두면, 반죽이 밤새 냉장고에서 부풀어 올라도 비닐봉투에 달라붙지 않는다. 반죽을 살짝 눌러서 가스를 조금 빼준다. 구멍이 뚫리지 않은 비닐봉투에 로프팬을 넣는데, 이때 비닐을 반죽 윗부분에 딱 맞게 당기면 안 된다. 부풀어 오르는 반죽을 위해 위쪽에 5~7㎝ 정도의 공간을 남겨두고, 비닐봉투 입구를 로프팬 밑으로 밀어넣는다. 로프팬을 냉장고에 넣는다.

21.6 × 11.4 × 7㎝(8½ × 4½ × 2¾인치) 로프팬을 사용할 경우, 다음 날 아침에 반죽이 팬 테두리보다 조금 더 위로 부풀어 오른다. 지나치게 많이 부풀어 오른 것처럼 보일 수 있지만 걱정할 필요 없다. 로프팬 옆으로 반죽이 조금 늘어져 있고, 반죽 윗부분의 가운데가 봉긋하게 올라와 있어야 한다. 큰 로프팬을 사용하면 테두리 높이까지 부풀어 오르지 않는다. p.56의 사진으로 완벽하게 2차발효를 마친 반죽 상태를 확인할 수 있다.

7 오븐 예열

로프팬 브레드를 굽기 약 45분 전에 오븐의 중간 단에 선반을 얹고, 오븐을 230℃(450℉)로 예열한다.

8 굽기

비닐봉투에서 로프팬을 꺼내 오븐 선반 가운데에 올린다. 오븐온도를 220℃(425℉)로 낮춘다. 30분 후, 빵이 고르게 구워지는지 확인하고(고르게 구워지지 않는다면 로프팬의 방향을 돌려준다), 20분 더 굽는다. 이 레시피의 반죽은 전통적인 로프팬 반죽보다 수분율이 높아서 생각보다 오래 구워야 한다. 충분히 구워야 속까지 완전히 익고, 옆면도 충분히 익어서 짙은 색이 나며, 식힐 때 빵이 꺼지지 않는다.

50분 후, 빵의 윗면은 어두운 갈색을 띤다. 옆면과 바닥은 윗면처럼 어두운 갈색을 띠지 않는다.

오븐장갑을 끼거나 두꺼운 마른행주를 사용하여 오븐에서 로프팬을 조심스럽게 꺼내고, 로프팬을 기울여 완성된 빵을 꺼낸다. 로프팬을 작업대에 세게 두드려도 빵이 떨어지지 않으면, 두툼하게 접은 마른행주를 사용하여 한 손으로 로프팬을 꽉 잡고, 다른 손으로 빵을 떼어낸다(다음에는 로프팬에 쿠킹 스프레이를 더 많이 뿌린다). 완성된 빵은 공기가 잘 통하도록 식힘망 위에 올려서 적어도 30분 이상 식힌 뒤 슬라이스한다. 1시간 정도 식히면 더욱 좋다.

CHAPTER 6
인리치드 반죽 레시피
ENRICHED-DOUGH RECIPES

로프팬 브레드의 세계에는 「인리치드 브레드(Enriched Bread)」라고 부르는, 우유, 버터, 설탕, 달걀을 넣고 만드는 빵이 있다. 잘 만든 「인리치드 브레드」는 그 맛이 그야말로 찬란하다. 그래서 이런 빵은 사 먹는 빵이지 직접 만들어 먹는 빵이 아니라고 생각할 수도 있지만, 이런 빵도 집에서 만들 수 있다. 여기서 소개하는 2개의 레시피는 생각보다 그렇게 복잡하지 않고, 그 맛이나 질감은 정말 좋은 베이커리에서 파는 빵과 다르지 않다. 「인리치드 브레드」는 다양하게 활용할 수 있고, 얼려서 보관하기도 좋다. 덮개 있는 로프팬에 구우면 모서리의 각이 살아 있는, 균일한 모양으로 구울 수 있다. 또는 덮개 없는 로프팬에 들어가는 공모양 반죽 3개로 성형하여 나란히 넣고 구우면, 윗부분에 3개의 둥근 봉우리가 있는 멋진 모양의 빵을 구울 수도 있다. 「브리오슈」는 클래식한 빵으로, 정해진 방법대로 정확하게 믹싱해야 충분히 부풀어 오르고 질 좋은 속살(크럼)을 만들 수 있다. 여기서는 나의 시행착오를 바탕으로, 쉽게 자주 만들 수 있는 레시피를 소개하고자 노력하였다. 또한, 「일본식 우유식빵(쇼쿠팡)」은 매력적인 빵이다. 반죽을 만들기 전, 밀가루와 물을 섞은 페이스트를 먼저 불에 올려서 익힌다. 이것을 식혀서 반죽에 넣는데, 이런 과정을 거쳐서 구운 빵은 결대로 쭉쭉 잘 찢어지는, 매우 특별하고 만족스러운 질감이 된다. 「일본식 우유식빵」은 샌드위치빵으로도 매우 훌륭하다.
이 챕터에 나오는 2개의 레시피에는 모두 스탠드 믹서가 필요하고, 기본적인 베이킹의 8단계 과정에서 조금 벗어난다.

스탠드 믹서를 사용하는 전문가의 팁

마리 앙투아네트 시절에는 브리오슈 반죽을 어떻게 했는지 모르겠다. 좋은 믹서기 없이 그 많은 버터를 반죽에 섞는 것은 상상하기도 힘들다. 여기서는 전문 베이커의 입장에서 키친에이드(KitchenAid) 같은 가정용 스탠드 믹서를 사용할 때의 주의사항을 설명하였다. 미국 가정의 주방에서 가장 많이 사용하는 키친에이드 스탠드 믹서의 경우, C자형 도우 후크는 다양한 반죽을 섞지 못하고, 와이어 휩과 플랫 비터(패들) 역시 휘핑이나 믹싱에 적합하지 않다.

몇 차례 시도를 통해, 마른 재료가 모두 잘 섞이고, 글루텐을 형성시키며, 버터까지 잘 섞는 방법을 찾았다. "어떻게 하면, 키친에이드를 호바트 믹서(Hobart Mixer)나 우리 베이커리에 있는 반죽기처럼 작동시킬 수 있을까?" 며칠을 고민해서 결국 방법을 찾아낸 것이다. 내가 찾은 방법으로 믹싱하면, 베이커리에서 만든 브리오슈 반죽과 거의 같은 반죽을 만들 수 있다. 적당히 반짝이는 윤기와 신축성이 있는 반죽이다.

최고의 반죽을 만들기 위해서는 모든 재료가 완벽하게 섞이도록 반죽이 충분히 촉촉해야 하고, 스탠드 믹서의 볼 바닥에 날가루가 조금이라도 남아 있으면 안 된다. 정확한 레시피의 계량이 중요하다. 또한 처음 반죽할 때 밀가루를 일부 남겨놓고 반죽 형태를 만든 다음 나머지 밀가루를 넣어야, 밀가루를 모두 반죽에 섞을 수 있다. 이렇게 하지 않으면 볼 바닥에 날가루가 남아 있는 상태에서 믹서가 계속 헛돌게 된다 (이런 경우에는 반죽을 볼에서 꺼내 손으로 반죽을 치대서 날가루를 모두 섞고, 다시 볼에 넣어 다음 단계로 넘어간다).

또 다른 문제는 반죽이 후크를 타고 올라오는 경우이다. 반죽이 지나치게 높이 올라오면, 후크와 믹서가 연결된 부분까지 올라오기도 한다. 반죽의 양이 많을 때는 후크를 타고 올라온 반죽이 볼 밖으로 밀려날 수도 있다. 믹서를 사용하는 동안에는 눈을 떼지 말고 계속 믹서를 살펴서, 작동 방식에 익숙해져야 한다. 후크가 제대로 반죽하고 있는지, 혹시 반죽 덩어리를 볼에서 그저 빙빙 돌리기만 하는 것은 아닌지, 항상 살피는 습관을 갖는 것이 좋다. 내가 갖고 있는 키친에이드 프로 4½ 쿼트 믹서로 반죽을 만들면서, 반죽의 크기와 수분율을 조절했다. 2~3분마다 볼 옆면에 달라붙은 반죽을 긁어내고 후크에 붙은 반죽을 떼어내서 반죽 덩어리에 섞고, 볼 바닥 가운데에 붙어 있는 반죽을 떼어낸 뒤 다시 믹싱을 시작해야 한다.

여러분이 사용하는 스탠드 믹서가 다른 브랜드의 제품일 수도 있고, 용량이 다를 수도 있다. 갖고 있는 스탠드 믹서로 반죽이 잘 되지 않을 경우, 버터를 넣기 전에 1~2번 정도 믹서에서 반죽을 꺼내 덧가루를 뿌린 작업대에 놓고 손으로 치대면, 좋은 반죽을 만들 수 있다. 버터를 넣기 전에 글루텐을 충분히 형성시켜야 한다. 스탠드 믹서의 후크가 반죽 덩어리를 통과하면서 반죽을 섞지 않고, 반죽을 볼의 옆면으로 돌리고만 있다면, 반죽을 꺼내서 손으로 치대줘야 한다. 일단 버터를 넣은 뒤에는 모든 작업을 믹서로 한다.

BRIOCHE
브리오슈

덮개 있는 로프팬
또는 덮개 없는 로프팬
(윗부분을 둥글게 만들 때)

이 레시피에는
4~5ℓ 용량의 믹싱볼과
도우 후크가 포함된
스탠드 믹서가 필요하다.

갓구운 따뜻한 브리오슈는 겨울날 하와이에서 보는 석양처럼 환상적이고 따뜻하다. 어떤 상황에서도, 정말 멋진 순간을 맞이하게 된다. 브리오슈가 구워지는 동안, 곧 완성될 따뜻한 브리오슈의 향이 베이커의 코끝을 간질거리며 유혹한다. 잘 구워진 브리오슈를 입에 넣으면 바로 녹아내리고, 버터향 가득한 발효반죽의 풍미가 입안에 남는다. 마치 아무런 방해 없이 기분 좋게 낮잠을 자면서 꾼 꿈의 여운과 같다. 두껍게 잘라서 먹거나, 전통적인 방법대로 그냥 손으로 뜯어서 먹는다. 정말, 맛있다!

잘 만든 브리오슈 반죽은 모서리가 각이 져서 슬라이스하기 편한 브리오슈를 만들 수도 있고, 둥글게 만든 반죽을 나란히 넣고 구워서 하나씩 떼어낼 수 있는 브리오슈를 만들 수도 있으며, 주름틀에 굽는 눈사람 모양의 전통 프랑스식 '브리오슈 아 테트(Brioche à Tête)'를 만들 수도 있다. 이 레시피에서는 2가지 방법으로 브리오슈를 굽는다. 첫 번째는 덮개 있는 로프팬에 굽는 방법이고, 다른 하나는 3개의 둥근 반죽을 만들어서 함께 로프팬에 넣고, 팬보다 높이 부풀어 오르게 굽는 방법이다.

좋은 브리오슈 반죽에는 물을 넣지 않는다. 반죽의 수분은 대부분 달걀과 적은 양의 우유에서 공급된다. 반죽을 믹싱한 다음 버터를 넣는데, 정말 많은 양의 버터를 넣는다. 브리오슈에는 보통 밀가루 무게의 40~60%의 버터를 사용한다.

브리오슈 레시피를 소개하기 전에 한 가지 경고할 것이 있다. 이 레시피에는 덮개 있는 로프팬을 사용하는 것이 가장 좋은데, 반죽을 지나치게 많이 넣으면 문제가 생길 수 있다. 반죽이 오븐 안에서 부풀어 오르면서 로프팬 밖으로 터져 나와 오븐 바닥에 떨어지기 때문이다. 브리오슈 반죽은 달걀과 버터 함량이 매우 높은 반죽이기 때문에, 바닥에 떨어진 반죽이 타면 연기가 많이 난다. 따라서 오븐에 로프팬을 넣고 처음 15~20분까지는, 이런 일이 일어나지 않도록 계속 주의 깊게 살펴야 한다. 덮개 있는 로프팬 레시피의 반죽량은 이 책의 p.34에서 소개한 셰프메이드의 21.3 × 12.2 × 11.4㎝(8.4 × 4.8 × 4.5인치) 로프팬을 기준으로 계산했다. 덮개 있는 로프팬을 사용할지, 덮개 없는 로프팬을 사용할지 선택해야 한다. 반죽이 넘쳐서 생기는 문제는 덮개 있는 로프팬을 사용할 때만 발생한다. 덮개 없는 로프팬에 구우면 반죽이 팬 밖으로 넘치지 않고, 로프팬 위로 부풀어 오르며 구워진다.

레시피 » 약 907g(2파운드) 로프팬 브레드 1덩어리

1차발효
21℃(70℉) 실온에서 약 3시간
따뜻하면 더 빠르게, 추우면 더 천천히 발효

2차발효
21℃(70℉) 실온에서 약 2시간

오븐에 굽기
190℃(375℉)에서 45분 예열
190℃(375℉)에서 약 40분 굽기

스케줄 예시
오전 9:30 시작
↓
오전 10:00 믹싱 완료
↓
오후 1:00 성형
↓
오후 3:00 오븐에 굽기

베이킹을 시작하기 전에 재료를 계량해 놓아야
반죽할 때 집중할 수 있다.
1차발효 뒤에는 덮개 없는 로프팬에 굽는지,
또는 덮개 있는 로프팬에 굽는지에 따라,
진행 과정이 조금 달라진다.

재료	분량	베이커 %
제빵용 흰 밀가루	330g (2⅓컵 + 1¼ts)	100%
달걀	200g (대란 4개)	60%
우유 (차가운)	33g (2TB + ¾ts)	10%
설탕	40g (2TB + 1¼ts)	12%
고운 바닷소금	7g (1½ts보다 조금 적게)	2%
인스턴트 드라이 이스트	6g (2ts)	1.8%
르뱅 (옵션)	50g (¼컵)	밀가루 총량의 7.6% (사용할 경우)
무염버터 (차가운)	165g (¾컵)	50%

1a 믹싱 1단계

믹싱볼에 달걀 4개, 우유 33g, 이스트 6g, 그리고 르뱅을 사용한다면 냉장보관한 르뱅 50g을 순서대로 넣고 섞지 않는다. 1~2분 정도 그대로 두었다가 밀가루 280g(총 330g의 밀가루 중 50g은 남겨둔다)을 넣고, 믹서에 후크를 설치한 뒤 저속으로 밀가루와 다른 재료가 모두 섞일 때까지 믹싱한다. 나머지 50g의 밀가루를 넣고 중저속으로(나의 키친에이드 스탠드 믹서에서는 2번 단계) 5분 동안 믹싱한다. 볼 옆면에 붙은 반죽을 스패출러나 둥근 스크레이퍼로 긁어서 반죽 덩어리에 섞어준다.

1b 믹싱 2단계

설탕 40g과 소금 7g을 볼에 넣고, 중저속으로 5분 동안 섞는다. 이때, 한두 번 정도 믹싱을 멈춘 다음 볼 옆면에 달라붙은 반죽을 긁어내고 후크에 달라붙은 반죽을 떼어내서, 반죽 덩어리에 섞어준다. 다시 3분 정도 중저속으로 믹싱해서, 모든 재료가 전체적으로 잘 섞인 한 덩어리의 반죽을 만든다. 이렇게 믹싱하는 과정을 통해, 반죽에 버터를 넣기 전에 글루텐을 충분히 형성시켜야 한다. 만약 믹서가 제대로 믹싱하지 않고 볼 주위로 반죽을 빙빙 돌리고 있는 것처럼 보일 때는, 믹서를 멈추고 반죽을 볼에서 꺼내 덧가루를 뿌려놓은 작업대로 옮겨서 2~3분 정도 손으로 반죽을 치대준다. 반죽을 다시 볼로 옮기고, 버터를 넣는 다음 단계를 진행한다.

1c 믹싱 3단계

차가운 버터 165g을 25개 정도의 작은 조각으로 자른다. 버터를 섞는 시간은 총 10분이다. 타이머를 10분으로 설정하고 믹싱한다. 잘라둔 버터의 ⅔ 분량을 반죽에 넣고 제빵용 흰 밀가루 8~10g(약 1TB)으로 코팅해서, 버터에 접착력을 더해 반죽과 잘 섞이게 한다. 중저속으로 2~3분 정도 믹싱한다. 이제 나머지 버터까지 모두 넣고 10분으로 설정해둔 타이머가 울릴 때까지 믹싱한다.

믹싱 3단계가 끝나면 버터 조각이 보이지 않고 모든 버터가 반죽에 완전히 섞여 있어야 한다. 또한 반죽은 윤기 있고 매우 부드럽게 완성되어야 하며, 볼에서 꺼냈을 때 반죽이 잘 늘어나야 한다(잘 휘어지는 스크레이퍼를 사용하면 반죽을 쉽게 꺼낼 수 있다).

믹싱 초기단계에는 반죽온도가 낮다. 믹싱과정에서 마찰열로 온도가 올라가고, 믹싱이 끝난 반죽의 평균온도는 약 22℃(72℉)이다.

2 반죽을 믹싱볼에서 꺼내기 & 1차발효

작업대에 약 30㎝ 너비로 덧가루를 적당히 뿌린다. 손에 덧가루를 묻히고 믹싱볼에서 반죽을 꺼내, 덧가루를 뿌려놓은 작업대로 옮긴다(볼 바닥에 붙어 있는 반죽은 잘 휘어지는 스크레이퍼를 사용하면 쉽게 분리된다). 반죽을 늘려서 접어 올리는 동작을 7~8번 정도 반복하여, 반죽을 탄력 있는 공모양으로 만든다. 반죽의 아랫부분(이음매 부분)에 덧가루를 조금 묻힌 뒤 반죽통 또는 큰 볼에 이음매가 밑으로 가게 넣고, 뚜껑을 덮거나 밀봉해서 반죽이 2배로 부풀어 오를 때까지 3시간 정도 실온에 둔다.

코팅된 논스틱 로프팬을 사용하더라도 쿠킹 스프레이를 살짝 뿌리는 것이 좋다. 여러 번 사용한 코팅팬에는 반죽이 달라붙기도 한다.

3 성형

이번에는 잘 늘어나고 늘어지는 반죽을 늘리고 접어서, 로프팬 너비에 맞추는 과정이다. 먼저, 덧가루를 묻힌 손으로 작업대에 놓인 반죽을 들었다 놓았다 하면서, 전체적으로 반죽 두께가 일정한 직사각형으로 만든다.

덮개 있는 로프팬에 굽는 경우

p.49~50의 반죽 성형 방법에 따라, 양손에 덧가루를 묻히고 반죽을 동시에 좌우로 충분히 잡아당겨서 처음의 3배 길이로 탱탱하게 늘린다(손을 양방향으로 동시에 벌려서 반죽을 늘린다). 그런 다음 늘린 반죽을 '봉투(Packet)'를 접듯이 가운데로 서로 겹치게 포개서, 로프팬 너비에 맞게 네모난 모양을 만든다.

반죽 위에 묻어 있는 덧가루를 털어내고, 반죽을 앞에서 뒤로, 또는 뒤에서 앞으로 말아(Rolled-Up Motion) 로프팬 너비로 둥글게 만 긴 반죽을 만든다. 반죽의 이음매가 위 또는 아래로 오게 로프팬에 넣는다. 이음매 방향은 어느 방향이든 관계없다. 덮개를 덮는다.

덮개 없는 로프팬에 굽는 경우

반죽칼을 이용하여 반죽을 크기가 같게 3덩어리로 자른다. 1덩어리의 무게는 약 250g(르뱅을 사용할 경우에는 약 265g)이다. 반죽통이나 믹싱볼에 반죽이 묻기 때문에, 1덩어리의 무게는 정확하지 않다.

반죽을 늘리고 접는 작업을 통해 둥글게 만든다. 각각의 반죽 덩어리를 한 번에 ¼씩 잡고 늘려서 반죽 위로 접어 올리는 동작을, 반죽이 동그란 모양이 될 때까지 반복한다. 이제 덧가루를 뿌리지 않은 작업대 위에 반죽을 놓고, 작업대와 반죽 아랫부분 사이의 마찰로 탄력을 주면서 반죽을 공모양으로 성형한다.

반죽 덩어리를 각각 이음매가 아래로 가게 놓고, 반죽을 몸쪽으로 잡아당겨 반죽과 작업대 표면의 마찰로 탄력이 생기게 만든다. 반죽을 옆으로 돌리면서 반복한다. 비닐랩을 덮고 10분 정도 휴지시킨 뒤, 각각의 반죽 덩어리를 모두 같은 방법으로 성형한다.

반죽의 이음매가 아래로 가도록 로프팬에 나란히 넣는다. 비닐랩으로 덮는다.

4 2차발효

여기서는 2차발효를 끝내는 타이밍이 중요하다. 덮개 있는 로프팬과 덮개 없는 로프팬은, 반죽이 어느 정도 부풀었을 때 2차발효를 끝내야 하는지 알아보는 기준이 조금 다르다.

덮개 있는 로프팬에 굽는 경우 : 반죽이 덮개보다 0.6㎝ 정도 아래까지 부풀어 올랐을 때, 오븐에 넣고 굽는다. 반죽이 덮개에 닿을 정도로 부풀어 올라도 괜찮다.

덮개 없는 로프팬에 굽는 경우 : 부풀어 오른 반죽이 덮어 놓은 비닐랩을 위로 밀어올리기 시작하면, 오븐에 넣고 굽는다. 반죽의 버터 함량이 높기 때문에, 비닐랩이 쉽게 벗겨진다.

약 21℃(70℉)에서 발효시킨다는 가정 아래, 성형이 끝난 반죽은 2시간 정도 뒤에 굽는다. 주방이 따뜻하면 2차발효는 더 빨리 끝난다.

5 오븐 예열

로프팬 브레드를 굽기 약 45분 전에 오븐의 중간 단에 선반을 얹고, 오븐을 190℃(375℉)로 예열한다.

6 굽기

덮개 없는 로프팬에 구울 때는 먼저 비닐랩을 제거하고, 로프팬을 오븐 선반 가운데에 올린다. 30분 동안 구운 뒤, 덮개 없는 로프팬의 경우 빵이 고르게 구워지는지 확인하고(고르게 구워지지 않는다면 로프팬의 방향을 돌려준다), 10분 더 굽는다. 덮개 있는 로프팬의 경우에는 빵을 굽는 40분 동안 계속 덮개를 덮고 굽는다.

덮개 없는 로프팬에 구운 브리오슈의 윗부분은 상당히 어두운 갈색을 띠는데, 이렇게 짙은 색이 날 때까지 구워야, 빵의 옆면도 충분히 익어서 식힐 때 꺼지지 않는다. 그렇기 때문에 빵을 너무 빨리 오븐에서 꺼내면 안 된다. 만약

브리오슈가 지나치게 빨리 짙은 색을 띠기 시작하면, 30분 정도 구웠을 때 쿠킹포일로 텐트처럼 덮개를 만들어서 로프팬 윗부분을 살짝 덮어준다(우리집 오븐에서는 덮개 없이도 잘 구워졌다).

오븐장갑을 끼거나 두꺼운 마른행주를 사용하여 오븐에서 로프팬을 조심스럽게 꺼내고, 로프팬을 기울여서 완성된 빵을 꺼낸다(바로 꺼내지 않으면, 옆면과 아랫면에 수증기가 차면서 빵이 속으로 꺼진다). 공기가 잘 통하도록 식힘망 위에 올려서, 적어도 30분 이상 식힌 뒤 슬라이스한다. 1시간 정도 식히면 더욱 좋다.

SHOKUPAN, OR JAPANESE MILK BREAD

일본식 우유식빵

덮개 있는 로프팬
또는 덮개 없는 로프팬
(윗부분을 둥글게 만들 때)

이 레시피에는
4~5ℓ 용량의 믹싱볼과
도우 후크가 포함된
스탠드 믹서가 필요하다.

이 매력적인 빵을 두툼하게 슬라이스해서 먹으면, 가장 먼저 탱탱하고 쫄깃한 식감이 느껴진다. 그리고 살짝 달콤한 우유맛을 느끼게 된다. 이 빵은 다른 「인리치드 화이트 브레드」, 예를 들어 프랑스의 '팽 드 미(Pain de Mie)'와는 조금 다른 빵이다. 쇼쿠팡[食パン]이라고도 부르는 「일본식 우유식빵」은, 버터보다 우유가 더 많이 들어간 인리치드 반죽으로 만든다. 그러나 이 빵의 결정적인 특징은, 반죽에 섞는 적은 양의 밀가루와 물로 만든 탕종(워터 루)에서 비롯된다. 작은 소스용 냄비를 불 위에 올리고 3분 동안 계속 저으면서 만든다. 일본어로는 유다네[湯種]라고 부르는 탕종은 걸쭉한 페이스트 형태로, 처음 탕종을 만들 때는 도대체 이것으로 정확히 무엇을 한다는 것인지 의문을 가질 수밖에 없다. 기술적으로 이야기하면, 전분의 일부를 미리 젤라틴화하여 반죽이 더 많은 물을 머금을 수 있게 하고, 결과적으로 빵의 질감을 모든 면에서 바꿔놓는다. 탕종이 작용하는 방식은 정말 기발하다.

물과 밀가루를 4:1 또는 5:1의 비율(레시피마다 조금씩 다르다)로 섞으면, 아주 묽은 슬러리(Slurry, 물과 밀가루를 걸쭉하게 섞은 것으로, 소스 등의 질감과 농도를 조절할 때 사용한다)가 만들어진다. 이 슬러리를 끓여서 식히면 실리콘 젤 같은 질감의 탕종이 되는데, 탕종을 반죽에 섞어도 밀가루에 수분이 공급되지는 않는다. 따라서, 배합표의 우유와 물의 양을 보고 짐작할 수 있는 늘어지는 반죽이 아닌, 예전 스타일처럼 느껴지는 조금은 단단한 반죽이 만들어진다. 반죽과 섞인 탕종의 젤라틴된 녹말은 빵을 굽는 동안에도 계속 수분을 머금고 있기 때문에, 매우 부드럽고 탱탱하며 오래도록 촉촉한 빵이 완성된다. 굉장히 멋진 일이다.

이 레시피에서는 우유식빵을 덮개 있는 로프팬에 구워서, 슬라이스하면 모두 같은 정사각형이 된다. 이 책의 다른 빵처럼 덮개 없는 로프팬에 구울 수도 있고, 또는 브리오슈처럼 3개의 공모양으로 반죽을 성형한 뒤 로프팬에 나란히 넣고 발효시켜서 구워, 3개의 덩어리가 하나가 된 빵으로 구울 수도 있다(브리오슈처럼 성형하여 구울 경우에는, p.178의 덮개 없는 로프팬에 굽는 경우의 설명을 따른다. 이 레시피의 반죽은 무게가 약 290g인 반죽 3개로 나눌 수 있다).

일본의 편의점에서 판매하는 샌드위치를 만들고 싶다면, 이 빵이 제격이다. 귀엽게 반으로 자른 삶은 달걀을 넣은 일본식 편의점 달걀 샌드위치처럼, 인스타그램에 올릴

만한 샌드위치를 만들고 싶다면 이 빵을 추천한다. 「일본식 우유식빵」으로 스테이크 샌드위치를 만들면, 정신을 못 차릴 정도로 맛있다. 일본의 작은 레트로 식당이나 깃사텐[喫茶店]이라 부르는 커피숍에서 파는 피자 토스트도 이 빵으로 만든다. 빵을 두껍게 슬라이스해서 소스와 치즈만 올리기도 하고, 가게에 따라 더 멋진 토핑을 추가로 올리기도 한다. 일본식 피자 토스트는 빵껍질(크러스트)을 잘라내고 만들기도 하고, 그대로 만들기도 하며, 부분적으로만 남기고 만들기도 한다.

탕종은 정확히 66~79℃(150~175℉)의 온도에서 만들어야 한다. 몇몇 레시피에서는 65℃(149℉)가 정확한 온도라고 하고, 또 다른 레시피에서는 79℃(175℉)라고도 한다. 직접 여러 번 테스트해본 결과, 이 2가지 온도 사이에서는 모두 비슷한 결과물이 나왔다. 탕종을 지나치게 높은 온도에서 만들면, 이 빵 특유의 질감을 만드는 데 필요한 탕종이 분해되어 버린다. 탕종 레시피를 테스트할 때는 작은 소스용 냄비를 중불에 올려 달군 다음, 물과 밀가루를 넣고 중간 약불로 낮춰 계속 저어주면서 3분 정도 익혔다(거품기로 저으면 탕종이 지나치게 많이 달라붙어서 탕종온도를 측정하며 익히기 어렵기 때문에, 큰 수프용 스푼으로 젓는 것이 좋다). 탕종은 풀 같은 질감의 페이스트가 되었다가 부드러운 젤 상태로 굳는다. 탕종온도를 측정할 조리용 탐침온도계가 없다면, 3분 동안 익히는 나의 레시피를 따르면 된다. 하지만 큰 냄비를 사용하면 1분만에도 만들 수 있다.

브리오슈 레시피처럼, 이 레시피의 반죽은 p.34에서 소개한 셰프메이드의 21.3 × 12.2 × 11.4㎝(8.4 × 4.8 × 4.5인치) 로프팬에 맞는 분량이다.

레시피 » 약 907g(2파운드) 로프팬 브레드 1덩어리

1차발효

21℃(70℉) 실온에서 약 2시간

따뜻하면 더 빠르게, 추우면 더 천천히 발효

2차발효

21℃(70℉) 실온에서 약 1시간 30분

오븐에 굽기

190℃(375℉)에서 45분 예열

190℃(375℉)에서 약 45분 굽기

스케줄 예시

오전 9:30 시작

↓

오전 10:00 믹싱 완료

↓

오후 12:00 성형

↓

오후 1:45 오븐에 굽기

베이킹을 시작하기 전에 재료를 각각 계량해 놓아야, 반죽할 때 집중할 수 있다.

탕종

재료	분량	베이커 %
물	125g (¼컵 + 2TB + 2ts)	29.4%
제빵용 흰 밀가루	25g (2TB + 2¾ts)	6%

본반죽

재료	분량	베이커 %
제빵용 흰 밀가루*	400g (2¾컵 + 2ts)	94%
우유 (차가운)**	215g (1컵 + 2ts)	50.6%
설탕	30g (2TB + 1¼ts)	7.5%
고운 바닷소금	8g (1½ts)	1.9%
인스턴트 드라이 이스트	8g (2¾ts)	1.9%
무염버터 (차가운)	60g (¼컵 + 1ts)	14%
탕종	150g	물 = 29.4% 밀가루 = 6%

*   탕종에 들어간 밀가루까지 포함한 전체 밀가루의 총량(베이커 % 100%) = 425g

**   우유는 저지방 우유가 아닌 일반 우유를 사용한다

1 탕종 만들기

작은 소스용 냄비를 중불에 올려 1분 정도 가열한다. 물 125g을 냄비에 붓고 밀가루 25g을 넣는다. 3분 정도 큰 수프용 스푼으로 계속 저으면서 중불~중간 약불로 익힌다. 처음에는 묽지만, 마지막에는 매시트포테이토처럼 걸쭉한 페이스트가 된다. 온도가 66~79℃(150~175℉)가 되면 완성이다. 냄비를 불에서 내리고, 10분 이상 식힌다.

2 재료 계량

탕종을 식히는 동안, 각각 다른 볼에 밀가루 400g, 차가운 우유 215g, 설탕 30g, 고운 바닷소금 8g, 인스턴트 드라이 이스트 8g, 차가운 버터 60g을 계량해 놓는다.

3a 믹싱 1단계

믹싱볼에 우유 215g을 붓고 인스턴트 드라이 이스트 8g을 우유 위에 뿌린다. 1~2분 정도 그대로 둔다. 섞을 필요는 없다. 밀가루 400g을 우유와 이스트를 담은 볼에 넣고, 탕종을 넣는다. 탕종의 온도는 43℃(110℉)보다 낮아야 한다. 믹서에 도우 후크를 설치하고 밀가루가 모두 섞일 때까지 저속으로 섞은 다음, 3분 정도 더 섞는다. 반죽이 공모양으로 뭉쳐져야 한다.

3b 믹싱 2단계

설탕 30g과 고운 바닷소금 8g을 반죽에 넣고 저속으로 5분 동안 섞는다(내 믹서의 경우, 반죽을 섞는 도중에 볼이나 후크에 달라붙은 반죽을 떼어내는 작업을 많이 하지 않았다). 만약 볼의 옆면이나 바닥에서 반죽을 긁어내 반죽 덩어리에 섞거나, 후크에 달라붙은 반죽을 떼어내 반죽 덩어리에 섞는 작업이 1~2번 정도 필요하다면, 그렇게 해도 관계없다. 이 단계의 목표는 버터를 넣기 전에 모든 재료를 골고루 섞고, 글루텐을 충분히 형성시키는 것이다.

3c 믹싱 3단계

차가운 버터를 12조각 정도로 작게 잘라 반죽에 넣고, 버터 조각이 더 이상 보이지 않을 때까지 중저속으로(나의 키친에이드 스탠드 믹서에서는 2번 단계) 5분 동안 섞는다. 처음에는 반죽온도가 낮지만 믹싱하면서 마찰열로 온도가 올라가, 반죽이 완성되었을 때의 평균온도는 약 22℃(72℉)이다.

4 반죽을 믹싱볼에서 꺼내기 & 1차발효

작업대에 약 30㎝ 너비로 덧가루를 적당히 뿌린다. 손에 덧가루를 묻히고 믹싱볼 바닥에서 반죽을 위로 들어올려, 덧가루를 뿌려 놓은 작업대로 옮긴다(볼 바닥에 붙어 있는 반죽은 잘 구부러지는 유연한 스크레이퍼를 사용하면 쉽게 분리된다). 반죽을 늘려서 접어 올리는 동작을 7~8번 정도 반복하여, 반죽을 탄력 있는 공모양으로 만든다. 반죽의 아랫부분(이음매 부분)에 덧가루를 조금 묻힌 뒤 반죽통 또는 큰 볼에 이음매가 밑으로 가게 넣고, 뚜껑을 덮거나 밀봉해서 반죽이 2배로 부풀어 오를 때까지 실온에 2시간 정도 놓아둔다.

코팅된 논스틱 로프팬을 사용하더라도 쿠킹 스프레이를 살짝 뿌리는 것이 좋다. 여러 번 사용한 코팅팬은 반죽이 달라붙기도 한다.

5 성형

이제 반죽을 늘리고 접어서, 로프팬 너비에 맞춘다. 먼저 덧가루를 묻힌 손으로 작업대에 놓인 반죽을 들었다 놓았다 하면서, 전체적으로 반죽 두께가 일정한 직사각형으로 만든다.

p.49~50의 반죽 성형 방법에 따라, 양손에 덧가루를 묻히고 반죽을 동시에 좌우로 충분히 잡아당겨서 처음의 3배 길이로 팽팽하게 늘린다(손을 양방향으로 동시에 벌려서 반죽을 늘린다). 그런 다음 늘린 반죽을 '봉투(Packet)'를 접듯이 가운데로 겹치게 포개서, 로프팬 너비에 맞게 네모난 모양을 만든다.

반죽 위에 묻어 있는 덧가루를 털어내고, 반죽을 앞에서 뒤로, 또는 뒤에서 앞으로 말아 로프팬 너비로 둥글게 만긴 반죽을 만든다. 반죽의 이음매가 위 또는 아래로 오게 로프팬에 넣는다. 이음매 방향은 어느 방향이든 관계없다. 덮개를 덮고 실온에 둔다.

6 2차발효

반죽이 덮개보다 0.6cm 정도 아래까지 부풀어 오르면 오븐에 넣고 굽는다. 반죽이 덮개에 닿을 정도로 부풀어 올랐어도 괜찮다.

약 21℃(70℉)에서 발효시킨다는 가정 아래, 성형이 끝난 반죽은 1시간 30분 정도 후에 굽는다. 주방이 따뜻하면 2차발효는 더 빨리 끝난다.

7 오븐 예열

로프팬 브레드를 굽기 약 45분 전에 오븐의 중간 단에 선반을 얹고, 오븐을 190℃(375℉)로 예열한다.

8 굽기

로프팬을 오븐 선반 가운데에 올려서 40분 동안 굽는데, 계속 덮개를 덮은 채로 굽는다. 35분 정도 지났을 때 빵 색깔을 확인한다. 식힐 때 빵이 꺼지지 않도록, 옆면이 충분히 단단하게 익을 때까지 굽는다.

오븐장갑을 끼거나 두꺼운 마른행주를 사용하여 오븐에서 로프팬을 조심스럽게 꺼내고, 로프팬을 기울여 완성된 빵을 꺼낸다(바로 꺼내지 않으면, 옆면과 아랫면에 수증기가 차면서 빵이 속으로 꺼진다). 공기가 잘 통하도록 식힘망 위에 올려서, 적어도 30분 이상 식힌 뒤 슬라이스한다. 1시간 정도 식히면 더욱 좋다.

EGG SALAD, KONBINI-STYLE

달걀 샐러드 샌드위치, 일본 편의점 스타일

이 레시피의 핵심은 추가한 달걀노른자와 쌀식초, 그리고 큐피 마요네즈이다(큐피 마요네즈는 온라인에서 쉽게 구매할 수 있다). 이 레시피는 〈트라이펙타 타번 & 베이커리〉와 〈켄즈 아티장 베이커리〉에서 베이커로 일했던 유키 니시타니(Yuki Nishitani)의 레시피이다.

레시피 » 미니 달걀샐러드 샌드위치 6개

재료	분량
달걀	5개 (대란)
얼음 (달걀을 식힐 얼음물용)	적당량
큐피 마요네즈	5TB
쌀식초	1ts
설탕	1ts (또는 입맛에 맞게 조금 더)
소금, 후추	적당량
일본식 우유식빵	슬라이스 4장
부드러운 무염 버터 (빵에 바르는 용)	적당량

2ℓ 냄비 또는 큰 소스용 냄비에 물을 넣고 강불로 끓인다. 냉장고에서 바로 꺼낸 달걀을 끓는 물에 넣고 10분 동안 삶는다. 달걀이 익는 동안, 중간 크기의 볼에 얼음과 물을 채운다. 달걀이 익으면 바로 얼음물에 완전히 잠기도록 넣고 1~2분 정도 기다린다.

달걀껍질을 벗긴다. 삶은 달걀 1개는 흰자를 분리해서 다음에 필요할 때 사용한다. 흰자를 제거한 달걀노른자 1개와 나머지 4개의 달걀을 적당히 작은 크기로 자른다. 자른 달걀을 중간 크기의 볼에 넣는다. 마요네즈, 식초, 설탕을 넣고 소금과 후추로 간을 맞춘다. 고무주걱으로 모든 재료를 골고루 부드럽게 섞는다. 맛을 보고 설탕, 소금, 후추를 필요에 따라 추가한다.

빵껍질을 잘라낸다. 빵의 한쪽 면에 각각 버터를 얇게 바른다. 준비한 달걀샐러드를 ½씩 나눠서 2장의 빵 위에 각각 평평하게 올린다. 나머지 빵 2장을 버터를 바른 면이 달걀샐러드에 닿게 덮는다. 각각 3개의 미니 샌드위치로 잘라서 접시에 담는다.

피자 토스트 PIZZA TOAST

오븐 토스터에 구워내는 피자 토스트의 맛은 인정하지 않을 수 없다. 치즈 토스트의 화려한 버전인 피자 토스트는 야식계의 영웅이자, 집에 있는 재료를 활용하여 큰 노력 없이도 만들 수 있는 간식계의 스타. 소스가 있다면 소스를 바르고 아무 치즈나 올린 뒤, 토핑은 집에 있는 재료를 적당히 얹으면 된다. 3분 안에 재료를 골라 준비를 마치고 오븐에 구울 수 있다.

피자 토스트는 보통 집에서 만드는 음식이라고 생각했는데, 티, 커피, 카레 같은 간단한 음식도 파는 깃사텐(일본의 작은 커피숍, 보통 가족이 운영한다) 중에는 피자 토스트를 주메뉴로 파는 곳도 있다고 한다. 솔직히 나는 가본 적이 없어서 잘 모르지만, 깃사텐에 가면 두껍게 슬라이스한 쇼쿠팡(p.181의 일본식 우유식빵)으로 만든 일본식 피자 토스트를 제대로 맛볼 수 있다고 들었다.

피자소스는 정말 쉽게 만들 수 있다. 토마토와 소금만 있으면 된다. 매콤한 맛을 좋아한다면 칠리 플레이크(서양식 굵은 고춧가루)를 넣어도 좋다. 미리 만들어 놓을 필요도 없다. 피자 토스트(또는 전통적인 피자)가 구워지면서 소스도 함께 완성된다. 질 좋은 800g(28온스)짜리 크러시드 토마토 캔 1개에 고운 바닷소금 8g을 넣고 숟가락으로 잘 섞는다. 이제 소스는 준비가 끝났다. 토마토 홀 캔을 사용할 경우에는, 믹서에 소금과 함께 넣고 1초만 돌려서 섞는다. 나는 피자 토스트를 만들 때 빵을 상당히 두껍게 슬라이스하고 소스를 많이 올려서, 빵에도 소스가 스며들게 한다.

피자 토스트에 사용하는 치즈는 모차렐라, 폰티나, 페퍼잭, 체다, 또는 미국식 뮌스터 치즈처럼 잘 녹는 프레시 치즈를 사용하는 것이 좋다. 여러 종류의 치즈를 섞어서 사용하면 더욱 좋다. 나는 피자 토스트에 소스만 올려서 구운 다음, 파르미지아노 레지아노 치즈를 갈아서 뿌리기도 한다 이렇게 만든 피자 토스트는 내가 젊었을 때 집에서 만들던 피자 토스트를 떠올리게 한다. 그때는 저녁에 스파게티를 먹을 때 뿌리던, 슈퍼마켓에서 파는 초록색 통에 들어있는 파마산 치즈 가루를 사용했다.

나는 피자 토스트의 토핑으로 페퍼로니를 올리는 것을 좋아하지만, 보통은 주방에 무엇이 있는지 살펴보고 토핑을 정한다. 예를 들면, 옥수수 캔이나 피망도 함께 올리기 좋은 조합이다.

두껍게 썬 로프팬 브레드나 더치오븐 브레드를 오븐 토스터에 살짝 구워내고 소스와 토핑을 얹는다. 소스는 2가지 방법으로 사용할 수 있다. 첫 번째는 소스를 빵에 바르고 그 위에 치즈를 얹는 일반적인 방법이다. 나머지는 반대로 치즈를 먼저 올리고 그 위에 소스를 얹는 방법이다. 그리고 일반 오븐이나 오븐 토스터에 넣고, 높은 온도로 피자 토스트가 완성될 때까지 굽는다.

CHAPTER 7
더치오븐 르뱅 레시피
DUTCH-OVEN LEVAIN RECIPES

이 책에서는, 집에서 만드는 천연 발효빵에 대한 새로운 접근 방법을 소개한다. 사워도우 발효종(나는 보통 르뱅이라는 표현을 쓴다)을 미리 만들어서 냉장보관하다가, 각 레시피에 맞는 스타터를 만들 때 조금씩 덜어서 사용한다. 스타터는 아침, 저녁, 그리고 다음 날(반죽을 만드는 날) 아침의 3단계를 거쳐 빠르게 만든다. 『밀가루 물 소금 이스트』책에서 냉장보관 르뱅을 다시 활성화하는데 2~3일이 걸렸던 것처럼, 차가운 발효종이 활성화되는 데는 시간이 조금 걸린다. 이 책에서는 스타터를 적은 양의 르뱅, 제빵용 흰 밀가루, 그리고 물로 만든다. 손으로 이 재료들을 믹싱해서 저녁까지 실온에 둔다. 그리고 밀가루와 물을 조금 더 첨가하여 다시 믹싱한다. 다음 날 아침, 1번만 더 먹이를 주면 이 스타터로 7~8시간 뒤에 만들 빵 반죽을 발효시킬 수 있다. 기후와 계절에 따라 조금씩 다르겠지만, 약 4~5시간 동안 빵 반죽을 1차발효시킨 다음 성형하여 냉장고에서 밤새 2차발효시키고, 다음 날 아침 오븐에 굽는다. 토요일 아침에 빵을 구우려면 목요일 아침에 스타터를 만들기 시작해야 한다.

이렇게 글로 써 놓으면, 실제보다 복잡하고 할 일이 많은 것처럼 보인다. 이 책의 「하루에 완성하는 레시피」 또는 「오버나이트 저온발효 레시피」를 이용하면 쉽고 편하게 빵을 만들 수 있다. 냉장고에 넣어둔 르뱅 통에서 100g을 꺼내 반죽과 섞고, 더치오븐에 굽는다. 또는 여기서 소개하는 「더치오븐 르뱅 브레드 레시피」를 이용해 이스트를 넣지 않은 진짜 사워도우 브레드를 만들 수도 있다. 2종류의 빵은 모두 환상적인 맛이다. 스타터를 만드는 3단계 과정은 스타터가 지나치게 시큼해지지 않게 막아주고, 반죽을 밤새 저온발효시키는 것은 마법과 같은 빵의 풍미를 켜켜이 쌓아 올리는 과정이다.

이 챕터의 레시피들은 더치오븐 르뱅 브레드 1덩어리를 만드는 레시피이다. 반죽을 2배로 만들어 2덩어리의 빵을 굽고 싶다면, 1일째에 주는 처음 2번의 먹이를 기존의 양과 같게 준다. 2일째에는 기존의 스타터를 1덩어리 분량을 만들 때와 같은 비율로 남겨두고, 아침 먹이를 2배로 준다(스타터 100g을 남기고, 먹이로 밀가루 200g과 물 200g을 준다). 다른 레시피처럼 스타터에 먹이를 주고 7~8시간이 지난 다음에 반죽을 만드는데, 이때 재료의 양을 2배로 계량해서 반죽을 만든다.

「애플 사이더 르뱅 브레드」 레시피는 유일하게 지금까지 설명한 더치오븐 르뱅 브레드의 베이킹 스케줄을 따르지 않는다. 이 반죽은 실온에서 밤새 1차발효시킨다.

온도에 대하여

스타터를 만들 때는 물온도와 실내온도에 특히 신경 써야 한다. 이 책의 레시피에는 계절에 따라 알맞은 물온도를 표시해 놓았다. 실내온도가 27℃(80℉)인 경우, 21℃(70℉)일 때보다 스타터(또는 본반죽)의 발효가 더 빨리 진행되기 때문에, 차가운 물을 사용하여 스타터의 온도를 조절하고 발효 속도를 조금 늦출 수 있다. 이렇게 온도를 조절하는 이유는 스타터가 과발효되어 시큼한 맛이 생기는 것을 막고, 빵을 충분히 발효시킬 수 있는 좋은 스타터를 만들기 위해서다. 스타터와 반죽이 발효되는 동안 실내온도를 21℃(70℉)로 유지할 수 있으면, 레시피에서 제시하는 물온도와 발효시간을 그대로 따르면 된다.

계절에 따른 조절

겨울에 집에서 실내온도를 21℃(70℉)로 맞춰놓아도, 바닥, 주방 작업대, 반죽통 등의 표면은 여름에 비해 차갑다. 빵 반죽도 밖이 춥다는 것을 알고 있다.

지금까지 계속해서 언급한 계절에 따른 발효 속도의 차이는, 르뱅 브레드 반죽에서 특히 분명하게 드러난다. 이런 이유로 르뱅 브레드 반죽을 만들 때는 계절에 따라 약간의 조절이 필요하다. 르뱅 브레드 반죽은 여름에 비해 겨울에 더 천천히 부풀지만, 몇 가지 간단한 조절을 통해 어느 계절에나 맛있는 빵을 구울 수 있다.

이 챕터의 레시피에서는 아래 표에 따라 조절해서 만든 사워도우로 잘 부풀어 오른, 훌륭한 풍미의 빵을 만들 수 있다.

계절에 맞게 사워도우 조절하기

		여름	겨울
스타터, 1일째 : 아침 먹이	물온도	24~27℃ (75~80℉)	29℃ (85℉)
스타터, 1일째 : 저녁 먹이	물온도	21℃ (70℉)	29℃ (85℉)
스타터, 2일째 : 아침 먹이	먹이를 주기 전 스타터	50~60g	75g
	물온도	32~35℃ (90~95℉)	35℃ (95℉)

＊ 여름에 사워도우가 과발효되고 빵에서 시큼한 맛이 날 때는, 먹이를 줄 때마다 물온도를 위의 표보다 더 낮춘다.

COUNTRY BREAD, EIB-STYLE (WITH A WALNUT BREAD VARIATION)

컨트리 브레드, 이볼루션 in 브레드 스타일(+호두빵 버전)

더치오븐

「컨트리 브레드(시골빵)」라는 이름은 프랑스의 '팽 드 캄파뉴(Pain de Campagne, 시골빵이라는 뜻)'를 그대로 번역한 것이다. 이 빵은 이름에 맞게, 도시의 하얀 빵보다 투박한 모양이고 더 거친 밀가루를 블렌드해서 만든다. 컨트리 브레드의 밀가루 블렌드는 베이커에 따라 다르고, 거의 모두 르뱅을 사용하여 반죽을 발효시킨다. 호밀을 조금 넣는 것이 일반적이고, 풍미를 더하기 위해 메밀가루를 넣기도 하며(메밀에는 글루텐을 만드는 단백질이 없기 때문에, 풍미를 위해 조금만 사용한다), 맷돌로 제분해서 체로 친 밀가루만으로 만들 수도 있다. 이 빵은 맛있고, 껍질이 단단하며, '팽 드 미(Pain de Mie)' 같은 고급스러운 흰 빵과는 정반대여야 한다.

스타터를 만드는 작업은 2~3분이면 끝나는 빠르고 쉬운 과정이다. 천연 효모 발효종을 이용해 빵을 굽는 과정은, 상업용 이스트만 넣고 만드는 스트레이트 반죽보다 각 단계별로 더 많은 작업이 필요하다. 그러나 일단 더 많은 일을 해야 한다는 사실을 받아들이고 나면, 추가로 5~10분 정도 더 작업해서 그 시간을 투자할만한 가치가 충분한 빵을 맛볼 수 있다.

스타터를 만들기 위해 먹이를 3번 주는 과정은, 발효종의 힘을 길러주어 반죽이 잘 부풀어 오르게 하고, 빵이 지나치게 시큼하지 않고 균형 잡힌 맛을 갖게 해준다. 수많은 테스트의 결과, 냉장보관 중이던 르뱅에 먹이를 1번 또는 2번만 주어서 스타터를 만들었을 때는 반죽이 충분히 부풀어 오르지 않아 이스트를 더 첨가해야하거나, 완성된 빵이 너무 시큼해졌다. 스타터의 역할은 빵을 잘 부풀어 오르게 하는 것이 전부가 아니다. 맛 또한 좋아져야 한다.

이 레시피를 기본 모델로, 여러 가지 밀가루를 블렌드해서 다양한 빵을 만들 수 있다(사용하는 밀가루의 총량은 이번 레시피와 동일한 양을 사용한다). 통밀가루 대신 맷돌로 제분한 스펠트밀, 화이트 소노라, 또는 에머밀 가루를 사용할 수도 있고, 호밀가루를 빼고 싶다면 그렇게 해도 좋다. 통곡물 가루의 비율이 늘어나면 그에 맞게 물의 양을 조절하고, 반대로 그 비율이 줄어들면 물의 양을 줄이면 된다.

레시피 ≫ 약 907g(2파운드) 더치오븐 브레드 1덩어리

여름과 겨울에는 p.193 「계절에 맞게 사워도우 조절하기」를 참조한다.

1차발효
21℃(70℉) 실온에서 약 5시간
여름에는 약 4시간

2차발효
냉장고에서 하룻밤

오븐에 굽기
245℃ (475℉)에서 45분 예열
245℃ (475℉)에서 약 50분 굽기

스케줄 예시
1일째, 오전(오전 8:00~오후12:00) :
스타터 믹싱 + 그대로 두기
↓
1일째, 저녁(8~12시간 후) :
2번째 스타터 믹싱 + 그대로 두기
↓
2일째, 아침(10~12시간 후) :
3번째 스타터 믹싱 + 그대로 두기
↓
2일째, 오후(7~8시간 후) :
본반죽 믹싱, 3번 접기, 1차발효(여름 : 4시간, 겨울 : 5시간)
↓
2일째, 저녁 :
반죽통에서 반죽을 꺼내 성형, 냉장고에서 밤새 2차발효
↓
3일째, 아침~이른 오후 :
오븐에 굽기

스타터 : 1일째, 오전(오전 8:00~오후 12:00)

재료	분량
르뱅	50~60g (¼컵)
제빵용 흰 밀가루	100g (½컵 + 3TB + 1¼ts)
물 여름 : 24~27℃ (75~80℉) 겨울 : 29℃ (85℉)	100g (¼컵 + 2TB + 2ts)

스타터 : 1일째, 저녁(8~12시간 후)

재료	분량
오전에 믹싱한 스타터	모두
제빵용 흰 밀가루	100g (½컵 + 3TB + 1¼ts)
물 [여름 : 21℃ (70℉) 겨울 : 29℃ (85℉)]	100g (¼컵 + 2TB + 2ts)

스타터 : 2일째, 아침(10~12시간 후)

재료	분량
전날 저녁에 믹싱한 스타터	[여름 : 50~60g (¼컵) 겨울 : 75g (¼컵 + 2TB)]
제빵용 흰 밀가루	100g (½컵 + 3TB + 1¼ts)
물, 32~35℃ (90~95℉)	100g (¼컵 + 2TB + 2ts)

본반죽 : 2일째, 오후(7~8시간 후/스타터 온도를 27~29℃로 유지하면 6시간 후)

재료	분량	베이커 %
제빵용 흰 밀가루*	295g (2컵 + 1TB + 2¼ts)	79%
통밀가루*	80g (½컵 + 1TB + ½ts)	16%
통호밀가루 또는 다크 라이 가루*	25g (3TB + ¼ts)	5%
물, 32~35℃ (90~95℉)	300g (1¼컵)	80%**
고운 바닷소금	11g (2¼ts)	2.2%
스타터*	200g (1컵)	20%
구운 호두 조각 (옵션, 호두빵 버전에 사용)	115g (1¼컵)	23%

*   스타터에 들어간 밀가루까지 포함한 밀가루의 총량 = 500g

**   스타터에 들어간 물까지 포함한 %

■ 1일째, 오전(오전 8:00~오후 12:00)

스타터를 만들기 위해, 2ℓ 용량의 뚜껑이 있는 통(또는 큰 볼)을 비어 있는 상태에서 뚜껑을 빼고 무게를 측정하여, 통 옆면이나 노트에 기록한다. 스타터의 무게를 재기 위해 빈 통의 무게를 알아두어야 한다.

24~27℃(75~80℉)의 물 100g을 통에 붓는다. 냉장보관한 르뱅 50~60g을 꺼내 물에 넣고, 손가락으로 저어서 조금 풀어준다. 제빵용 흰 밀가루 100g을 넣고, 다시 손가락으로 저어서 모든 재료를 잘 섞는다.

뚜껑이나 비닐랩을 덮어 실온에 두는데, 21℃(70℉)가 가장 좋다. 만약 주방이 24~27℃(75~80℉)로 따뜻하면, 18~21℃(65~70℉)의 찬물을 사용한다. 사용하고 남은 르뱅은 다시 냉장고에 넣는다.

■ 1일째, 저녁(8~12시간 후)

오전에 믹싱한 스타터를 모두 사용한다. 21℃(70℉)의 물 100g과 제빵용 흰 밀가루 100g을 스타터가 들어 있는 통에 붓는다. 모든 재료가 섞일 때까지 손가락으로 저어준다.

뚜껑이나 비닐랩을 덮고 다음 날 아침까지 18~21℃(65~70℉)의 실온에 둔다. 만약 여름이고 주방이 밤새 24~27℃(75~80℉) 정도로 더 따뜻하면 여기서도 찬물을 사용하는데, 이번에는 16℃(60℉) 정도의 찬물을 사용한다. 스타터 자체의 온도도 실온으로 올라가기 때문에, 이전보다 더 차가운 물을 사용해야 한다.

■ 2일째, 아침(10~12시간 후)

오전 8시경, 전날 저녁에 믹싱한 스타터를 통 안에 50~60g(통 자체의 무게를 뺀 무게)만 남기고, 나머지는 버린다(버리는 스타터로 p.243의 훌륭한 피자 반죽을 만들 수 있다). 35℃(95℉)의 물 100g을 통에 붓고, 손가락으로 스타터와 잘 섞어서 슬러리(물과 밀가루를 걸쭉하게 섞은 것으로, 소스 등의 질감과 농도를 조절할 때 사용한다)를 만든다. 제빵용 흰 밀가루 100g을 넣는다. 모든 재료가 섞일 때까지 손가락으로 잘 저어준다. 21~24℃(70~75℉)의 따뜻한 곳에 둔다.

■ 2일째, 오후(7~8시간 후)

다음 설명대로 본반죽을 만든다. 스타터 윗면에 작은 기포가 조금씩 생기기 시작하면, 스타터가 잘 만들어지고 있다는 신호다. 1시간 정도 후에 스타터의 윗면이 기포로 완전히 덮인다. 이제 스타터를 본반죽에 사용할 수 있다. 스타터를 통에서 꺼내 반죽에 넣을 때, 가스가 많이 차 있어 매우 가볍게 느껴진다. 이 스타터는 2~3시간 안에 사용하는 것이 좋다. 그 안에는 신맛이 크게 증가하지 않는다.

1 오토리즈

32~35℃(90~95℉)의 물 300g을 6ℓ 용량의 원형 반죽통 또는 그와 비슷한 크기의 통에 넣는다. 아침에 믹싱한 2일째 스타터 200g을, 젖은 손으로 덜어서 반죽통에 넣는다. 손가락으로 저어서 발효종을 풀어준다. 제빵용 흰 밀가루 295g, 통밀가루 80g, 호밀가루 25g을 넣는다. 손으로 모든 재료를 잘 섞는다.

오토리즈 반죽 위에 고운 바닷소금 11g을 골고루 뿌린다. 소금이 조금 녹을 때까지 그대로 둔다.

뚜껑을 덮고 20분 휴지시킨다.

2 본반죽 믹싱

반죽이 달라붙지 않도록 손에 물을 적신 다음, 반죽을 섞는다. 반죽 아래로 손을 집어넣어 반죽의 ¼을 잡는다. 잡은 부분을 부드럽게 잡아당겨 늘린 다음, 반죽 위로 접어 올린다. 소금과 이스트가 완전히 덮일 때까지, 반죽의 방향을 돌리면서 이 과정을 3번 더 반복한다.

집게손 자르기(Pincer Method)로 모든 재료를 완전히 섞는다. 반죽 전체를 집게손 자르기로 5~6번 자르듯이 눌러준 다음, 2~3번 정도 접는다. 모든 재료가 다 섞일 때까지 집게손 자르기와 접기를 번갈아 반복한다. 2~3분 반죽을 휴지시킨 다음, 다시 30초 정도 접어서 탄력이 생기게 만든다. 믹싱시간은 총 5분이다. 믹싱을 끝낸 반죽의 최종온도는 약 24~27℃(75~80℉)이다. 뚜껑을 덮고, 다음 접기를 할 때까지 반죽을 발효시킨다.

3 접기와 1차발효

이 레시피의 반죽은 3번 접어야 한다(p.47 참조). 반죽을 믹싱한 다음, 1시간 30분 안에 반죽을 접는 것이 가장 좋다. 반죽을 마치고 10분 후에 1번 접고, 반죽이 느슨해지면서 반죽통 바닥에 넓게 퍼지면 2번 더 접는다. 2, 3번째 접기는 시간이 좀 더 지난 뒤에 접어도 괜찮다. 단, 1차발효가 끝나기 1시간 전부터는 접기를 하지 않는다.

반죽이 처음보다 2.5배 정도 커지고 반죽 가장자리가 2쿼트(1.9ℓ) 눈금보다 1.3㎝ 정도 아래까지 부풀어 오르면, 반죽을 성형하여 발효바구니에 넣어야 한다. 약 21℃(70℉)에서 발효시킨다는 가정 아래, 1차발효는 4~5시간 정도 걸린다. 여름에 주방이 따뜻하면 더 빠르게 부풀어 오르기 때문에, 반죽이 부풀어 오르는 정도를 잘 관찰한다. 발효시간보다는 부풀어 오른 정도로 발효 상태를 판단한다(주방이 따뜻하거나 서늘한 정도에 따라 발효시간이 달라진다). 눈금이 없는 반죽통을 사용하면 불어난 부피를 어림짐작해야 한다. 최선의 판단을 내려보자.

■ 2일째, 저녁

4 반죽통에서 반죽 꺼내기

작업대에 약 30㎝ 너비로 덧가루를 적당히 뿌린다. 손에 덧가루를 묻히고 반죽통 가장자리에도 덧가루를 조금 뿌린다. 반죽통을 살짝 기울여서 반죽 아래로 덧가루가 묻은 손을 넣고, 반죽통 바닥으로부터 반죽을 부드럽게 떼어낸다. 반죽을 잡아당기거나 찢지 않고, 반죽통을 돌리면서 분리하여 작업대로 옮긴다.

5 성형

발효바구니에 덧가루를 충분히 뿌리고 손으로 고르게 펴준다. p.53~55의 설명을 참조하여, 반죽을 적당히 탄력 있는 공모양으로 성형한다. 이음매가 아래로 가도록 발효바구니에 넣는다.

6 2차발효

구멍이 뚫리지 않은 비닐봉투에 발효바구니를 넣고, 비닐봉투 입구를 발효바구니 밑으로 밀어넣는다. 하룻밤 냉장고에 넣어둔다.

다음 날 아침, 반죽을 냉장고에 넣고 12~16시간 정도 지났을 때, 반죽을 꺼내 바로 오븐에 넣고 굽는다. 반죽을 실온에 두었다가 구울 필요는 없다.

7 오븐 예열

빵을 굽기 약 45분 전에 오븐의 중간 단에 선반을 얹고, 더치오븐의 뚜껑을 덮어 그 위에 올린다. 오븐을 245℃ (475℉)로 예열한다.

8 굽기

이 과정에서는 뜨겁게 달궈진 더치오븐에 손과 손가락, 팔을 데지 않도록 항상 조심해야 한다.

덧가루를 적당히 뿌려 놓은 작업대 위에서 발효바구니를 뒤집고, 바구니의 한쪽 끝을 작업대에 내리치듯 부딪혀 반죽을 한 번에 꺼낸다. 발효과정에서는 아래쪽에 있던 이음매가 있는 부분이 빵의 윗부분이 된다.

오븐장갑을 끼고 오븐에서 뜨겁게 달궈진 더치오븐을 꺼내 뚜껑을 연 다음, 이음매가 위로 오도록 반죽을 조심스럽게 더치오븐에 넣는다. 오븐장갑을 끼고 더치오븐 뚜껑을 덮은 다음, 다시 오븐에 넣고 30분 동안 굽는다. 더치오븐 뚜껑을 조심스럽게 열고, 빵이 짙은 갈색을 띨 때까지 20분 정도 더 굽는다. 오븐온도가 설정온도보다 더 높이 올라가는 경우에는 15분 후에 빵 색깔을 확인한다.

오븐에서 더치오븐을 꺼낸 뒤 옆으로 살짝 기울여 완성된 빵을 꺼낸다. 공기가 잘 통하도록 식힘망 위에 올리거나 옆으로 세워서, 20분 정도 식힌 뒤 슬라이스한다.

BAKING NOTE

빵 바닥이 타는 것은 오븐의 열이 바닥에서부터 전달되어 더치오븐 아랫부분이 지나치게 달궈지기 때문이다. p.58를 참조하여 열차단판을 설치한다.

WALNUT BREAD
호두빵

이 빵은 꼭 만들어 봐야 한다. 호두빵에 버터와 꿀을 발라서 먹으면, 당신의 세상은 일시정지 상태가 된다. 핸드폰을 내려놓고, 유니콘이 살고 있는 특별한 상상의 세계로 들어가보자.

반죽을 믹싱하기 1시간 전, 호두를 살짝 굽는다. 오븐을 180℃(350℉)로 예열하고, 115g의 호두 조각을 계량해서 오븐팬 또는 오븐에 사용할 수 있는 프라이팬이나 무쇠팬에 1겹으로 편다. 오븐에 넣고 색깔이 지나치게 진해지지 않도록 주의하면서, 6~7분 정도 굽는다. 실온에서 식힌다.

식힌 호두를 오토리즈 단계에서 밀가루, 물, 르뱅과 함께 섞는다. 이렇게 하면, 호두를 쉽게 반죽 전체에 골고루 섞을 수 있다. 나머지 과정은 앞의 레시피를 그대로 따른다.

선조들의 베이킹

인류가 밀을 재배하게 된 것은 농경사회의 발전에 엄청난 변화를 가져온 순간이었고, 이때 지구상에 처음으로 베이커가 등장하였다. 으깬 곡물가루(밀가루)와 물을 섞어서 일정 시간 놓아두면 결국에는 발효가 시작되는데, 이것이 인류 역사에서 발효빵을 만드는 거의 유일한 방법이었다. 으깬 곡물가루와 물을 섞어놓은 것이 자연 발효되어 최초의 빵을 만들어냈고, 그때부터 우리는 빵을 먹기 시작한 것이다. 맥주 역시 이러한 발효과정에 의해 만들어졌다. 맥주는 액체 빵인 셈이다.

밀은 가을과 봄에 2번 파종하지만, 겨울밀과 봄밀은 늦여름에 1번 수확한다. 수천 종의 밀이 남쪽부터 북쪽까지 여러 지역에서 재배되고 있으며, 최북단 기후에서는 호밀이 재배된다. 밀밭에서 타작한 대량의 밀알은 1년 내내 보관이 가능하고 필요에 따라 제분할 수 있다. 빵은 지금은 상상할 수 없을 정도로, 생존에 필수적인 식량이었다.

제분은 보통 지역 단위로 진행되었고 물과 바람의 힘으로 이루어졌는데, 베이커는 지역 커뮤니티에서 중요한 사람이었다. 우리는 빵 한 덩어리로 과거와 연결되고, 그 맛을 느껴볼 수 있다!

PAIN AU LEVAIN

팽 오 르뱅

더치오븐

이 빵은 이스트를 넣지 않고 흰 밀가루 르뱅만으로 만드는 빵이다. 흰 밀가루의 가벼운 맛이 반죽이 자연 발효되며 생겨나는 풍미를 더욱 돋보이게 한다. 흰 밀가루 스타터는 과일의 풍미와 젖산의 향을 빵에 더해주고, 스타터를 만드는 과정을 통해 발효력은 충분히 강해지지만 빵맛은 부드러워진다.

특히, 나는 이 빵을 토스트를 해서 버터나 잼을 발라 먹는 것을 좋아한다. 그릴드 치즈 토스트 또는 치즈 토스트를 만들거나, 콩과 살사를 얹은 토스트, 수란을 얹은 토스트를 만들어도 맛있다. 두껍게 썰어서 갈릭 브레드를 만들어도 좋고, 겨울이든 여름이든 그릴에 구워 스튜를 찍어 먹거나 빵 속을 파서 스튜를 담아 먹어도 좋다.

레시피 » 약 907g(2파운드) 더치오븐 브레드 1덩어리

여름과 겨울에는 p.193 「계절에 맞게 사워도우 조절하기」를 참조한다.

1차발효	**스케줄 예시**
21℃(70℉) 실온에서 약 5시간	1일째, 오전(오전 8:00~오후12:00) :
여름에는 약 4시간	스타터 믹싱 + 그대로 두기
	↓
2차발효	1일째, 저녁(8~12시간 후) :
냉장고에서 하룻밤	2번째 스타터 믹싱 + 그대로 두기
	↓
	2일째, 아침(10~12시간 후) :
오븐에 굽기	3번째 스타터 믹싱 + 그대로 두기
245℃(475℉)에서 45분 예열	↓
245℃(475℉)에서 약 50분 굽기	2일째, 오후(7~8시간 후) :
	본반죽 믹싱, 3번 접기, 1차발효(여름 : 4시간, 겨울 : 5시간)
	↓
	2일째, 저녁 :
	반죽통에서 반죽을 꺼내 성형, 냉장고에서 밤새 2차발효
	↓
	3일째, 아침~이른 오후 :
	오븐에 굽기

스타터 : 1일째, 오전(오전 8:00~오후 12:00)

재료	분량
르뱅	50~60g (¼컵)
제빵용 흰 밀가루	100g (½컵 + 3TB + 1¼ts)
물 ┌ 여름 : 24~27℃ (75~80℉) ┐ └ 겨울 : 29℃ (85℉) ┘	100g (¼컵 + 2TB + 2ts)

스타터 : 1일째, 저녁(8~12시간 후)

재료	분량
오전에 믹싱한 스타터	모두
제빵용 흰 밀가루	100g (½컵 + 3TB + 1¼ts)
물 [여름 : 21℃ (70℉) 겨울 : 29℃ (85℉)]	100g (¼컵 + 2TB + 2ts)

스타터 : 2일째, 아침(10~12시간 후)

재료	분량
전날 저녁에 믹싱한 스타터	[여름 : 50~60g (¼컵) 겨울 : 75g (¼컵 + 2TB)]
제빵용 흰 밀가루	100g (½컵 + 3TB + 1¼ts)
물, 32~35℃ (90~95℉)	100g (¼컵 + 2TB + 2ts)

본반죽 : 2일째, 오후(7~8시간 후/스타터 온도를 27~29℃로 유지하면 6시간 후)

재료	분량	베이커 %
제빵용 흰 밀가루*	400g (2¾컵 + 2ts)	100%
물, 32~35℃ (90~95℉)	270g (1컵 + 3TB)	74%**
고운 바닷소금	11g (2¼ts)	2.2%
스타터*	200g (1컵)	20%

* 스타터에 들어간 밀가루까지 포함한 밀가루의 총량 = 500g

** 스타터에 들어간 물까지 포함한 %

■ 1일째, 오전(오전 8:00~오후 12:00)

스타터를 만들기 위해, 2ℓ 용량의 뚜껑이 있는 통(또는 큰 볼)을 비어 있는 상태에서 뚜껑을 빼고 무게를 측정하여, 통 옆면이나 노트에 기록한다. 스타터의 무게를 재기 위해 빈 통의 무게를 알아두어야 한다.

24~27℃(75~80℉)의 물 100g을 통에 붓는다. 냉장보관한 르뱅 50~60g을 꺼내 물에 넣고, 손가락으로 저어서 조금 풀어준다. 제빵용 흰 밀가루 100g을 넣고 다시 손가락으로 저어서 모든 재료를 잘 섞는다.

뚜껑이나 비닐랩을 덮어 실온에 두는데, 21℃(70℉)가 가장 좋다. 만약 주방이 24~27℃(75~80℉) 정도로 더 따뜻하면, 18~21℃(65~70℉)의 찬물을 사용한다. 사용하고 남은 르뱅은 다시 냉장고에 넣는다.

■ 1일째, 저녁(8~12시간 후)

오전에 믹싱한 스타터를 모두 사용한다. 21℃(70℉)의 물 100g과 제빵용 흰 밀가루 100g을 스타터가 들어 있는 통에 붓는다. 모든 재료가 섞일 때까지 손가락으로 젓는다.

뚜껑이나 비닐랩을 덮고 다음 날 아침까지 18~21℃(65~70℉)의 실온에 둔다. 만약 여름이고 주방이 밤새 24~27℃(75~80℉) 정도로 더 따뜻하면 여기서도 찬물을 사용하는데, 이번에는 16℃(60℉) 정도의 찬물을 사용한다. 스타터 자체의 온도도 실온으로 올라가기 때문에, 이전보다 더 차가운 물을 사용해야 한다.

■ 2일째, 아침(10~12시간 후)

오전 8시경, 전날 저녁에 믹싱한 스타터를 통 안에 50~60g(통 자체의 무게를 뺀 무게)만 남기고, 나머지는 버린다(버리는 스타터로 p.243의 훌륭한 피자 반죽을 만들 수 있다). 35℃(95℉)의 물 100g을 통에 붓고, 손가락으로 스타터와 잘 섞어서 슬러리를 만든다. 제빵용 흰 밀가루 100g을 넣는다. 모든 재료가 섞일 때까지 손가락으로 잘 저어준다. 21~24℃(70~75℉)의 따뜻한 곳에 둔다.

■ 2일째, 오후(7~8시간 후)

다음 설명대로 본반죽을 만든다. 스타터 윗면에 작은 기포가 조금씩 생기기 시작하면, 스타터가 잘 만들어지고 있다는 신호다. 1시간 정도 후에 스타터의 윗면이 기포로 완전히 덮인다. 이제 스타터를 본반죽에 사용할 수 있다. 스타터를 통에서 꺼내 반죽에 넣을 때, 가스가 많이 차 있어 매우 가볍게 느껴진다. 이 스타터는 2~3시간 안에 사용하는 것이 좋다. 그 안에는 신맛이 크게 증가하지 않는다.

1 오토리즈

32~35℃(90~95℉)의 물 270g을 6ℓ 용량의 원형 반죽통 또는 그와 비슷한 크기의 통에 넣는다. 아침에 믹싱한 2일째 스타터 200g을, 젖은 손으로 덜어서 반죽통에 넣는다. 손가락으로 저어서 발효종을 풀어준다. 제빵용 흰 밀가루 400g을 넣는다. 손으로 모든 재료를 잘 섞는다.

오토리즈 반죽 위에 고운 바닷소금 11g을 골고루 뿌린다. 소금이 조금 녹을 때까지 그대로 둔다.

뚜껑을 덮고 20분 휴지시킨다.

2 본반죽 믹싱

반죽이 달라붙지 않도록 손에 물을 적신 다음, 반죽을 섞는다. 반죽 아래로 손을 집어넣어 반죽의 ¼을 잡는다. 잡은 부분을 부드럽게 잡아당겨 늘린 다음, 반죽 위로 접어 올린다. 소금과 이스트가 완전히 덮일 때까지, 반죽의 방향을 돌리면서 이 과정을 3번 더 반복한다.

집게손 자르기로 모든 재료를 완전히 섞는다. 반죽 전체를 집게손 자르기로 5~6번 자르듯이 눌러준 다음, 2~3번 정도 접는다. 모든 재료가 다 섞일 때까지, 집게손 자르기와 접기를 번갈아 반복한다. 2~3분 반죽을 휴지시킨 다음, 다시 30초 정도 접어서 탄력이 생기게 만든다. 믹싱시간은 총 5분이다. 믹싱을 끝낸 반죽의 최종온도는 약 24~27℃(75~80℉)이다. 뚜껑을 덮고, 다음 접기를 할 때까지 반죽을 발효시킨다.

3 접기와 1차발효

이 레시피의 반죽은 3번 접어야 한다(p.47 참조). 반죽을 믹싱한 다음, 1시간 30분 안에 반죽을 접는 것이 가장 좋다. 반죽을 마치고 10분 후에 1번 접고, 반죽이 느슨해지면서 반죽통 바닥에 넓게 퍼지면 2번 더 접는다. 2, 3번째 접기는 시간이 좀 더 지난 뒤에 접어도 괜찮다. 단, 1차발효가 끝나기 1시간 전부터는 접기를 하지 않는다.

반죽이 처음보다 2.5배 정도 커지고 반죽 가장자리가 2쿼트(1.9ℓ) 눈금보다 1.3㎝ 정도 아래까지 부풀어 오르면, 반죽을 성형하여 발효바구니에 넣어야 한다. 약 21℃(70℉)에서 발효시킨다는 가정 아래, 1차발효는 4~5시간 정도 걸린다. 여름에 주방이 따뜻하면 더 빠르게 부풀어 오르기 때문에, 반죽이 부풀어 오르는 정도를 잘 관찰한다. 발효시간보다는 부풀어 오른 정도로 발효 상태를 판단한다(주방이 따뜻하거나 서늘한 정도에 따라 발효시간이 달라진다). 눈금이 없는 반죽통을 사용하면 불어난 부피를 어림짐작해야 한다. 최선의 판단을 내려보자.

■ 2일째, 저녁

4 반죽통에서 반죽 꺼내기

작업대에 약 30㎝ 너비로 덧가루를 적당히 뿌린다. 손에 덧가루를 묻히고 반죽통 가장자리에도 덧가루를 조금 뿌린다. 반죽통을 살짝 기울여서 반죽 아래로 덧가루가 묻은 손을 넣고, 반죽통 바닥으로부터 반죽을 부드럽게 떼어낸다. 반죽을 잡아당기거나 찢지 않고, 반죽통을 돌리면서 분리하여 작업대로 옮긴다.

5 성형

발효바구니에 덧가루를 충분히 뿌리고 손으로 고르게 펴준다. p.53~55의 설명을 참조하여, 반죽을 적당히 탄력 있는 공모양으로 성형한다. 이음매가 아래로 가도록 발효바구니에 넣는다.

6 2차발효

구멍이 뚫리지 않은 비닐봉투에 발효바구니를 넣고, 비닐봉투 입구를 발효바구니 밑으로 밀어넣는다. 하룻밤 냉장고에 넣어둔다.

다음 날 아침, 반죽을 냉장고에 넣고 12~16시간 정도 지났을 때, 반죽을 꺼내 바로 오븐에 넣고 굽는다. 반죽을 실온에 두었다가 구울 필요는 없다.

7 오븐 예열

빵을 굽기 약 45분 전에 오븐의 중간 단에 선반을 얹고, 더치오븐의 뚜껑을 덮어 그 위에 올린다. 오븐을 245℃ (475℉)로 예열한다.

8 굽기

이 과정에서는 뜨겁게 달궈진 더치오븐에 손과 손가락, 팔을 데지 않도록 항상 조심해야 한다.

덧가루를 적당히 뿌려 놓은 작업대 위에서 발효바구니를 뒤집고, 바구니의 한쪽 끝을 작업대에 내리치듯 부딪혀 반죽을 한 번에 꺼낸다. 발효과정에서는 아래쪽에 있던 이음매가 있는 부분이 빵의 윗부분이 된다.

오븐장갑을 끼고 오븐에서 뜨겁게 달궈진 더치오븐을 꺼내 뚜껑을 연 다음, 이음매가 위로 오도록 반죽을 조심스럽게 더치오븐에 넣는다. 오븐장갑을 끼고 더치오븐 뚜껑을 덮은 다음, 다시 오븐에 넣고 30분 동안 굽는다. 더치오븐 뚜껑을 조심스럽게 열고, 빵이 짙은 갈색을 띨 때까지 20분 정도 더 굽는다. 오븐온도가 설정온도보다 더 높이 올라가는 경우에는, 15분 후에 빵 색깔을 확인한다.

오븐에서 더치오븐을 꺼낸 뒤 옆으로 살짝 기울여 완성된 빵을 꺼낸다. 공기가 잘 통하도록 식힘망 위에 올리거나 옆으로 세워서, 20분 정도 식힌 뒤 슬라이스한다.

50% EMMER OR EINKORN DUTCH-OVEN LEVAIN BREAD

50% 에머밀 또는 아인콘밀 더치오븐 르뱅 브레드

더치오븐

이 레시피에서는 맷돌로 제분한 '크래프트 밀가루(Craft Flour)'를 홈베이킹에 사용할 때 필요한 정보를 알려준다. 맷돌로 제분한 에머밀 또는 아인콘밀의 통밀가루는 에어룸 밀 품종으로 만든 밀가루로 대체할 수 있다. 스펠트밀가루도 좋다. 이 빵의 풍미와 질감은 정말 훌륭하다. 이 책에 실린 빵 중, 여러분이 가장 좋아하는 빵이 될 수 있을 정도로 훌륭하다.

더치오븐에 비해 로프팬은 조금 진 반죽으로도 빵이 잘 구워진다. 로프팬이 반죽이 옆으로 퍼지지 않도록 물리적으로 지탱해주기 때문에, 로프팬에 굽는 반죽은 더치오븐 브레드의 반죽보다 수분함량이 조금 높아도 괜찮다. 그런데 더치오븐으로 매우 진 반죽을 구울 때 더 큰 문제는, 굽기 위해 더치오븐으로 옮겨야 할 반죽이 발효바구니에서 떨어지지 않는 것이다. 마지막 단계에서 실패하기에는 너무 많은 시간을 들이고 큰 기대를 하며 반죽을 만들기 때문에, 발효바구니에 발효시킬 경우에는 이 레시피의 수분율을 늘리지 않는 것이 좋다.

아인콘 르뱅 브레드로 만든 두툼한 프렌치 토스트는 그야말로 최고다. 혹시 아직 만들어 보지 않았다면, 짭짤한 프렌치 토스트를 만들어보자. 예를 들면, 강판에 간 파마산 치즈와 셀러리, 피망, 허브, 베이컨, 또는 넣고 싶은 다른 재료를 잘게 다져서 달걀에 섞은 뒤, 빵을 담가서 프렌치 토스트를 만든다. 이 빵은 두껍게 잘라야 제맛이다. 두껍게 잘라서 그릴드 치즈 샌드위치를 만들어도 좋고, 그릴에 구운 빵에 다양한 스프레드를 발라 먹어도 맛있다.

레시피 ≫ 약 907g(2파운드) 더치오븐 브레드 1덩어리

여름과 겨울에는 p.193 「계절에 맞게 사워도우 조절하기」를 참조한다.

1차발효
21℃(70℉) 실온에서 약 5시간
여름에는 약 4시간

2차발효
냉장고에서 하룻밤

오븐에 굽기
245℃(475℉)에서 45분 예열
245℃(475℉)에서 약 50분 굽기

스케줄 예시
1일째, 오전(오전 8:00~오후12:00) :
스타터 믹싱 + 그대로 두기
↓
1일째, 저녁(8~12시간 후) :
2번째 스타터 믹싱 + 그대로 두기
↓
2일째, 아침(10~12시간 후) :
3번째 스타터 믹싱 + 그대로 두기
↓
2일째, 오후(7~8시간 후) :
본반죽 믹싱, 3번 접기, 1차발효(여름 : 4시간, 겨울 : 5시간)
↓
2일째, 저녁 :
반죽통에서 반죽을 꺼내 성형, 냉장고에서 밤새 2차발효
↓
3일째, 아침~이른 오후 :
오븐에 굽기

스타터 : 1일째, 오전(오전 8:00~오후 12:00)

재료	분량
르뱅	50~60g (¼컵)
제빵용 흰 밀가루	100g (½컵 + 3TB + 1¼ts)
물 [여름 : 24~27℃ (75~80℉) 겨울 : 29℃ (85℉)]	100g (¼컵 + 2TB + 2ts)

스타터 : 1일째, 저녁(8~12시간 후)

재료	분량
오전에 믹싱한 스타터	모두
제빵용 흰 밀가루	100g (½컵 + 3TB + 1¼ts)
물 ┌ 여름 : 21℃ (70℉) ┐ └ 겨울 : 29℃ (85℉) ┘	100g (¼컵 + 2TB + 2ts)

스타터 : 2일째, 아침(10~12시간 후)

재료	분량
전날 저녁에 믹싱한 스타터	┌ 여름 : 50~60g (¼컵) ┐ └ 겨울 : 75g (¼컵 + 2TB) ┘
제빵용 흰 밀가루	100g (½컵 + 3TB + 1¼ts)
물, 32~35℃ (90~95℉)	100g (¼컵 + 2TB + 2ts)

본반죽 : 2일째, 오후(7~8시간 후/스타터의 온도를 27~29℃로 유지하면 6시간 후)

재료	분량	베이커 %
제빵용 흰 밀가루*	150g (1컵 + 2TB + 2¼ts)	50%
통밀가루 (에머밀 또는 아인콘밀)*	250g (1¾컵 + 1¾ts)	50%
물, 32~35℃ (90~95℉)	310g (1⅓컵)**	82%
고운 바닷소금	11g (2¼ts)	2.2%
스타터*	200g (1컵)	20%

*   스타터에 들어간 밀가루까지 포함한 밀가루의 총량 = 500g

** 스타터에 들어간 물까지 포함한 %

■ 1일째, 오전(오전 8:00~오후 12:00)

스타터를 만들기 위해, 2ℓ 용량의 뚜껑이 있는 통(또는 큰 볼)을 비어 있는 상태에서 뚜껑을 빼고 무게를 측정하여, 통 옆면이나 노트에 기록한다. 나중을 위해 빈 통의 무게를 알아두어야 한다.

24~27℃(75~80℉)의 물 100g을 통에 붓는다. 냉장보관한 르뱅 50~60g을 꺼내 물에 넣고, 손가락으로 저어서 조금 풀어준다. 제빵용 흰 밀가루 100g을 넣고 다시 손가락으로 모든 재료를 잘 섞는다.

뚜껑이나 비닐랩을 덮고 실온에 두는데, 21℃(70℉)가 가장 좋다. 만약 주방이 24~27℃(75~80℉) 정도로 더 따뜻하면, 18~21℃(65~70℉)의 찬물을 사용한다. 사용하고 남은 르뱅은 다시 냉장고에 넣는다.

■ 1일째, 저녁(8~12시간 후)

오전에 믹싱한 스타터를 모두 사용한다. 21℃(70℉)의 물 100g과 제빵용 흰 밀가루 100g을 스타터가 들어 있는 통에 붓는다. 모든 재료가 섞일 때까지 손가락으로 젓는다.

뚜껑이나 비닐랩을 덮고 다음 날 아침까지 18~21℃ (65~70℉)의 실온에 둔다. 만약 여름이고 주방이 밤새 24~27℃(75~80℉) 정도로 더 따뜻하면 여기서도 찬물을 사용하는데, 이번에는 16℃(60℉) 정도의 찬물을 사용한다. 스타터 자체의 온도도 실온으로 올라가기 때문에, 이전보다 더 차가운 물을 사용해야 한다.

■ 2일째, 아침(10~12시간 후)

오전 8시경, 전날 저녁에 믹싱한 스타터를 통 안에 50~60g(통 자체의 무게를 뺀 무게)만 남기고, 나머지는 버린다(버리는 스타터로 p.243의 훌륭한 피자 반죽을 만들 수 있다). 35℃(95℉)의 물 100g을 통에 붓고, 손가락으로 스타터와 잘 섞어서 슬러리를 만든다. 제빵용 흰 밀가루 100g을 넣는다. 모든 재료가 섞일 때까지 손가락으로 잘 저어준다. 21~24℃(70~75℉)의 따뜻한 곳에 둔다.

■ 2일째, 오후(7~8시간 후)

다음 설명대로 본반죽을 만든다. 스타터 윗면에 작은 기포가 조금씩 생기기 시작하면, 스타터가 잘 만들어지고 있다는 신호다. 1시간 정도 후에 스타터의 윗면이 기포로 완전히 덮인다. 이제 스타터를 본반죽에 사용할 수 있다. 스타터를 통에서 꺼내 반죽에 넣을 때, 가스가 많이 차 있어 매우 가볍게 느껴진다. 이 스타터는 2~3시간 안에 사용하는 것이 좋다. 그 안에는 신맛이 크게 증가하지 않는다.

1 오토리즈

32~35℃(90~95℉)의 물 310g을 6ℓ 용량의 원형 반죽통 또는 그와 비슷한 크기의 통에 넣는다. 아침에 믹싱한 2일째 스타터 200g을, 젖은 손으로 덜어서 반죽통에 넣는다. 손가락으로 저어서 발효종을 풀어준다. 제빵용 흰 밀가루 150g, 통밀가루(에머밀 또는 아인콘밀) 250g을 넣는다. 손으로 모든 재료를 잘 섞는다.

오토리즈 반죽 위에 고운 바닷소금 11g을 골고루 뿌린다. 소금이 조금 녹을 때까지 그대로 둔다.

뚜껑을 덮고 20~30분 휴지시킨다.

2 본반죽 믹싱

반죽이 달라붙지 않도록 손에 물을 적신 다음, 반죽을 믹싱한다. 반죽 아래로 손을 집어넣어 반죽의 ¼을 잡는다. 잡은 부분을 부드럽게 잡아당겨 늘린 다음, 반죽 위로 접어 올린다. 소금과 이스트가 완전히 덮일 때까지, 반죽의 방향을 돌리면서 이 과정을 3번 더 반복한다.

집게손 자르기로 모든 재료를 완전히 섞는다. 반죽 전체를 집게손 자르기로 5~6번 자르듯이 눌러준 다음, 2~3번 정도 접는다. 모든 재료가 다 섞일 때까지 집게손 자르기와 접기를 번갈아 반복한다. 2~3분 반죽을 휴지시킨 다음, 다시 30초 정도 접어서 탄력이 생기게 만든다. 믹싱을 끝낸 반죽의 최종온도는 약 24~27℃(75~80℉)이다. 뚜껑을 덮고, 다음 접기를 할 때까지 반죽을 발효시킨다.

3 접기와 1차발효

이 레시피의 반죽은 3번 접어야 한다(p.47 참조). 반죽을 믹싱한 다음, 1시간 30분 안에 반죽을 접는 것이 가장 좋다. 반죽을 마치고 10분 후에 1번 접고, 반죽이 느슨해지면서 반죽통 바닥에 넓게 퍼지면 2번 더 접는다. 2, 3번째 접기는 시간이 좀 더 지난 뒤에 접어도 괜찮다. 단, 1차발효가 끝나기 1시간 전부터는 접기를 하지 않는다.

반죽이 처음보다 2.5배 정도 커지고 반죽 가장자리가 2쿼트(1.9ℓ) 눈금보다 1.3㎝ 정도 아래까지 부풀어 오르면, 반죽을 성형하여 발효바구니에 넣어야 한다. 약 21℃(70℉)에서 발효시킨다는 가정 아래, 1차발효는 4~5시간 정도 걸린다. 여름에 주방이 따뜻하면 더 빠르게 부풀어 오르기 때문에, 반죽이 부풀어 오르는 정도를 잘 관찰한다. 발효시간보다는 부풀어 오른 정도로 발효 상태를 판단한다 (주방이 따뜻하거나 서늘한 정도에 따라 발효시간이 달라진다). 눈금이 없는 반죽통을 사용하면, 불어난 부피를 어림짐작해야 한다. 최선의 판단을 내려보자.

■ 2일째, 저녁

4 반죽통에서 반죽 꺼내기

작업대에 약 30㎝ 너비로 덧가루를 적당히 뿌린다. 손에 덧가루를 묻히고 반죽통 가장자리에도 덧가루를 조금 뿌린다. 반죽통을 살짝 기울여서 반죽 아래로 덧가루가 묻은 손을 넣고, 반죽통 바닥으로부터 반죽을 부드럽게 떼어낸다. 반죽을 잡아당기거나 찢지 않고, 반죽통을 돌리면서 분리하여 작업대로 옮긴다.

5 성형

발효바구니에 덧가루를 충분히 뿌리고 손으로 고르게 펴준다. p.53~55의 설명을 참조하여, 반죽을 적당히 탄력 있는 공모양으로 성형한다. 이음매가 아래로 가도록 발효바구니에 넣는다.

6 2차발효

구멍이 뚫리지 않은 비닐봉투에 발효바구니를 넣고, 비닐봉투 입구를 발효바구니 밑으로 밀어넣는다. 하룻밤 냉장고에 넣어둔다.

다음 날 아침, 반죽을 냉장고에 넣고 12~16시간 정도 지났을 때, 반죽을 꺼내 바로 오븐에 넣고 굽는다. 반죽을 실온에 두었다가 구울 필요는 없다.

7 오븐 예열

빵을 굽기 약 45분 전에 오븐의 중간 단에 선반을 얹고, 더치오븐의 뚜껑을 덮어 그 위에 올린다. 오븐을 245℃ (475℉)로 예열한다.

8 굽기

이 과정에서는 뜨겁게 달궈진 더치오븐에 손과 손가락, 팔을 데지 않도록 항상 조심해야 한다.

덧가루를 적당히 뿌려 놓은 작업대 위에서 발효바구니를 뒤집고, 바구니의 한쪽 끝을 작업대에 내리치듯 부딪혀 반죽을 한 번에 꺼낸다. 발효과정에서는 아래쪽에 있던 이음매가 있는 부분이 빵의 윗부분이 된다.

오븐장갑을 끼고 오븐에서 뜨겁게 달궈진 더치오븐을 꺼내 뚜껑을 연 다음, 이음매가 위로 오도록 반죽을 조심스럽게 더치오븐에 넣는다. 오븐장갑을 끼고 더치오븐 뚜껑을 덮은 다음, 다시 오븐에 넣고 30분 동안 굽는다. 더치오븐 뚜껑을 조심스럽게 열고, 빵이 짙은 갈색을 띨 때까지 20분 정도 더 굽는다. 오븐온도가 설정온도보다 더 높이 올라가는 경우에는, 15분 후에 빵 색깔을 확인한다.

오븐에서 더치오븐을 꺼낸 뒤 옆으로 살짝 기울여 완성된 빵을 꺼낸다. 공기가 잘 통하도록 식힘망 위에 올리거나 옆으로 세워서, 20분 정도 식힌 뒤 슬라이스한다.

FIELD BLEND #3
필드 블렌드 #3

더치오븐

통밀가루, 통호밀가루, 흰 밀가루를 섞은 필드 블렌드(Filed Blend)로 만드는 이 빵은, 포틀랜드의 〈트라이펙타 타번 & 베이커리〉에서 6년 동안 만들었던 빵으로, 이 책에서 소개한 것처럼 둥근 모양의 등나무 발효바구니에 넣고 발효시켜 굽는다. 트라이펙타에서는 아침 7시에 반죽을 시작하여, 정오 즈음에 성형하고, 반죽을 냉장고에 넣어 3℃ (37℉)에서 밤새 천천히 발효시켰다. 그리고 다음 날 아침 6시쯤 오븐에 구웠다.

트라이펙타에서 제공하던 것처럼 이 빵은 굴과 함께 먹으면 정말 맛있다. 레스토랑에서 직접 만든 버터를 바른 빵에, 시고쿠 굴(Shigoku Oysters, 미 북서부 태평양에서 양식하는 고급 굴) 1접시를 곁들여 먹으면, 입안에 퍼지던 바다의 짭짤한 맛을 나는 지금도 기억한다. 여기에 마티니 한 잔을 곁들이면 더할 나위 없었다. 트라이펙타가 정말 그립다(2019년에 폐업).

집에서 이 빵을 먹을 때는 크게 잘라서 겉은 바삭하고 속은 여전히 부드럽고 따뜻하게 데워서 수프나 국물요리에 찍어 먹으면 좋다. 로스트 치킨과 함께 먹거나, 여러 가지 샌드위치, 치즈 토스트, 허니버터 토스트, 반려견용 간식, 크루통 등을 만들 수 있다.

레시피 » 약 907g(2파운드) 더치오븐 브레드 1덩어리

여름과 겨울에는 p.193 「계절에 맞게 사워도우 조절하기」를 참조한다.

1차발효

21℃(70℉) 실온에서 약 5시간

여름에는 약 4시간

2차발효

냉장고에서 하룻밤

오븐에 굽기

245℃(475℉)에서 45분 예열

245℃(475℉)에서 약 50분 굽기

스케줄 예시

1일째, 오전(오전 8:00~오후12:00) :

스타터 믹싱 + 그대로 두기

↓

1일째, 저녁(8~12시간 후) :

2번째 스타터 믹싱 + 그대로 두기

↓

2일째, 아침(10~12시간 후) :

3번째 스타터 믹싱 + 그대로 두기

↓

2일째, 오후(7~8시간 후) :

본반죽 믹싱, 3번 접기, 1차발효(여름 : 4시간, 겨울 : 5시간)

↓

2일째, 저녁 :

반죽통에서 반죽을 꺼내 성형, 냉장고에서 밤새 2차발효

↓

3일째, 아침~이른 오후 :

오븐에 굽기

스타터 : 1일째, 오전(오전 8:00~오후 12:00)

재료	분량
르뱅	50~60g (¼컵)
제빵용 흰 밀가루	100g (½컵 + 3TB + 1¼ts)
물 ┌ 여름 : 24~27℃ (75~80℉) ┐ └ 겨울 : 29℃ (85℉) ┘	100g (¼컵 + 2TB + 2ts)

스타터 : 1일째, 저녁(8~12시간 후)

재료	분량
오전에 믹싱한 스타터	모두
제빵용 흰 밀가루	100g (½컵 + 3TB + 1¼ts)
물 여름 : 21℃ (70℉) 겨울 : 29℃ (85℉)	100g (¼컵 + 2TB + 2ts)

스타터 : 2일째, 아침(10~12시간 후)

재료	분량
전날 저녁에 믹싱한 스타터	여름 : 50~60g (¼컵) 겨울 : 75g (¼컵 + 2TB)
제빵용 흰 밀가루	100g (½컵 + 3TB + 1¼ts)
물, 32~35℃ (90~95℉)	100g (¼컵 + 2TB + 2ts)

본반죽 : 2일째, 오후(7~8시간 후/스타터의 온도를 27~29℃로 유지하면 6시간 후)

재료	분량	베이커 %
제빵용 흰 밀가루*	200g (1¼컵 + 2TB + 2½ts)	60%
통호밀가루 또는 다크 라이 가루*	115g (¾컵 + 2TB + ½ts)	23%
통밀가루*	85g (½컵 + 1TB + 2¼ts)	17%
물, 32~35℃ (90~95℉)	310g (1⅓컵)	82%**
고운 바닷소금	11g (2¼ts)	2.2%
스타터*	200g (1컵)	20%

*   스타터에 들어간 밀가루까지 포함한 밀가루의 총량 = 500g

**   스타터에 들어간 물까지 포함한 %

스타터를 만들기 위해, 2ℓ 용량의 뚜껑이 있는 통(또는 큰 볼)을 비어 있는 상태에서 뚜껑을 빼고 무게를 측정하여, 통 옆면이나 노트에 기록한다. 스타터의 무게를 재기 위해 빈 통의 무게를 알아두어야 한다.

24~27℃(75~80℉)의 물 100g을 통에 붓는다. 냉장보관한 르뱅 50~60g을 꺼내 물에 넣고, 손가락으로 저어서 조금 풀어준다. 제빵용 흰 밀가루 100g을 넣고 다시 손가락으로 저어서 모든 재료를 잘 섞는다.

뚜껑이나 비닐랩을 덮고 실온에 두는데, 21℃(70℉)가 가장 좋다. 만약 주방이 24~27℃(75~80℉) 정도로 더 따뜻하면, 18~21℃(65~70℉)의 찬물을 사용한다. 사용하고 남은 르뱅은 다시 냉장고에 넣는다.

■ 1일째, 저녁(8~12시간 후)

오전에 믹싱한 스타터를 모두 사용한다. 21℃(70℉)의 물 100g과 제빵용 흰 밀가루 100g을 스타터가 들어 있는 통에 붓는다. 모든 재료가 섞일 때까지 손가락으로 젓는다.

뚜껑이나 비닐랩을 덮고 다음 날 아침까지 18~21℃(65~70℉)의 실온에 둔다. 만약 여름이고 주방이 밤새 24~27℃(75~80℉) 정도로 더 따뜻하면 여기서도 찬물을 사용하는데, 이번에는 16℃(60℉) 정도의 찬물을 사용한다. 스타터 자체의 온도도 실온으로 올라가기 때문에, 이전보다 더 차가운 물을 사용해야 한다.

■ 2일째, 아침(10~12시간 후)

오전 8시경, 전날 저녁에 믹싱한 스타터를 통 안에 50~60g(통 자체의 무게를 뺀 무게)만 남기고, 나머지는 버린다(버리는 스타터로 p.243의 훌륭한 피자 반죽을 만들 수 있다). 35℃(95℉)의 물 100g을 통에 붓고, 손가락으로 스타터와 잘 섞어서 슬러리를 만든다. 제빵용 흰 밀가루 100g을 넣는다. 모든 재료가 섞일 때까지 손가락으로 잘 저어준다. 21~24℃(70~75℉)의 따뜻한 곳에 둔다.

■ 2일째, 오후(7~8시간 후)

다음 설명대로 본반죽을 만든다. 스타터 윗면에 작은 기포가 조금씩 생기기 시작하면, 스타터가 잘 만들어지고 있다는 신호다. 1시간 정도 후에 스타터의 윗면이 기포로 완전히 덮힌다. 이제 스타터를 본반죽에 사용할 수 있다. 스타터를 통에서 꺼내 반죽에 넣을 때, 가스가 많이 차 있어 매우 가볍게 느껴진다. 이 스타터는 2~3시간 안에 사용하는 것이 좋다. 그 안에는 신맛이 크게 증가하지 않는다.

1 오토리즈

32~35℃(90~95℉)의 물 310g을 6ℓ 용량의 원형 반죽통 또는 그와 비슷한 크기의 통에 넣는다. 아침에 믹싱한 2일째 스타터 200g을, 젖은 손으로 덜어서 반죽통에 넣는다. 손가락으로 저어서 발효종을 풀어준다. 제빵용 흰 밀가루 200g, 통호밀가루 또는 다크 라이 가루(짙은 색 호밀가루) 115g, 통밀가루 85g을 넣는다. 손으로 모든 재료를 잘 섞는다.

오토리즈 반죽 위에 고운 바닷소금 11g을 골고루 뿌린다. 소금이 조금 녹을 때까지 그대로 둔다.

뚜껑을 덮고 20~30분 휴지시킨다.

2 본반죽 믹싱

반죽이 달라붙지 않도록 손에 물을 적신 다음, 반죽을 섞는다. 반죽 아래로 손을 집어넣어 반죽의 ¼을 잡는다. 잡은 부분을 부드럽게 잡아당겨 늘린 다음, 위로 접어 올린다. 소금과 이스트가 완전히 덮일 때까지, 반죽의 방향을 돌리면서 이 과정을 3번 더 반복한다(호밀가루를 넣은 반죽은 일반 밀가루로 만든 반죽에 비해 잘 늘어나지 않는다).

집게손 자르기로 모든 재료를 완전히 섞는다. 반죽 전체를 집게손 자르기로 5~6번 자르듯이 눌러준 다음, 2~3번 정도 접는다. 모든 재료가 다 섞일 때까지 집게손 자르기와 접기를 번갈아 반복한다. 2~3분 반죽을 휴지시킨 다음, 다시 30초 정도 접어서 탄력이 생기게 만든다. 믹싱시간은 총 5분이다. 믹싱을 끝낸 반죽의 최종온도는 약 24~27℃(75~80℉)이다. 뚜껑을 덮고, 다음 접기를 할 때까지 반죽을 발효시킨다.

3 접기와 1차발효

이 레시피의 반죽은 3번 접어야 한다(p.47 참조). 반죽을 믹싱한 다음, 1시간 30분 안에 반죽을 접는 것이 가장 좋다. 반죽을 마치고 10분 후에 1번 접고, 반죽이 느슨해지면서 반죽통 바닥에 넓게 퍼지면 2번 더 접는다. 2, 3번째 접기는 시간이 좀 더 지난 뒤에 접어도 괜찮다. 단, 1차발효가 끝나기 1시간 전부터는 접기를 하지 않는다.

반죽이 처음보다 2.5배 정도 커지고 반죽 가장자리가 2쿼트(1.9ℓ) 눈금보다 1.3㎝ 정도 아래까지 부풀어 오르면, 반죽을 성형하여 발효바구니에 넣어야 한다. 약 21℃(70℉)에서 발효시킨다는 가정 아래, 1차발효는 4~5시간 정도 걸린다. 여름에 주방이 따뜻하면 더 빠르게 부풀어 오르기 때문에, 반죽이 부풀어 오르는 정도를 잘 관찰한다. 발효시간보다는 부풀어 오른 정도로 발효 상태를 판단한다(주방이 따뜻하거나 서늘한 정도에 따라 발효시간이 달라진다). 눈금이 없는 반죽통을 사용하면 불어난 부피를 어림짐작해야 한다. 최선의 판단을 내려보자.

■ 2일째, 저녁

4 반죽통에서 반죽 꺼내기

작업대에 약 30㎝ 너비로 덧가루를 적당히 뿌린다. 손에 덧가루를 묻히고 반죽통 가장자리에도 덧가루를 조금 뿌린다. 반죽통을 살짝 기울여서 반죽 아래로 덧가루가 묻은 손을 넣고, 반죽통 바닥으로부터 반죽을 부드럽게 떼어낸다. 반죽을 잡아당기거나 찢지 않고, 반죽통을 돌리면서 분리하여 작업대로 옮긴다.

5 성형

발효바구니에 덧가루를 충분히 뿌리고 손으로 고르게 펴준다. p.53~55의 설명을 참조하여, 반죽을 적당히 탄력 있는 공모양으로 성형한다. 이음매가 아래로 가도록 발효바구니에 넣는다.

6 2차발효

구멍이 뚫리지 않은 비닐봉투에 발효바구니를 넣고, 비닐봉투 입구를 발효바구니 밑으로 밀어넣는다. 하룻밤 냉장고에 넣어둔다.

다음 날 아침, 반죽을 냉장고에 넣고 12~16시간 정도 지났을 때, 반죽을 꺼내 바로 오븐에 넣고 굽는다. 반죽을 실온에 두었다가 구울 필요는 없다.

7 오븐 예열

빵을 굽기 약 45분 전에 오븐의 중간 단에 선반을 얹고, 더치오븐의 뚜껑을 덮어 그 위에 올린다. 오븐을 245℃ (475°F)로 예열한다.

8 굽기

이 과정에서는 뜨겁게 달궈진 더치오븐에 손과 손가락, 팔을 데지 않도록 항상 조심해야 한다.

덧가루를 적당히 뿌려 놓은 작업대 위에서 발효바구니를 뒤집고, 바구니의 한쪽 끝을 작업대에 내리치듯 부딪혀 반죽을 한 번에 꺼낸다. 발효과정에서는 아래쪽에 있던 이음매가 있는 부분이 빵의 윗부분이 된다.

오븐장갑을 끼고 오븐에서 뜨겁게 달궈진 더치오븐을 꺼내 뚜껑을 연 다음, 이음매가 위로 오도록 반죽을 조심스럽게 더치오븐에 넣는다. 오븐장갑을 끼고 더치오븐 뚜껑을 덮은 다음, 다시 오븐에 넣고 30분 동안 굽는다. 더치오븐 뚜껑을 조심스럽게 열고, 빵이 짙은 갈색을 띨 때까지 20분 정도 더 굽는다. 오븐온도가 설정온도보다 더 높이 올라가는 경우에는, 15분 후에 빵 색깔을 확인한다.

오븐에서 더치오븐을 꺼낸 뒤 옆으로 살짝 기울여 완성된 빵을 꺼낸다. 공기가 잘 통하도록 식힘망 위에 올리거나 옆으로 세워서, 20분 정도 식힌 뒤 슬라이스한다.

50% RYE BREAD
WITH WALNUTS
호두를 넣은 50% 호밀빵

더치오븐

이번 레시피에서 호두를 빼고 만들면, 「하루에 완성하는 레시피」에서 소개한 50% 호밀빵(p.105)의 사워도우 버전이 된다. 두 가지 버전 모두 든든한 유럽 스타일의 호밀빵이지만, 이번 레시피에서는 르뱅 발효종이 풍미를 더하고, 호두가 또 다른 차원의 맛을 더해준다. 이 빵을 먹을 때면 알프스에 있는 돌로 지은 소박한 주점에서, 양젖으로 만든 프레시 치즈와 레드와인 한 잔을 곁들여야 할 것 같은 생각이 든다. 또는 교외에서 버터와 꿀을 발라 아침을 먹는 기분도 든다. 음식 하나로 여행하는 느낌이다.

이 빵은 이 챕터의 다른 빵에 비해 기공이 작아 밀도가 높으며 맛이 좋다. 봉투나 용기에 넣어 밀봉하면 실온에서 오래 보관할 수 있다. 빵이 조금 질기기 때문에, 두껍게 자르지 말고 얇게 잘라서 먹는 것이 좋다. 버터나 치즈와 함께 먹으면 더욱 맛있지만, 빵만 먹어도 매우 맛있다. 갓 토스트한 빵에 프레시 치즈를 발라서 간단한 샐러드와 함께 그릇에 담아보자. 와인이나 차가운 다크 비어를 곁들이면 더 좋다. 만약 라이 위스키를 곁들인다면, 호밀을 2가지 방법으로 즐기는 셈이다.

레시피 >> 약 907g(2파운드) 더치오븐 브레드 1덩어리

여름과 겨울에는 p.193 「계절에 맞게 사워도우 조절하기」를 참조한다.

1차발효
21℃(70℉) 실온에서 약 5시간
여름에는 약 4시간

2차발효
냉장고에서 하룻밤

오븐에 굽기
245℃(475℉)에서 45분 예열
245℃(475℉)에서 약 50분 굽기

스케줄 예시
1일째, 오전(오전 8:00~오후 12:00) :
스타터 믹싱 + 그대로 두기
↓
1일째, 저녁(8~12시간 후) :
2번째 스타터 믹싱 + 그대로 두기
↓
2일째, 아침(10~12시간 후) :
3번째 스타터 믹싱 + 그대로 두기
↓
2일째, 오후(7~8시간 후) :
본반죽 믹싱, 3번 접기, 1차발효(여름 : 4시간, 겨울 : 5시간)
↓
2일째, 저녁 :
반죽통에서 반죽을 꺼내 성형, 냉장고에서 밤새 2차발효
↓
3일째, 아침 :
오븐에 굽기

스타터 : 1일째, 오전(오전 8:00~오후 12:00)

재료	분량
르뱅	50~60g (¼컵)
제빵용 흰 밀가루	100g (½컵 + 3TB + 1¼ts)
물 ［ 여름 : 24~27℃ (75~80℉) 겨울 : 29℃ (85℉) ］	100g (¼컵 + 2TB + 2ts)

스타터 : 1일째, 저녁(8~12시간 후)

재료	분량
오전에 믹싱한 스타터	모두
제빵용 흰 밀가루	100g (½컵 + 3TB + 1¼ts)
물 여름 : 21℃ (70℉) 겨울 : 29℃ (85℉)	100g (¼컵 + 2TB + 2ts)

스타터 : 2일째, 아침(10~12시간 후)

재료	분량
전날 저녁에 믹싱한 스타터	여름 : 50~60g (¼컵) 겨울 : 75g (¼컵 + 2TB)
제빵용 흰 밀가루	100g (½컵 + 3TB + 1¼ts)
물, 32~35℃ (90~95℉)	100g (¼컵 + 2TB + 2ts)

본반죽 : 2일째, 오후(7~8시간 후/스타터의 온도를 27~29℃로 유지하면 6시간 후)

재료	분량	베이커 %
제빵용 흰 밀가루*	150g (1컵 + 2TB + 2¼ts)	50%
통호밀가루 또는 다크 라이 가루*	250g (1¾컵 + 2TB + 2¼ts)	50%
물, 32~35℃ (90~95℉)	300g (1¼컵)	80%**
고운 바닷소금	11g (2¼ts)	2.2%
스타터*	200g (1컵)	20%
호두 조각 (옵션)	100g (1컵)	20%

*   스타터에 들어간 밀가루까지 포함한 밀가루의 총량 = 500g
** 스타터에 들어간 물까지 포함한 %

■ 1일째, 오전(오전 8:00~오후 12:00)

스타터를 만들기 위해, 2ℓ 용량의 뚜껑이 있는 통(또는 큰 볼)을 비어 있는 상태에서 뚜껑을 빼고 무게를 측정하여, 통 옆면이나 노트에 기록한다. 스타터의 무게를 재기 위해 빈 통의 무게를 알아두어야 한다.

24~27℃(75~80℉)의 물 100g을 통에 붓는다. 냉장보관한 르뱅 50~60g을 꺼내 물에 넣고, 손가락으로 저어서 조금 풀어준다. 제빵용 흰 밀가루 100g을 넣고 다시 손가락으로 저어서 모든 재료를 잘 섞는다.

뚜껑이나 비닐랩을 덮고 실온에 두는데, 21℃(70℉)가 가장 좋다. 만약 주방이 24~27℃(75~80℉) 정도로 더 따뜻하면, 18~21℃(65~70℉)의 찬물을 사용한다. 사용하고 남은 르뱅은 다시 냉장고에 넣는다.

■ 1일째, 저녁(8~12시간 후)

오전에 믹싱한 스타터를 모두 사용한다. 21℃(70℉)의 물 100g과 제빵용 흰 밀가루 100g을 스타터가 들어 있는 통에 붓는다. 모든 재료가 섞일 때까지 손가락으로 젓는다.

뚜껑이나 비닐랩을 덮고 다음 날 아침까지 18~21℃(65~70℉)의 실온에 둔다. 만약 여름이고 주방이 밤새 24~27℃(75~80℉) 정도로 더 따뜻하면 여기서도 찬물을 사용하는데, 이번에는 16℃(60℉) 정도의 찬물을 사용한다. 스타터 자체의 온도도 실온으로 올라가기 때문에, 이전보다 더 차가운 물을 사용해야 한다. 발효가 지나치게 빨리 진행되면 안 된다.

■ 2일째, 아침(10~12시간 후)

오전 8시경, 전날 저녁에 믹싱한 스타터를 통 안에 50~60g(통 자체의 무게를 뺀 무게)만 남기고, 나머지는 버린다(버리는 스타터로 p.243의 훌륭한 피자 반죽을 만들 수 있다). 35℃(95℉)의 물 100g을 통에 붓고, 손가락으로 스타터와 잘 섞어서 슬러리를 만든다. 제빵용 흰 밀가루 100g을 넣는다. 모든 재료가 섞일 때까지 손가락으로 잘 저어준다. 21~24℃(70~75℉)의 따뜻한 곳에 둔다.

■ 2일째, 오후(7~8시간 후)

다음 설명대로 본반죽을 만든다. 스타터 윗면에 작은 기포가 조금씩 생기기 시작하면, 스타터가 잘 만들어지고 있다는 신호다. 1시간 정도 후에 스타터의 윗면은 기포로 완전히 덮힌다. 이제 스타터를 본반죽에 사용할 수 있다. 스타터를 통에서 꺼내 반죽에 넣을 때, 가스가 많이 차 있어 매우 가볍게 느껴진다. 이 스타터는 2~3시간 안에 사용하는 것이 좋다. 그 안에는 신맛이 크게 증가하지 않는다.

1 오토리즈

32~35℃(90~95℉)의 물 300g을 6ℓ 용량의 원형 반죽통 또는 그와 비슷한 크기의 통에 넣는다. 아침에 믹싱한 2일째 스타터 200g을, 젖은 손으로 덜어서 반죽통에 넣는다. 손가락으로 저어서 발효종을 풀어준다. 제빵용 흰 밀가루 150g, 통호밀가루 또는 다크 라이 가루(짙은 색 호밀가루) 250g을 넣는다. 손으로 모든 재료를 잘 섞는다.

오토리즈 반죽 위에 고운 바닷소금 11g을 골고루 뿌린다. 소금이 조금 녹을 때까지 그대로 둔다.

뚜껑을 덮고 20분 휴지시킨다. 호두 조각 100g을 준비해 둔다.

2 본반죽 믹싱

호밀 반죽은 끈적거리기 때문에, 잘 구부러지는 스패출러나 반죽용 스크레이퍼를 이용해, 반죽통 바닥에 붙은 반죽을 떼어내면서 믹싱하는 것이 좋다. 스크레이퍼도 물에 적셔서 사용한다. 손으로 믹싱할 때는 반죽이 달라붙지 않도록 손에 물을 적신 다음 작업한다. 반죽 아래로 손을 집어넣어 반죽의 ¼을 잡는다. 잡은 부분을 부드럽게 잡아당겨 늘린 다음, 반죽 위로 접어 올린다. 소금과 이스트가 완전히 덮일 때까지, 반죽의 방향을 돌리면서 이 과정을 3번 더 반복한다(호밀가루가 들어간 반죽은 일반 밀가루로 만든 반죽에 비해 잘 늘어나지 않는다).

집게손 자르기로 모든 재료를 완전히 섞는다. 반죽 전체를 집게손 자르기로 5~6번 자르듯이 눌러준 다음, 2~3번 정도 접는다. 모든 재료가 다 섞일 때까지 집게손 자르기와 접기를 번갈아 반복한다. 준비한 호두 조각 100g을 넣고, 다시 집게손 자르기와 접기로 호두를 반죽에 골고루 섞는다. 2~3분 반죽을 휴지시킨 다음, 다시 30초 정도 접어서 탄력이 생기게 만든다. 믹싱시간은 총 5분이다. 믹싱을 끝낸 반죽의 최종온도는 약 24~27℃(75~80℉)이다. 뚜껑을 덮고, 다음 접기를 할 때까지 반죽을 발효시킨다.

3 접기와 1차발효

이 레시피의 반죽은 3번 접어야 한다(p.47 참조). 반죽을 믹싱한 다음, 1시간 안에 반죽을 접는 것이 가장 좋다. 반죽을 마치고 10분 후에 1번 접고, 반죽이 느슨해지면서 반죽통 바닥에 넓게 퍼지면 2번 더 접는다. 2, 3번째 접기는 시간이 좀 더 지난 뒤에 접어도 괜찮다. 단, 1차발효가 끝나기 1시간 전부터는 접기를 하지 않는다.

반죽이 처음보다 2.5배 정도 커지고 반죽 가장자리가 2쿼트(1.9ℓ) 눈금보다 1.3㎝ 정도 아래까지 부풀어 오르면, 반죽을 성형하여 발효바구니에 넣어야 한다. 약 21℃(70℉)에서 발효시킨다는 가정 아래, 1차발효는 4~5시간 정도 걸린다. 여름에 주방이 따뜻하면 너 빠르게 부풀어 오르기 때문에, 반죽이 부풀어 오르는 정도를 잘 관찰한다. 발효시간보다는 부풀어 오른 정도로 발효 상태를 판단한다(주방이 따뜻하거나 서늘한 정도에 따라 발효시간이 달라진다). 눈금이 없는 반죽통을 사용하면, 불어난 부피를 어림짐작해야 한다. 최선의 판단을 내려보자.

■ 2일째, 저녁

4 반죽통에서 반죽 꺼내기

작업대에 약 30㎝ 너비로 덧가루를 적당히 뿌린다. 손에 덧가루를 묻히고 반죽통 가장자리에도 덧가루를 조금 뿌린다. 반죽통을 살짝 기울여서 반죽 아래로 덧가루가 묻은 손을 넣고, 반죽통 바닥으로부터 반죽을 부드럽게 떼어낸다. 반죽을 잡아당기거나 찢지 않고, 반죽통을 돌리면서 분리하여 작업대로 옮긴다.

5 성형

호밀빵을 만들 때는 가성형을 하고 10분 정도 휴지시킨 뒤 최종 성형을 해서 발효바구니에 넣는 것이 좋다. 이런 과정을 통해 글루텐을 강화하여, 반죽이 최대한 높이 부풀어 오르게 한다.

발효바구니에 덧가루를 충분히 뿌리고 손으로 고르게 펴 준다.

반죽의 한쪽 끝을 잡고 다른 한 손으로 반대쪽을 팽팽해질 때까지 잡아당겨서 반죽 위로 접어 올린다. 반죽의 방향을 돌리면서 이 작업을 반복해, 적당히 탄력 있는 둥근 모양으로 성형한다. 반죽이 마르지 않도록 비닐 등을 덮고 10분 정도 휴지시킨다.

다시 반죽을 적당히 탄력 있는 공모양으로 성형한다. 이음매가 밑으로 가도록 반죽을 발효바구니에 넣는다.

6 2차발효
구멍이 뚫리지 않은 비닐봉투에 발효바구니를 넣고, 비닐봉투 입구를 발효바구니 밑으로 밀어넣는다. 하룻밤 냉장고에 넣어둔다.

다음 날 아침, 반죽을 냉장고에 넣고 12시간 정도 지났을 때, 반죽을 꺼내 바로 오븐에 넣고 굽는다. 반죽을 실온에 두었다가 구울 필요는 없다.

7 오븐 예열
빵을 굽기 약 45분 전에 오븐의 중간 단에 선반을 얹고, 더치오븐의 뚜껑을 덮어 그 위에 올린다. 오븐을 245℃ (475℉)로 예열한다.

8 굽기
이 과정에서는 뜨겁게 달궈진 더치오븐에 손과 손가락, 팔을 데지 않도록 항상 조심해야 한다.

덧가루를 적당히 뿌려 놓은 작업대 위에서 발효바구니를 뒤집고, 바구니의 한쪽 끝을 작업대에 내리치듯 부딪혀 반죽을 한 번에 꺼낸다. 발효과정에서는 아래쪽에 있던 이음매가 있는 부분이 빵의 윗부분이 된다.

오븐장갑을 끼고 오븐에서 뜨겁게 달궈진 더치오븐을 꺼내 뚜껑을 연 다음, 이음매가 위로 오도록 반죽을 조심스럽게 더치오븐에 넣는다. 오븐장갑을 끼고 더치오븐 뚜껑을 덮은 다음, 다시 오븐에 넣고 30분 동안 굽는다. 더치오븐 뚜껑을 조심스럽게 열고, 빵이 짙은 갈색을 띨 때까지 20분 정도 더 굽는다. 오븐온도가 설정온도보다 더 높이 올라가는 경우에는, 15분 후에 빵 색깔을 확인한다.

오븐에서 더치오븐을 꺼낸 뒤 옆으로 살짝 기울여 완성된 빵을 꺼낸다. 공기가 잘 통하도록 식힘망 위에 올리거나 옆으로 세워서, 1시간 정도 식힌 뒤 슬라이스한다.

APPLE-CIDER LEVAIN BREAD
애플 사이더 르뱅 브레드

더치오븐

이번에 소개하는 빵은 〈켄즈 아티장 베이커리〉에서 2000년대 초부터 만든 빵이다. 농산물 직거래 장터에서 인기가 많았지만, 애플 사이더(여과하지 않은 무가당 사과 주스. 미국이나 캐나다에서는 발효시키지 않은, 알코올이 없는 주스를 사이더라고 한다)의 당분이 반죽에 더해지기 때문에 오븐온도가 지나치게 높으면 빵이 타버려서 굽기 까다로운 빵이기도 했다. 결국 이 빵은 우리 베이커리 메뉴에서 사라졌다. 그러다가 2018년 포틀랜드에서 열린 '제임스 비어드 파운데이션(James Beard Foundation)'의 저녁 만찬에서 이 빵을 다시 한 번 만들었다. 비록 베이커리의 메뉴에서는 사라졌지만, 여전히 개인적으로 참 좋아하는 빵이다. 로프팬에 구웠을 때보다 더치오븐에 구웠을 때 껍질(크러스트)이 잘 형성되는데, 그 껍질이 환상적으로 맛있기 때문에 이 레시피는 더치오븐용으로 만들었다.

여과하지 않은 애플 사이더, 특히 저온살균도 하지 않은 애플사이더를 사용하면, 여과한 애플 사이더를 사용할 때보다 발효가 더 활발하게 이루어진다. 어떤 종류의 애플 사이더를 사용해도 좋지만, 사용하는 종류에 따라 발효 속도는 다를 수 있다. 걱정할 필요는 없지만, 알아두어야 한다. 또한 저온살균을 거치지 않은, 갓 짜낸 애플 사이더를 사용하면 사과의 향과 풍미가 더 진한 빵을 만들 수 있다. 스파클링 애플 사이더를 사용하면 전혀 다른 결과를 만들 수도 있다. 반죽이 지나치게 빨리 부풀면, 다음에는 본반죽에 넣는 물의 온도를 6℃(10℉) 정도 낮추거나 좀 더 시원한 곳에서 밤새 발효시킨다.

빵에 넣는 사과는 어떤 종류의 사과를 사용해도 좋다. 씨를 제거하고 작게 깍둑썰기해서, 75~100g 정도 준비한다.

대부분의 오븐이 그렇듯이 여러분이 사용하는 오븐도 열이 바닥부터 전달되는 경우에는, 빵이 반쯤 구워졌을 때, 열차단판(p.58 참조)을 설치한다.

이 빵은 셰넌도어 밸리(Shenandoah Valley, 미국 버지니아주 북부에 있는 계곡. 사과 농장과 애플 사이더로 유명하다)의 가을날 같은 빵이다. 이 빵을 슬라이스해서 그릴이나 가스레인지, 장작오븐에 구우면 맛있게 먹을 수 있다. 신선한 채소나 파테(Pâtés), 고기, 치즈 등을 곁들이면 좋다.

레시피 ≫ 약 1kg(2⅓ 파운드) 로프팬 브레드 1덩어리

1차발효

밤새, 18~21℃(65~70℉) 실온에서 10~12시간.
따뜻하면 더 빠르게, 서늘하면 더 천천히 발효.
애플 사이더가 물보다 발효를 더 촉진시키기 때문에,
발효 속도를 늦추기 위해 '차가운' 애플 사이더를 사용.

2차발효

21℃(70℉) 실온에서 3시간 30분~4시간

오븐에 굽기

245℃(475℉)에서 45분 예열
245℃(475℉)에서 약 50분 굽기

스케줄 예시

1일째, 저녁 :
스타터 믹싱 + 그대로 두기
↓
2일째, 아침(12~15시간 후) :
2번째 스타터 믹싱 + 그대로 두기
↓
2일째, 저녁(10~12시간 후):
본반죽 믹싱, 3번 접기, 실온에서 밤새 1차발효
↓
3일째, 아침 :
반죽통에서 반죽을 꺼내 성형,
실온에서 3시간 30분 2차발효
↓
3일째, 오후 :
오븐에 굽기

스타터 : 1일째, 저녁

재료	분량
르뱅	50g (¼컵)
제빵용 흰 밀가루	100g (½컵 + 3TB + 1¼ts)
애플 사이더 (차가운)	100g (¼컵 + 2TB + 2ts)

스타터 : 2일째, 아침(12~15시간 후)

재료	분량
전날 저녁에 믹싱한 스타터	50g (¼컵)
제빵용 흰 밀가루	100g (½컵 + 3TB + 1¼ts)
애플 사이더 (차가운)	100g (¼컵 + 2TB + 2ts)

본반죽 : 2일째, 저녁(10~12시간 후)

재료	분량	베이커 %
제빵용 흰 밀가루*	264g (1¾컵 + 2TB + 2ts)	60%
통밀가루*	110g (¾컵 + 1¾ts)	20%
통호밀가루 또는 다크 라이 가루*	110g (¾컵 + 1TB + 1½ts)	20%
물, 27℃ (80℉)	215g (¾컵 + 2TB + 1ts)	39%
애플 사이더 (차가운)	150g (½컵 + 2TB)	39%**
사과 (작게 자른, 옵션)	75~100g (작은 사과 1개)	15~20%
고운 바닷소금	12g (2½ts보다 조금 적게)	2.2%
스타터*	132g (⅔컵)	12%

*   스타터에 들어간 밀가루도 포함한 밀가루의 총량 = 550g
**   스타터에 들어간 애플 사이더까지 포함한 %

스타터를 만들기 위해, 2ℓ 용량의 뚜껑이 있는 통(또는 큰 볼)을 비어있는 상태에서 뚜껑을 빼고 무게를 측정하여, 통 옆면이나 노트에 기록한다. 스타터의 무게를 재기 위해 빈 통의 무게를 알아두어야 한다.

차가운 애플 사이더 100g을 통에 붓는다. 냉장보관한 르뱅 50g을 꺼내 물에 넣고, 손가락으로 저어서 조금 풀어준다. 제빵용 흰 밀가루 100g을 넣고 다시 손가락으로 저어서 모든 재료를 잘 섞는다.

뚜껑이나 비닐랩을 덮고 실온에 두는데, 18~21℃ (65~70℉)가 가장 좋다. 여름에 밤새 주방의 온도가 이보다 많이 높으면, 오후 8~9시까지 기다렸다가 스타터를 믹싱한다.

사용한 애플 사이더는 냉장보관한다.

■ 2일째, 아침(12~15시간 후)

아침에 일어나자마자, 전날 저녁에 믹싱한 스타터를 50g만 통 안에 남기고 나머지는 버린다(버리는 스타터로 팬케이크를 만들어도 좋다. 냉장고에 보관한 뒤 팬케이크 반죽에 섞으면 된다. 또는 그냥 버린다). 차가운 애플 사이더 100g을 통에 붓고, 손가락으로 스타터와 잘 섞어서 슬러리를 만든다(남은 애플 사이더는 저녁에 본반죽에 사용할 수 있도록 냉장고에 넣어둔다). 제빵용 흰 밀가루 100g을 넣는다. 모든 재료가 섞일 때까지 손가락으로 잘 저어준다. 21~24℃(70~75℉)의 따뜻한 곳에 둔다.

■ 2일째, 저녁(10~12시간 후)

작은 사과 하나를 껍질째로, 1㎝ 크기 또는 조금 더 작게 깍둑썰기한다. 심부분을 제거하고 깍둑썰기한 뒤 차가운 물에 씻어서 물기를 뺀다.

이제 다음 설명을 따라 본반죽을 만든다.

1 오토리즈

27℃(80℉)의 물 215g을 6ℓ 용량의 원형 반죽통 또는 그와 비슷한 크기의 통에 넣는다. 차가운 애플 사이더 150g을 넣는다. 아침에 믹싱한 스타터 132g(150g까지 넣어도 괜찮다)을, 젖은 손으로 덜어서 반죽통에 넣는다(스타터 냄새가 조금 고약하다). 손가락으로 저어서 발효종을 풀어준다. 제빵용 흰 밀가루 264g, 통밀가루 110g, 호밀가루 110g, 잘라 놓은 사과를 넣는다. 손으로 모든 재료를 잘 섞는다.

오토리즈 반죽 위에 고운 바닷소금 12g을 골고루 뿌린다. 소금이 조금 녹을 때까지 그대로 둔다.

뚜껑을 덮고 20분 휴지시킨다.

2 본반죽 믹싱

반죽이 달라붙지 않도록 손에 물을 적신 다음, 반죽을 믹싱한다. 반죽 아래로 손을 집어넣어 반죽의 ¼을 잡는다. 잡은 부분을 부드럽게 잡아당겨 늘린 다음, 반죽 위로 접어 올린다. 소금이 완전히 덮일 때까지, 반죽의 방향을 돌리면서 이 과정을 3번 더 반복한다(호밀가루를 넣은 반죽은 일반 밀가루로 만든 반죽에 비해 잘 늘어나지 않는다).

집게손 자르기로 모든 재료를 완전히 섞는다. 반죽 전체를 집게손 자르기로 5~6번 자르듯이 눌러준 다음, 2~3번 정도 접는다. 모든 재료가 다 섞일 때까지 집게손 자르기와 접기를 번갈아 반복한다. 2~3분 반죽을 휴지시킨 다음, 다시 30초 정도 접어서 탄력이 생기게 만든다. 믹싱시간은 총 5분이다. 믹싱을 끝낸 반죽의 최종온도는 약 18℃(65℉)이다. 뚜껑을 덮고, 다음 접기를 할 때까지 반죽을 발효시킨다.

3 접기와 1차발효

이 레시피의 반죽은 2번 접어야 한다(p.47 참조). 반죽을 믹싱한 다음, 1시간 30분 안에 접는 것이 가장 좋다. 반죽을 마치고 10분 후에 1번 접고, 반죽이 느슨해지면서 반죽통 바닥에 넓게 퍼지면 다시 1번 접는다. 18~21℃(65~70℉)에 반죽을 밤새 그대로 둔다. 나의 테스트에서는 18℃(65℉)에 밤새 두면 11시간 후에 1차발효가 완료되었다.

■ 3일째, 아침

반죽이 처음보다 3배 정도 커지고 반죽 가장자리가 2쿼트(1.9ℓ) 눈금까지 부풀어 오르면, 반죽을 성형해야 한다. 반죽은 가운데 부분이 봉긋하게 올라와 있어야 한다. 평평하거나 꺼지면 안 된다(반죽이 2쿼트 눈금 위까지 부풀어 올랐다면 지나치게 발효된 것인데, 이 반죽은 계속 발효가 진행된다. 다음에 반죽할 때는 더 차가운 물을 사용하거나, 더 서늘한 장소에서 1차발효시킨다). 눈금이 없는 반죽통을 사용하면 불어난 부피를 어림짐작해야 한다. 최선의 판단을 내려보자.

4 반죽통에서 반죽 꺼내기

작업대에 약 30㎝ 너비로 덧가루를 적당히 뿌린다. 손에 덧가루를 묻히고 반죽통 가장자리에도 덧가루를 조금 뿌린다. 반죽통을 살짝 기울여서 반죽 아래로 덧가루가 묻은 손을 넣고, 반죽통 바닥으로부터 반죽을 부드럽게 떼어낸다. 반죽을 잡아당기거나 찢지 않고, 반죽통을 돌리면서 분리하여 작업대로 옮긴다.

5 성형

발효바구니에 덧가루를 충분히 뿌리고 손으로 고르게 펴준다. p.53~55의 설명을 참조하여, 반죽을 적당히 탄력 있는 공모양으로 성형한다. 이음매가 아래로 가도록 발효바구니에 넣는다.

6 2차발효

구멍이 뚫리지 않은 비닐봉투에 발효바구니를 넣고, 비닐봉투 입구를 발효바구니 밑으로 밀어넣어서 실온에 둔다. 약 21℃(70℉)에서 발효시킨다는 가정 아래, 발효는 3시간 30분 정도 걸린다.

발효시간을 연장하려면 냉장고를 사용한다. 2차발효가 2시간 정도 진행되었을 때 비닐봉투에 넣은 반죽을 4~6시간 정도 냉장보관한 다음, 오븐에 굽는다. 반죽을 실온에 두었다가 구울 필요는 없다.

7 오븐 예열

빵을 굽기 약 45분 전에 오븐의 중간 단에 선반을 얹고, 더치오븐의 뚜껑을 덮어 그 위에 올린다. 오븐을 245℃ (475℉)로 예열한다.

8 굽기

이 과정에서는 뜨겁게 달궈진 더치오븐에 손과 손가락, 팔을 데지 않도록 항상 조심해야 한다.

덧가루를 적당히 뿌려 놓은 작업대 위에서 발효바구니를 뒤집고, 바구니의 한쪽 끝을 작업대에 내리치듯 부딪혀 반죽을 한 번에 꺼낸다. 발효과정에서는 아래쪽에 있던 이음매가 있는 부분이 빵의 윗부분이 된다.

오븐장갑을 끼고 오븐에서 뜨겁게 달궈진 더치오븐을 꺼내 뚜껑을 연 다음, 이음매가 위로 오도록 반죽을 조심스럽게 더치오븐에 넣는다. 오븐장갑을 끼고 더치오븐 뚜껑을 덮은 다음, 다시 오븐에 넣고 30분 동안 굽는다. 더치오븐을 올려둔 선반의 아래 선반에 열차단판을 올린다. 더치오븐 뚜껑을 조심스럽게 열고, 빵이 짙은 갈색을 띨 때까지 20분 정도 더 굽는다. 오븐온도가 설정온도보다 더 높이 올라가는 경우에는 뚜껑을 계속 열어 놓고 15분 후에 빵 색깔을 확인한다. 남은 5분 동안 주의 깊게 살피며 굽는다. 빵은 짙은 갈색을 띠지만 타면 안 된다.

빵이 거의 다 구워졌을 때 오븐에서 더치오븐을 꺼낸 다음, 빵을 꺼내서 전체적인 색깔을 살펴보아도 좋다. 이렇게 하면, 마지막 단계에서 빵을 계속 더치오븐에 넣고 구울지, 아니면 꺼내서 구울지 결정할 수 있다. 거의 다 구워진 빵을 최종적으로 2~3분 더 구울 때는 더치오븐이 아닌 선반에 바로 올려서 구워도 좋다. 선반에 바로 올려서 구우면 더치오븐에 넣고 구울 때보다 겉이 더 바삭해진다.

공기가 잘 통하도록 식힘망 위에 올리거나 옆으로 세워서, 30분 이상 식힌 뒤 슬라이스한다.

애플 사이더 브레드의 베이킹 스케줄

빵을 구울 때는 시간 계획이 가장 중요하다. 애플 사이더 르뱅 브레드 레시피의 각 단계에서는 반죽이 충분한 발효력을 갖도록 발효시켜야 하지만, 지나치게 발효되어 신맛이 나면 안 된다. 여러 번 테스트를 거쳐 검증된 시간과 온도를 레시피에 적어놓았으니, 레시피의 시간과 온도의 조합을 믿고 빵을 만들어보자. 1일째 스타터를 믹싱하는 시간이, 빵을 굽는 시간을 포함해 그 뒤에 이어지는 모든 단계의 시간을 결정한다. 보통 사람들의 잠자는 시간대를 고려해볼 때, 1일째 스타터를 저녁 6시~7시에 믹싱하면 이후의 과정을 순조롭게 진행할 수 있다. 당신이 주로 밤을 새서 일하거나, 이 레시피에서 제시하는 일정이 당신에게 적합하지 않다면, 각 단계마다 적어놓은 시간을 고려하여 스케줄을 조절하면 된다. 행복하게 빵을 구워보자!

PIZZA DOUGH FROM "EXTRA" LEVAIN STARTER

르뱅 스타터 '여분'을 이용한 피자 도우

CHAPTER 3에서 설명한 것과 같이, 빵을 1덩어리 또는 2덩어리만 굽는 경우에는 필요한 것보다 많은 양의 사워도우를 만들어야 한다. 빵을 조금 만들기 때문에 생기는 문제다. 빵을 많이 만들면 버리는 사워도우가 없다. 발효종에 발효력을 충분히 만들어주기 위해, 그리고 균형 잡힌 맛을 내기 위해 사워도우를 일정량 이상 만들다보니, 남는 스타터가 생기는 것이다. 이렇게 남은 스타터를 활용해 팬케이크나 머핀 등 여러 가지 중에서 원하는 것을 선택하여 만들 수 있다. 나는 그중에서 피자 도우를 가장 좋아한다. 정말 빠르고 쉽게 만들 수 있다. 피자 도우 재료는 빵을 만드는 재료와 같기 때문에 우리가 이미 모두 갖고 있는 것들이다. 내일 점심이나 저녁, 또는 2주 뒤의 저녁을 위해서 피자 도우를 만들 수 있다.

이 책의 「더치오븐 르뱅 레시피」에서는 냉장보관 중인 르뱅을 사용하여 스타터를 만든다. 마지막으로 믹싱하는 2일째에 약 400g의 스타터(본반죽에 사용하는 50~60g의 스타터를 제외한 분량)를 버리는데, 이렇게 버리는 스타터로 피자 도우를 만들어보자. 아까운 르뱅을 버리지 않아도 되고, 강한 사워도우 풍미가 있고 테두리가 통통하게 부풀어 오른 매우 훌륭한 피자 도우를 만들 수 있다. 나는 이 피자 도우를 좋아한다. 그리고 쓰레기를 만들지 않는 것도 좋아한다. 그러나 어떤 사람에게는 이 피자 도우의 맛이 지나치게 강할 수 있기 때문에, 사워도우의 풍미를 조금 더 부드럽게 즐길 수 있는 피자 도우를 위한 레시피 테이블도 함께 실었다.

2일째 아침에 믹싱한 스타터를 르뱅으로 사용하는데, 아침에 반죽을 믹싱해서 저녁에 피자를 굽는 경우에는, 실온에서 발효시킨 공모양 반죽을 오후 3~4시쯤 2~3시간 정도 냉장고에 넣어두어야 한다.

레시피 » 피자 도우 823g

30cm 피자 3판, 또는 팬 피자(pan pizza, 낮은 오븐팬에 구운 넓은 직사각형 피자) 1판을 만들 수 있는 분량.

1차발효
1시간

2차발효
21℃(70℉) 실온에서 4~5시간

또는 실온에서 3시간 발효 후 냉장고에서 2일 이내 발효

재료	분량	베이커 %
제빵용 흰 밀가루 또는 피자용 밀가루*	300g (2컵 + 2TB + 1¼ts)	100%
물, 27℃ (80℉)	140g (½컵 + 2TB)	67%**
고운 바닷소금	13g (2½ts)	2.7%
스타터*	370g (1¾컵 + 1TB)	38%

*   스타터에 들어간 밀가루까지 포함한 밀가루의 총량 = 485g

** 스타터에 들어간 물까지 포함한 %

1 믹싱

27℃(80℉)의 물 140g을 6ℓ 용량의 원형 반죽통 또는 큰 믹싱볼에 넣는다. 고운 바닷소금 13g을 넣고 물에 녹을 때까지 저어준다.

남은 스타터 370g을 모두 넣는다(르뱅 브레드를 굽고 남은 스타터의 무게를 계산해보면 400g이지만, 통이나 손에 묻어서 사용할 수 없는 양을 감안하여 370g으로 표시했다. 스타터의 무게는 정확하지 않아도 되며, 대략 370g정도를 사용한다). 스타터와 물이 완전히 섞일 때까지 잘 저어준다.

밀가루 200g을 넣고 손으로 섞는다. 밀가루가 모두 섞여 날가루가 보이지 않고 반죽이 한 덩어리가 되면, 나머지 밀가루 100g을 넣고 완전히 섞는다.

집게손 자르기로 빵 반죽을 섞을 때처럼, 날가루가 보이지 않도록 모든 재료를 완전히 섞는다. 이 피자 반죽은 빵 반죽보다 조금 단단하기 때문에, 손으로 반죽할 때 조금 더 힘이 들어간다. 밀가루를 2번에 나눠서 넣으면, 1번에 넣을 때보다 좀 더 쉽게 믹싱할 수 있다.

뚜껑을 덮고 10분 동안 휴지시킨다. 반죽이 단단하고 둥근 모양이 될 때까지 반죽을 2~3번 접는다. 뚜껑을 덮고 1시간 휴지시킨다.

2 반죽 분할, 공모양으로 성형

반죽을 3등분해서 각각의 반죽을 둥근 공모양으로 성형한다. 팬 피자를 만들 경우에는 1개의 큰 공모양으로 성형한다. 성형한 반죽을 넓은 접시나 오븐팬 위에 올리고, 반죽이 마르지 않도록 비닐랩을 덮어준다.

3 공모양 반죽 발효

반죽을 실온에서 4~5시간 발효시킨 다음, 2시간 안에 피자를 만든다. 또는, 실온에서 3시간 동안 발효시킨 반죽을 냉장고에 넣고, 같은 날 늦은 시간이나 2일 안에 피자를 만든다. 냉장고에 반죽을 넣어두는 경우, 피자를 굽기 1~2시간 전에 반죽을 실온에 꺼내두어야 한다. 이렇게 해야 반죽을 쉽게 늘릴 수 있다.

MELLOW SOURDOUGH PIZZA DOUGH
부드러운 사워도우 풍미의 피자 도우

남는 스타터를 모두 사용하지 않고, 200g만 사용한다.

재료	분량	베이커 %
제빵용 흰 밀가루*	400g (2¾컵 + 2ts)	100%
물, 27℃ (80℉)	235g (1컵)	67%**
고운 바닷소금	13g (2½ts)	2.6%
스타터*	200g (1컵)	20%

* 스타터에 들어간 밀가루까지 포함한 밀가루의 총량 = 500g

** 스타터에 들어간 물까지 포함한 %

반죽을 만드는 과정은 원래의 레시피를 따른다.

감사의 글

내가 쓴 3권의 책을 모두 편집하고 책에 수록한 레시피를 모두 테스트해준, 그 누구도 대신 할 수 없는 캣 머크(Kat Merck)의 작업에 감사의 마음을 전한다. 밤낮으로 끊임없이 이메일을 통해 주고받은 대화도 너무나 즐거웠고, 이번 책에서 캣의 작업은 너무나 중요했다. 캣은 이 책에 수록한 레시피 하나하나를 모두 테스트했고, 캣의 가족은 그 많은 빵을 다 먹었다. 캣이 빵을 만들어보고 나눠준 성공 또는 실패의 경험과 의견은 레시피를 좀 더 정교하게 완성하는 데 큰 도움이 되었다.

텐 스피드 프레스(Ten Speed Press) 출판사의 저자가 된 것이 자랑스럽다. 내가 영어작문 수업을 통과할 수 있는 사람처럼 보이게 만드는 데 조연 역할을 한, 이 책의 편집자 켈리 스노든(Kelly Snowden)에게도 큰 감사를 전한다. 또한, 이 아름다운 책의 디자인과 레이아웃을 담당한 벳시 스트롬버그(Betsy Stromberg)에게도 감사를 전한다.

마지막으로, 앨런 와이너(Alan Weiner)는 나의 책 3권에 실린 사진을 모두 촬영하였다. 뉴욕 타임즈에서 20년 넘게 사진기자로 일했고, 흥미로운 디테일을 찾아내는 안목을 갖고 있는 앨런이야말로, 내가 요리책에 담고 싶은 사진을 찍어줄 사람이라는 것을 나는 처음부터 알고 있었다. 사진이 모두 담긴 이 책의 초판을 처음 받았을 때 너무나 감격했고, 지금도 책을 펼칠 때마다 그의 사진에 감탄한다.

이 책을 만든 사람들

켄 포키시(Ken Forkish)는 오리건주의 포틀랜드에 위치한 〈켄즈 아티장 베이커리 (Ken's Artisan Bakery)〉, 〈켄즈 아티장 피자(Ken's Artisan Pizza)〉, 〈체커보드 피자 (Checkerboard Pizza)〉의 설립자다. 또한, 제임스 비어드 어워드(James Beard Award)와 IACP 어워드를 수상한 『밀가루 물 소금 이스트』 책의 저자이며, 2016년에 출판된 피자에 대한 찬가, 『피자의 구성 요소(The Elements of Pizza)』의 저자이기도 하다.

켄은 2001년 〈켄즈 아티장 베이커리〉를 오픈하고 2006년에는 〈켄즈 아티장 피자〉를 오픈하여, 포틀랜드의 미식문화 발전에 핵심적인 역할을 했다. 2013년 제임스 비어드 어워드의 아웃스탠딩 페이스트리 셰프(Outstanding Pastry Chef) 부문, 2017년 아웃스탠딩 베이커(Outstanding Baker) 부문의 결선 진출자 명단에 이름을 올리기도 했다. 2013년에는 여러 곳에서 상을 수상한 〈트라이펙타 타번 & 베이커리(Trifecta Tavern & Bakery)〉라는 바와 레스토랑, 작은 베이커리가 함께 있는 공간을 오픈했고, 이곳은 가장 번성하던 2019년 후반에 문을 닫았다. 〈켄즈 아티장 베이커리〉는 오랫동안 그곳에서 함께 일한 2명의 직원에게 매각했고, 〈켄즈 아티장 피자〉는 오랜 친구에게 매각했다.

켄의 곁에서 이 책에 실린 레시피를 전문적으로 테스트해준 이는 그의 반려견 주니어(Junior)다(아래 사진).

앨런 와이너(Alan Weiner)는 10살의 나이에 사진과 깊은 사랑에 빠졌다. 저널리즘 학위를 취득한 뒤, 뉴욕타임즈에서 일하며 20년 동안 세계 곳곳을 여행했다. 그리고 지금은 음식 사진과 인물 사진을 전문적으로 찍으며, 기업 사진작가로 일하고 있다. 앨런은 오리건주의 포틀랜드에 거주하고 있다.

반려견 주니어

INDEX

EVOLUTIONS
IN 빵의 진화
BREAD

펴낸이 유재영 | **펴낸곳** 그린쿡 | **지은이** KEN FORKISH | **옮긴이** 이선용 | **기 획** 이화진 | **편 집** 박선희 | **디자인** 정민애

1판 1쇄 2023년 5월 10일
출판등록 1987년 11월 27일 제 10-149
주소 04083 서울 마포구 토정로 53 (합정동)
전화 324-6130, 6131 **팩스** 324-6135

E 메일 dhsbook@hanmail.net
홈페이지 www.donghaksa.co.kr · www.green-home.co.kr
페이스북 www.facebook.com / greenhomecook
인스타그램 www.instagram.com/__greencook/

ISBN 978-89-7190-854-9 13590

- 이 책은 실로 꿰맨 사철제본으로 튼튼합니다.
- 잘못된 책은 구매처에서 교환하시고, 출판사 교환이 필요할 경우에는 사유를 적어 도서와 함께 위의 주소로 보내주세요.

옮긴이 이선용_ 이화여자대학교 경영학부와 뉴욕대학교 스턴비지니스 스쿨(NYU Stern School of Business)에서 MBA를 졸업한 후, 뉴욕 금융가에서 일했다. 뉴욕 생활 중 요리와 와인에 흥미를 느끼고, 프렌치 컬리네리 인스티튜트(French Culinary Institute)에서 Classic Culinary Arts 과정을 수석으로 졸업하고, Artisanal Bread Baking, Intensive Sommelier Training 과정을 이수했으며, 코트 오브 마스터 소믈리에(Court of Master Sommelier)의 Certified Sommelier 자격을 갖고 있다. 뉴욕과 워싱턴 DC의 미슐랭 스타 레스토랑 《Aquavit》, 《Corton》에서 요리사로, 《Atera》, 《minibar by José Andrés》에서는 소믈리에로 경력을 쌓았다. 현재, 함께 요리하고 음식을 나누는 쿠킹클래스와 소셜 다이닝을 접목한 「목금토 식탁」을 운영하고 있다. 번역서로 『제프리 해멀먼의 브레드[증보 개정판](개정 내용)』가 있다.